软件工程技术丛书

全国大学生软件测试大赛指导用书

开发者测试

第 2 版

陈振宇 房春荣 赵源 编著

DEVELOPER
TESTING
Second Edition

机械工业出版社
CHINA MACHINE PRESS

图书在版编目（CIP）数据

开发者测试 / 陈振宇 , 房春荣 , 赵源编著 . -- 2 版 . --
北京 : 机械工业出版社 , 2025.6. -- （软件工程技术丛
书）. -- ISBN 978-7-111-78081-6

Ⅰ . TP311.55

中国国家版本馆 CIP 数据核字第 2025LY8324 号

机械工业出版社（北京市百万庄大街 22 号　邮政编码 100037）
策划编辑：姚　蕾　　　　　　　　　责任编辑：姚　蕾　郎亚妹
责任校对：颜梦璐　张雨霏　景　飞　责任印制：张　博
北京机工印刷厂有限公司印刷
2025 年 7 月第 2 版第 1 次印刷
186mm×240mm・16.25 印张・351 千字
标准书号：ISBN 978-7-111-78081-6
定价：69.00 元

电话服务　　　　　　　　　网络服务
客服电话：010-88361066　　机 工 官 网：www.cmpbook.com
　　　　　010-88379833　　机 工 官 博：weibo.com/cmp1952
　　　　　010-68326294　　金 书 网：www.golden-book.com
封底无防伪标均为盗版　　　机工教育服务网：www.cmpedu.com

前　　言

本书是一本面向软件开发者的软件测试教材，旨在从开发者的角度介绍软件测试理论、方法和实践。本书从测试基础概念出发，结合概率统计和图论基础建立软件测试理论分析框架；然后从多样性、故障假设、图分析三个方面构建开发者视角的系统性软件测试方法；最后介绍开发者测试实践的三部曲，即单元测试、集成测试和回归测试。同时，本书穿插讲解了部分智能化软件测试的最新研究成果。本书以软件测试理论为主线，阐述了开发者测试方法背后的内在联系和主要区别，以启发读者思考。全书共分为9章，第1~3章主要介绍软件测试理论，第4~6章介绍软件测试方法，第7~9章介绍软件测试实践。软件测试工具、测试案例和实践内容请参阅本书配套线上资源。本书主要面向具有一定编程基础的高年级本科生，教师可以根据自己的习惯编排教学次序。本书导读与教学建议如图1所示。

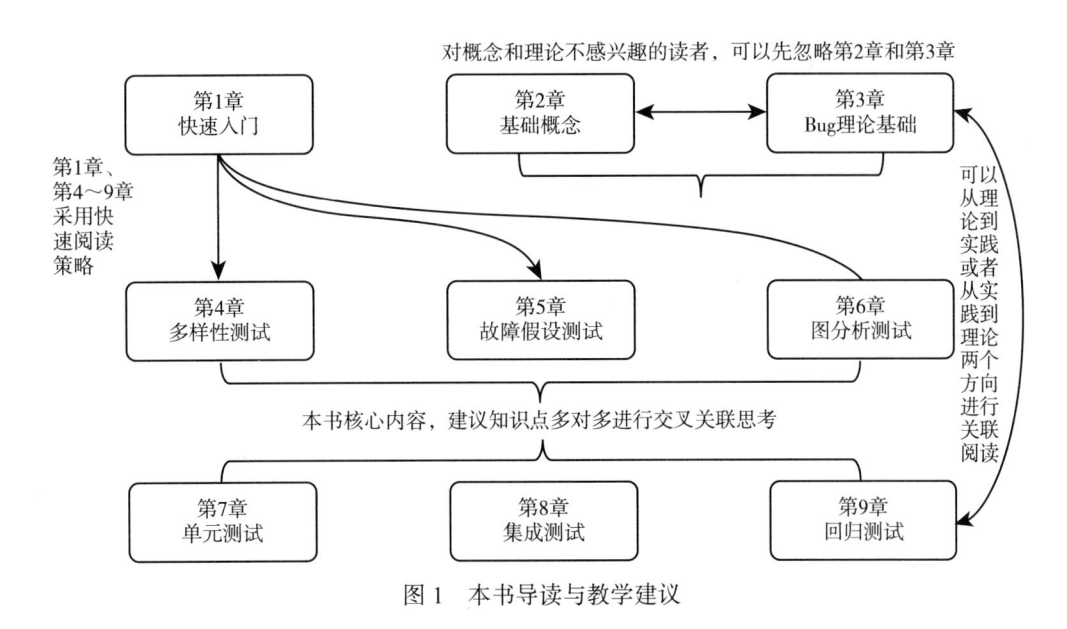

图 1　本书导读与教学建议

第1章是快速入门，通过一个简单的三角形程序Triangle，介绍了软件测试的基本内容。1.1节介绍了多样性测试原则，包括随机测试、等价类测试和组合测试。1.2节介绍了故障假设测试原理，包括常见软件故障、边界故障假设和变异故障假设。1.3节介绍了图分析测试方法，包括图生成方法、图结构测试和图元素测试。通过学习本章，读者可以对软件测试常用方法有一个初步的了解。

第 2 章是基础概念。2.1 节简要介绍了软件测试的基础概念，包括常用术语和测试理论框架，并基于理论框架重新审视了软件测试三大基本问题，包括测试生成、测试预言和测试终止问题，这三大问题贯穿全书，成为软件测试理论与方法的核心。本章为后续章节的深入学习奠定了基础。2.2 节介绍了开发者测试常用工具，包括静态测试工具、动态测试工具和 DevOps 相关工具。2.3 节介绍了软件测试教材常用的三个待测程序示例，包括三角形程序 Triangle（输入三个边，输出三角形的类型）、日期程序 NextDay（输入某一天的年月日，输出后一天的年月日）和均值方差程序 MeanVar（输入一组数字，计算其算术平均值 Mean 和方差 Var），这三个待测程序贯穿全书，但后续章节也会引入一些更加复杂的软件项目作为示例。

第 3 章是 Bug 理论基础，介绍了 Bug 的概念、分类和生命周期等。3.1 节首先简要介绍了软件 Bug 的历史，名词概念的借鉴和延伸是工程技术领域的常用手段。本节还介绍了 PIE 模型，建立执行－感染－传播的基本分析框架，为 Bug 的准确定义和统一概念提供基础。3.2 节深入分析了 Bug 的四大性质。首先介绍 Bug 的反向定义，即通过执行测试的动态分析和故障修复来定义 Bug。这样的反向定义势必带来 Bug 的不确定性。对于任意程序和失效测试，存在不同的修复方法使得测试通过，从而可以派生出不同的 Bug 定义。本节还介绍 Bug 的非单调性定义，以及它给测试和修复带来的障碍。借鉴物理波的相长干涉和相消干涉概念，本节定义 Bug 间的干涉，并分析干涉给测试和调试带来的诸多挑战。在 PIE 模型的基础上，3.3 节介绍了软件调试三部曲，即面向失效的 Bug 理解、面向错误的 Bug 定位、面向故障的 Bug 修复，从而衔接了开发者的测试与调试。本章可帮助读者更好地理解软件测试中 Bug 的本质和处理方法。

第 4 章是多样性测试。4.1 节介绍了多样性测试理论与方法，包括随机测试、非均匀的随机测试、反馈引导距离极大化的自适应随机测试以及路径遍历引导性随机测试。等价类假设策略及其常用方案包括等价类划分策略、等价类划分和随机测试相结合的理论与方法。组合测试基本思路包括经典的 t-强度组合测试准则、约束组合测试准则和可变强度组合测试准则，采用基于随机贪心的经典组合测试策略 AETG 等方法来完成测试生成优化。4.2 节介绍开发者多样性测试，代码多样性测试要求程序在测试运行时实现对其程序结构的覆盖遍历；组合多样性测试通过分支组合覆盖测试实现分支条件的组合枚举和测试生成；行为多样性测试通过将路径行为特征提取和聚类抽样相结合，适应不同规模的开发者测试要求。本章为开发者提供了基础且丰富的测试方法选择。

第 5 章是故障假设测试，5.1 节介绍了如何基于故障假设进行测试，以及故障假设测试的方法和技巧。5.2 节首先介绍最常用的边界故障假设，包括输入边界、中间边界和输出边界；然后介绍了变异故障假设，包括变异分析的基本概念、变异算子选择方法及其相关理论性质，还介绍了变异分析在逻辑控制密集型的安全攸关软件中的应用，包括将程序逻辑抽象成布尔范式进行故障建模；最后介绍的逻辑故障假设集中考虑逻辑相关的故障假设。本章可帮助开发者掌握另外一种简单有效的软件测试策略。

第 6 章是图分析测试，介绍了图分析测试的基本概念、方法和技术。图被广泛应用于软件测试覆盖准则的定义和分析。6.1 节介绍图测试理论方法和传统的结构化测试方法。图测试要求测试人员覆盖图的结构或元素，通过遍历图的特定部分完成测试目标。图测试理论方法可以来自任何软件抽象图，而不仅是控制流图、数据流图和事件流图。6.2 节将传统的结构化测试方法分为三大类：L-路径测试、主路径测试和基本路径测试。其中，L-路径测试是根据图中路径长度进行简单延伸的策略；主路径测试主要针对循环带来 L-路径测试的无限问题；基本路径测试通过引入独立路径的概念，覆盖最大独立路径集合，这些路径对应了这个线性空间的基向量。6.3 节中的数据流测试关注变量的定义和使用元素测试形式，逻辑覆盖准则则以 DC、CC、CoC、MCDC 为代表，通过示例说明各个准则直接的强弱蕴涵关系，强调 MCDC 在工业应用中的价值。本章为读者提供了一种基于图论的软件测试方法。

第 7 章是单元测试，针对软件的最小可测试单元进行讨论。7.1 节首先介绍单元测试的概述与最佳实践，特别强调了自动化测试；然后介绍模拟单元测试常用方法和单元测试评估方法，并阐述了全国大学生软件测试大赛的评估策略 META。7.2 节介绍自动化单元测试三部曲：执行、生成和演化。以 JUnit 为例阐述了单元测试执行框架，介绍了启发式搜索覆盖结合变异分析的生成方法、常用工具 EvoSuite 及其智能化改进思路，并结合大模型从修复的角度进行测试演化以满足质量保障需求。

第 8 章是集成测试，检测组件之间交互的正确性，发现组件间可能存在的接口问题，提高整体软件系统的质量。8.1 节首先介绍集成测试的目标与基本流程，以及常用策略和分析评估方法。8.2 节介绍集成测试的核心内容：接口测试。首先介绍接口测试的常用方法与最佳实践，阐述接口测试的应用案例。然后介绍接口测试的常用自动化方法和工具：Postman 用于 API 接口测试，Selenium 用于 Web 接口测试，JMeter 用于性能接口测试。最后强调了从自动化到智能化的结合。

第 9 章是回归测试，验证在修改或添加新功能后新系统能否仍然正常运行。9.1 节首先介绍回归测试的目标与基本概念，回归测试的一个评估分析框架以及四个评估标准（完备性、准确性、效率和通用性），测试优先级以及 APFD 度量准则。9.2 节介绍常用程序分析辅助手段程序切片，讨论如何基于程序切片实现回归测试，测试用例约简的理论与常用方法，并结合执行剖面聚类分析失效混合回归测试方法。9.3 节介绍聚类抽样回归测试，记录特定的执行剖面进行聚类测试选择，包括动态聚类抽样策略 ESBS、加权聚类抽样策略 WAS 和半监督聚类方法 SSKM 的成对约束策略。

  本书适合作为软件工程、计算机科学与技术、信息安全等专业的教材，也可供从事软件研发和测试的工程师、研究人员参考。通过学习本书，读者可以掌握开发者视角的软件测试基本知识和实践技能，并且深入思考软件测试的理论和方法。期待本书能够成为广大读者的良师益友，帮助读者在软件测试领域取得更好的成果。

编　者

目　　录

前　言

第 1 章　快速入门 1
1.1　多样性测试入门 2
1.1.1　随机测试 2
1.1.2　等价类测试 4
1.1.3　组合测试 5
1.2　故障假设测试入门 8
1.2.1　常见软件故障 8
1.2.2　边界故障假设 11
1.2.3　变异故障假设 12
1.3　图分析测试入门 14
1.3.1　图生成方法 14
1.3.2　图结构测试 16
1.3.3　图元素测试 17
1.4　开发者测试若干示例 18
本章练习 21

第 2 章　基础概念 22
2.1　测试的基础概念 22
2.1.1　常用测试术语 22
2.1.2　测试的理论框架 27
2.1.3　测试的基本问题 31
2.2　开发者测试常用工具 35
2.2.1　常用静态测试工具 36
2.2.2　常用动态测试工具 37
2.2.3　DevOps 相关工具 39
2.3　待测程序示例 42
2.3.1　三角形程序 Triangle 42
2.3.2　日期程序 NextDay 43

    2.3.3　均值方差程序 MeanVar ·················· 46
  本章练习 ·················· 50

第 3 章　Bug 理论基础 ·················· 52
  3.1　软件 Bug 与 PIE 模型 ·················· 53
    3.1.1　初识 Bug ·················· 53
    3.1.2　PIE 模型 ·················· 54
  3.2　Bug 理论分析 ·················· 56
    3.2.1　Bug 的反向定义 ·················· 56
    3.2.2　Bug 的不确定性 ·················· 58
    3.2.3　Bug 的非单调性 ·················· 59
    3.2.4　Bug 间的干涉性 ·················· 60
  3.3　软件调试 ·················· 63
    3.3.1　Bug 理解 ·················· 63
    3.3.2　Bug 定位 ·················· 68
    3.3.3　Bug 修复 ·················· 70
  本章练习 ·················· 72

第 4 章　多样性测试 ·················· 78
  4.1　多样性测试理论与方法 ·················· 79
    4.1.1　随机测试 ·················· 79
    4.1.2　等价类测试 ·················· 87
    4.1.3　组合测试 ·················· 90
  4.2　开发者多样性测试 ·················· 97
    4.2.1　代码多样性测试 ·················· 98
    4.2.2　组合多样性测试 ·················· 102
    4.2.3　行为多样性测试 ·················· 106
  本章练习 ·················· 110

第 5 章　故障假设测试 ·················· 112
  5.1　故障假设测试理论与方法 ·················· 113
    5.1.1　边界值测试 ·················· 113
    5.1.2　变异测试 ·················· 119
    5.1.3　逻辑测试 ·················· 123
  5.2　开发者故障假设测试方法 ·················· 131

5.2.1　边界故障假设……131
　　5.2.2　变异故障假设……136
　　5.2.3　逻辑故障假设……138
本章练习……141

第 6 章　图分析测试……143

6.1　图测试基础……144
　　6.1.1　图的基础概念……144
　　6.1.2　控制流图……146
　　6.1.3　数据流图……148
　　6.1.4　事件流图……150
6.2　图结构的测试方法……153
　　6.2.1　L-路径测试……153
　　6.2.2　主路径测试……155
　　6.2.3　基本路径测试……157
6.3　图元素的测试方法……160
　　6.3.1　数据流测试……161
　　6.3.2　逻辑测试……164
本章练习……171

第 7 章　单元测试……172

7.1　单元测试基础……173
　　7.1.1　概述与最佳实践……173
　　7.1.2　模拟单元测试……177
　　7.1.3　单元测试评估……180
7.2　自动化单元测试……182
　　7.2.1　单元测试执行……182
　　7.2.2　单元测试生成……185
　　7.2.3　单元测试演化……189
本章练习……193

第 8 章　集成测试……195

8.1　集成测试概述……196
　　8.1.1　目标与基本流程……196
　　8.1.2　集成测试策略……199

8.1.3 集成测试分析ᄂ204
8.2 接口测试ᄂ207
8.2.1 常用方法与最佳实践ᄂ207
8.2.2 自动化接口测试ᄂ209
8.2.3 智能化接口测试ᄂ212
本章练习ᄂ216

第9章 回归测试ᄂ217
9.1 回归测试概述ᄂ218
9.1.1 目标与定义ᄂ218
9.1.2 回归测试评估ᄂ222
9.1.3 回归测试优先级ᄂ225
9.2 回归测试类型ᄂ228
9.2.1 切片回归测试ᄂ228
9.2.2 回归测试集约简ᄂ231
9.2.3 切片聚类回归测试ᄂ234
9.3 聚类回归测试ᄂ238
9.3.1 动态聚类抽样测试ᄂ238
9.3.2 加权聚类抽样测试ᄂ240
9.3.3 半监督聚类抽样测试ᄂ245
本章练习ᄂ249

| 第 1 章 |
| Chapter 1 |

快速入门

软件测试是软件开发过程中不可或缺的一环,能够帮助开发者发现并修复软件中的错误,确保软件达到预期的质量标准。开发者可以使用各种质量指标来评估软件的质量水平,以便对软件进行改进和优化。本章 1.1 节介绍多样性测试原则的入门知识。多样性测试旨在对系统的各个方面进行抽样验证,是所有测试的基本原则。1.1.1 节介绍随机测试,它的基本思想是通过特定的随机发生器产生数据,并将这些随机数据输入软件中以测试各种功能和特性。1.1.2 节介绍等价类测试,它的基本思想是将输入数据分为不同的等价类,然后从每个等价类中选择一个典型的数据进行测试。1.1.3 节介绍组合测试,它的基本思想是通过对软件的不同组合进行测试来发现潜在的错误和缺陷。

1.2 节介绍故障假设测试原理的入门知识。在故障假设测试中,测试人员会制定各种故障假设,然后通过模拟这些情况来测试软件的稳定性和可靠性。测试人员可以通过故障假设测试的结果来发现和修复软件中的错误,并提高软件的可靠性和稳定性。1.2.1 节首先介绍常见的软件故障类型,为读者理解后续方法提供直观认识。1.2.2 节介绍最常见的软件故障类型——边界故障及其相应的测试方法,边界处理是程序员常犯的错误类型。1.2.3 节介绍一种基于极小语法改变的故障假设——变异故障假设及其相应的测试方法。由于变异故障类型众多,如何减小测试成本就成为关键。

1.3 节介绍图分析测试方法的入门知识。图被广泛应用于计算机中的各类抽象表达。使用图,开发者可以更好地理解和分析问题,并开发出更有效的算法和软件。1.3.1 节首先介绍常用的图生成方法,即控制流图的生成,另外两种类型——数据流图和事件流图的生成将在后面介绍。基于控制流图,我们将分别在 1.3.2 节和 1.3.3 节快速介绍常用的两大类图分析测试方法——图结构测试和图元素测试。

测试人员需要与开发者和其他团队成员进行有效的协作,以便及时发现和解决软件中的问题。只有通过不断的测试和优化,才能确保软件的质量和稳定性,并满足用户的需求和期望。1.4 节介绍更多的开发者测试复杂示例,为本书后续介绍如何将传统三大类测试方法嵌入开发流程中提供基础。

1.1 多样性测试入门

多样性的测试数据可以帮助测试人员更加准确地模拟真实的测试场景，从而发现更多的缺陷。测试数据可以包括各种类型的数据。在生成和选择测试数据时，测试人员需要考虑到这些不同类型数据在实际使用中的影响，以便更好地评估软件的可靠性。测试数据的多样性也有助于保证软件的兼容性和适应性，使其在不同的环境和场景下都能够正常运行。1.1.1 节首先介绍最简单的多样性策略——随机测试及其示例。1.1.2 节结合软件特征介绍等价类测试及其示例。1.1.3 节介绍组合测试的基本问题和示例。

1.1.1 随机测试

随机方法是一种简单常用的多样性测试方法。通过随机生成测试数据和测试场景，可以发现一些传统测试方法无法发现的缺陷。采用随机测试方法时，需要考虑不同的随机策略和算法，以达到更好的测试效果。最简单的策略是简单随机抽样，即采用随机数生成器快速实现随机测试方法。

我们以三角形程序 Triangle 为例进行说明。Triangle 程序的常见版本是用三个整数 a、b 和 c 作为输入，输出三角形的类型（等边三角形、等腰三角形、普通三角形或无效三角形）。为了便于讨论，本书限定 Triangle 的输入范围为 1～100。

在实现具体的程序以前，我们就可以尝试设计不同的测试，旨在识别输入数据的不同类别，以确保程序能正确处理每个类别。首先考虑有效输入值，即三个整数 a、b、c 都在 1～100 之间。我们随机产生一些 1～100 内的测试数据，表 1.1 是一个示例，其中有 5 组测试数据，每组数据包括三个整数 a、b 和 c。

表 1.1　三角形随机测试示例 1

编号	a	b	c	预期输出
1	34	81	12	无效三角形
2	94	9	58	无效三角形
3	61	87	11	无效三角形
4	3	63	84	无效三角形
5	95	80	65	普通三角形

从表 1.1 可以看到，简单随机测试要产生能输出各种类型三角形的测试输入并不容易。即使限定产生在有效测试输入范围内的整数，输出"等边三角形"的概率也只有万分之一，输出"等腰三角形"的概率大约为百分之一，输出"普通三角形"的概率也不是很高，计算过程留给读者作为练习。事实上，简单随机测试的主要问题是常常会带来大量无效测试数据，根本原因是其未能有效结合需求和程序特性进行优化。改进随机测试以提高效率是

主要方向之一，我们将在后续章节进行详细阐述。

实际应用中，通常不是直接产生测试数据，而是首先明确测试任务和需求，然后再通过测试需求派生测试数据。不同的测试方法常常有不同的测试需求制定策略。

> **定义 1.1　测试需求 tr**
>
> 一个测试需求，记为 tr，是一个特定的测试任务描述，这个描述可以针对测试输入空间、测试执行空间或者测试输出空间。测试需求集记作 TR = $\{tr_1, \cdots, tr_m\}$。♣

例如，上述例子中，"三个整数 a、b、c 都在 1～100 之间"是一个测试需求 tr。很显然，这个测试需求是针对测试输入空间的描述。后续将进一步讨论测试执行空间和测试输出空间的测试需求示例。

> **定义 1.2　测试数据 t**
>
> 一个测试输入，记为 t，是一组完成特定执行的测试数据，如文字输入数据、交互输入数据等。本书中，测试输入和测试数据不做严格区分。测试数据集记作 $T = \{t_1, \cdots, t_n\}$，有时候简称为测试集。♣

例如，上述例子中，"$a = 34, b = 81, c = 12$"是一个测试输入 t，也可以采用多元组标记方式记为 $t = <34, 81, 12>$。

一个简单的随机测试过程可以分解为以下步骤。

1）测试需求：明确测试需求集 TR。例如，三个整数取值在 1～100 之间。
2）测试生成：随机产生测试集 T。例如，表 1.1 中的 5 组测试数据。
3）测试执行：将这些数据作为程序的输入，运行程序，并记录程序的输出。
4）测试分析：记录并进一步分析测试输入和测试输出。

随机测试自动化是一种较为高效的测试方法，可以随机生成不同类型的测试数据，对软件系统进行全面的测试。随机测试自动化可以帮助测试人员更好地发现和修复缺陷，提高软件的质量和稳定性。例如，可以针对上述随机测试编写一个简单的 Python 程序，产生 1000 组数据以实现自动化测试，如清单 1.1 所示。

清单 1.1　随机测试程序

```
1  def test_triangle () :
2      for i in range(1000):
3          a = random.randint(1, 100)
4          b = random.randint(1, 100)
5          c = random.randint(1, 100)
```

另外，我们还需要考虑 a、b、c 中有一个不在 1～100 之间的情况。例如，扩大测试范围并引入了无效输入值。非常不幸的是，这会带来大量的无效输入值，因为 a、b、c 三者中任何一个是无效输入值都会使整体成为无效输入值，如表 1.2 所示。如何既考虑无效输入值又保证全面覆盖有效输入范围，是后续各类测试方法必须考虑的平衡之道。

表 1.2　三角形随机测试示例 2

编号	a	b	c	预期输出
1	0	81	12	无效输入值
2	94	-9	58	无效输入值
3	61	87	110	普通三角形
4	3.1	63	84	无效输入值
5	95	-8.0	65	无效输入值

作为读者的课后练习，编写一个 Python 程序，以满足更多的无效输入类型和有效输入类型及其组合的情况，并实现自动化测试。

1.1.2　等价类测试

等价类测试是另外一种多样性测试方法。等价类测试的基本思路是将输入数据划分为若干个等价类，然后从每个等价类中选择一个或多个测试数据进行测试，以检测系统是否正确处理了各种情况。首先确定输入数据的范围，此时需要考虑输入数据的数据类型、取值范围等因素。通常在有效范围内划分等价类。例如，我们可以将输入空间划分为 [-∞,0]、[1,100]、[101,∞] 三部分，也可以将区间 [1,100] 进一步划分为 10 个等距输入区间 [1,10]、[11,20]、⋯、[91,100]。然而，不难看出，这种等价类划分过于粗糙。为了得到更加有效的等价区间，我们需要进一步考虑三角形的类型，即输出数据类型，进行等价类划分。

- a、b、c 可以构成等边三角形。
- a、b、c 可以构成等腰三角形。
- a、b、c 可以构成普通三角形。
- a、b、c 无法构成三角形。

对于三角形类型的划分是一种典型的等价类测试思路。在划分等价类时，需要将输入或输出数据划分为若干个等价类，使每个等价类中的数据具有相同的功能和数据处理逻辑。根据上述思路，我们可以进行以下测试等价类划分，如表 1.3 所示。

表 1.3 三角形等价类划分

输入值	有效性	三角形类型
$a=50, b=50, c=200$	无效	无法构成三角形
$a=50, b=50, c=100$	有效	无法构成三角形
$a=50, b=50, c=50$	有效	等边三角形
$a=50, b=50, c=70$	有效	等腰三角形
$a=50, b=60, c=70$	有效	普通三角形

不难看出，等价类测试是在等价类划分后的随机测试。也可以把随机测试看作单一等价类划分的等价类测试。等价类测试和随机测试的深度结合和迭代反馈是后续章节讨论的重点内容。站在从输入空间、输出空间到执行空间的不同视角进行等价类划分，以及对三者等价类划分的理论和经验进行关联分析是一个值得思考的方向。

表 1.4 展示了一些有代表性的测试数据，包括正常输入以及各种无效情况，从而更好地展现潜在缺陷。对于每个测试，不仅预先确定了其预期输出，还可能需要对实际的输出结果进行分析，以确定程序是否按照预期运行。我们通常将所有测试放入一个表格中，以便更好地进行测试和记录测试结果。这通常包括测试的输入、预期输出、实际输出以及结果说明等，从而构成一张相对完整的测试用例表格。

表 1.4 三角形程序等价类测试用例集示例

输入 a	输入 b	输入 c	预期输出	实际输出	结果说明
3	4	5	普通三角形		
3	3	3	等边三角形		
2	3	3	等腰三角形		
4	4	8	无效三角形		
0	4	5	无效输入值		
−1	4	5	无效输入值		
101	4	5	无效输入值		
4	4	100	无效三角形		
100	100	100	等边三角形		
100	100	1	等腰三角形		

1.1.3 组合测试

软件运行时可能会出现一些罕见的耦合失效，两个或更多输入值相互作用会导致程序失效。组合测试有助于发现此类问题。组合测试最早应用于测试所有成对（即两两组合）的系统配置。任何具有多种配置选项的系统，特别是跨操作系统、数据库和网络特征的各种组合运行的应用程序，都适合进行此类测试。可以将组合测试看作等价类测试的加强版本。通常是在等价类划分基础上，进一步考虑输入数据的各种组合关系。

组合测试应用范围很广，尤其是适合输入参数较多且交互耦合较多的情况。例如，我们将输入空间划分为 $[-\infty,0]$、$[1,100]$、$[101,\infty]$ 三个等价类。对于三个输入变量 a，b，c，有以下 $3^3=27$ 种可能的测试输入组合。但这 27 种组合中，仅仅有一组组合，即 $a \in [1,100]$，$b \in [1,100]$，$c \in [1,100]$ 是有效测试输入。

- $a \in [-\infty,0]$，$b \in [-\infty,0]$，$c \in [-\infty,0]$
- $a \in [-\infty,0]$，$b \in [-\infty,0]$，$c \in [1,100]$
- $a \in [-\infty,0]$，$b \in [-\infty,0]$，$c \in [101,\infty]$
- $a \in [-\infty,0]$，$b \in [1,100]$，$c \in [-\infty,0]$
- $a \in [-\infty,0]$，$b \in [1,100]$，$c \in [1,100]$
- $a \in [-\infty,0]$，$b \in [1,100]$，$c \in [101,\infty]$
- $a \in [-\infty,0]$，$b \in [101,\infty]$，$c \in [-\infty,0]$
- $a \in [-\infty,0]$，$b \in [101,\infty]$，$c \in [1,100]$
- $a \in [-\infty,0]$，$b \in [101,\infty]$，$c \in [101,\infty]$
- $a \in [1,100]$，$b \in [-\infty,0]$，$c \in [-\infty,0]$
  $\vdots$
- $a \in [1,100]$，$b \in [1,100]$，$c \in [1,100]$
  $\vdots$
- $a \in [101,\infty]$，$b \in [101,\infty]$，$c \in [101,\infty]$

对于 n 个输入参数，假如每个输出参数具有 $A_1,\cdots,A_n$ 个等价类划分，那么全部可能组合数量为 $\prod_{i=1}^{n} A_i$。这种策略带来的组合爆炸（指数级增长）问题在工程应用中是不切实际的。我们后续将引入 t-组合覆盖测试的概念，这些测试将涵盖所需强度 t 的所有参数的等价类划分，其中 $t=1,2,\cdots$。特别地，$t=1$ 为单一组合测试，即不考虑每个输入参数之间的组合。$t=2$ 为成对测试，也称为两两组合覆盖测试，这是工程上最为常见的组合测试，并且有很好的算法和工具支持，被广泛使用。

例如，上述例子中 1-组合覆盖测试的一个集合如下：

- $a \in [-\infty,0]$，$b \in [1,100]$，$c \in [101,\infty]$
- $a \in [1,100]$，$b \in [101,\infty]$，$c \in [-\infty,0]$
- $a \in [101,\infty]$，$b \in [-\infty,0]$，$c \in [1,100]$

在这三个组合测试中，a、b、c 的每个等价类都被覆盖了一次。

上述例子中的 2-组合覆盖测试的一个集合如下：

- $a \in [-\infty,0]$，$b \in [-\infty,0]$，$c \in [-\infty,0]$

- $a \in [-\infty, 0]$, $b \in [1, 100]$, $c \in [1, 100]$
- $a \in [-\infty, 0]$, $b \in [101, \infty]$, $c \in [101, \infty]$
- $a \in [1, 100]$, $b \in [-\infty, 0]$, $c \in [1, 100]$
- $a \in [1, 100]$, $b \in [1, 100]$, $c \in [101, \infty]$
- $a \in [1, 100]$, $b \in [101, \infty]$, $c \in [-\infty, 0]$
- $a \in [101, \infty]$, $b \in [-\infty, 0]$, $c \in [101, \infty]$
- $a \in [101, \infty]$, $b \in [1, 100]$, $c \in [-\infty, 0]$
- $a \in [101, \infty]$, $b \in [101, \infty]$, $c \in [1, 100]$

在上面的组合测试中，a、b、c 的每个等价类的两两组合都被覆盖了一次。组合测试的基本思想来源于正交实验设计。例如，2-组合覆盖测试是一个正交实验表，每个因素（参数）的每个水平（等价类）都出现了三次。正交实验表是一种有用的工具，可以帮助工程师和科学家设计实验，以便在最小化实验次数的同时获得最多的信息。它们通常用于研究多个因素对某个响应变量的影响，以确定哪些因素和因素水平对响应变量的影响最大。在设计实验时，建议使用正交实验表，因为它们可以显著地减少实验次数，并提高实验的效率和信息量。正交实验表还可以帮助确定哪些因素和因素水平对响应变量的影响最大，这对于改进产品和流程非常有用。

不幸的是，生成满足正交实验设计的最小数量的组合是一个 NP- 难问题。因此，生成满足 t- 组合覆盖的测试数据不是一个简单任务。覆盖数组常被用于指定测试数据，我们可以将覆盖数组的每一行视为单个测试的一组参数值。总的来说，覆盖数组的行至少包含一次参数值的每个 t- 组合覆盖。一个包含 10 个变量的 t=3 覆盖数组中，每个变量有两个值。在这个数组中，任何 3 列都包含 3 个二进制变量的所有 8 个可能值。因此，这组测试将仅在 13 次测试中执行输入值的所有三维组合，详尽覆盖则为 1024 次。但实际工具生成的测试数量远远大于这个数。在某些情况下，利用弱强度的组合测试可能需要进行测试，是工程中需要的现实妥协。组合测试能够在保证缺陷检出率的前提下采用较少的测试。组合测试方法的有效性和复杂性吸引了组合数学领域和软件工程领域的学者对其进行深入的研究。同时，读者可以思考输出结果：等边三角形、等腰三角形、普通三角形、无效三角形、无效输入值之间的可能组合情况。

迄今为止，我们还没有给出任何待测程序的程序代码。这种不依赖源代码的测试方法称为黑盒测试，与之对应的白盒测试更关注应用程序内部的结构和执行情况。理解被测程序的源代码是进行白盒测试的前提条件。对于多样性测试方法，无论是随机测试、等价类测试还是组合测试，并没有严格要求一定是黑盒测试。如何将上述多样性测试方法从黑盒测试扩展到白盒测试，将在后续章节详细讨论。为了讨论方便，我们先给出一个三角形程序 Triangle 的 Python 程序实现示例，如清单 1.2 所示。

清单 1.2　三角形程序 Triangle 的 Python 程序代码

```
1   def triangle (a, b, c) :
2       if not (1 <= a <= 100 and 1 <= b <= 100 and 1 <= c <= 100):
3           print ("无效输入值")
4       elif not (a+b>c and b+c>a and c+a>b):
5           print ("无效三角形")
6       elif a == b and b == c:
7           print ("等边三角形")
8       elif a == b or b == c or c == a:
9           print ("等腰三角形")
10      else :
11          print ("普通三角形")
```

程序代码实现了一个名为 triangle 的函数，该函数接收三个输入参数，即三个整数 a、b 和 c，并根据它们的值判断三角形的类型。函数首先检查输入的三个值是否在 1～100 之间，如果不是，则输出"无效输入值"并退出函数。接下来，检查这三个值是否满足构成三角形的条件，即任意两边的长度之和是否大于第三边。如果不满足这个条件，则函数输出"无效三角形"并退出。然后判断三角形的类型。如果三个值相等，即 $a=b=c$，则它是等边三角形，函数输出"等边三角形"并退出。如果仅有两个值相等，即 $a=b$ 或 $b=c$ 或 $c=a$，则它是等腰三角形，函数输出"等腰三角形"并退出。最后，如果三个值都不相等，则它是普通三角形，函数输出"普通三角形"。读者可以尝试完成表 1.4 中的实际输出和结果说明。

1.2　故障假设测试入门

软件工程师通过研究故障模式来防止发生类似故障，对常见故障模式的经验总结同时也被用于软件设计方法和编程语言的改进。1.2.1 节以代码示例介绍常见的软件故障。当然，并不是所有的程序错误都属于可以使用更好的编程语言预防或静态检测的类别，有些故障必须通过动态运行测试才能发现，也可以利用常见故障的知识来提高测试效率。这通常通过往待测程序注入故障以模拟实际产生的故障。1.2.2 节介绍工程应用中最常见的边界故障类型及其示例。1.2.3 节介绍工程应用中系统性的故障假设策略：变异分析。

1.2.1　常见软件故障

即使尽力遵循软件开发最佳实践和标准流程，仍然可能会出现各种各样的软件故障。这些故障可能会导致程序崩溃、数据丢失、安全漏洞等问题，给用户和组织带来不必要的麻烦和损失。故障假设测试是一种常见的软件测试方法，它通过假设可能会出现的故障并进行测试来发现和解决软件中的潜在问题。这种测试方法将假设的故障注入软件中，评估系统的反应和性能，从而更好地了解系统可能面临的风险和问题，并采取相应的措施来保证软件的稳定性和可靠性。在故障假设测试中，测试人员会根据实际情况和经验，提出可能会出现的故障假设，并对包含这些故障的程序进行测试。

例如，电商网站中购物车功能可能存在添加物品数量上限问题，测试人员可以通过模拟用户逐步添加商品到购物车或修改商品数量来测试该功能的潜在故障。社交媒体应用可能会出现网络连接问题，测试人员可以在测试中断开或减弱网络连接，以观察系统的反应和表现。银行应用可能会在转账过程中遇到错误，测试人员可以模拟各种可能的转账错误，如输入错误的账户信息、使交易金额超过限制等。医疗应用可能会输入错误的病历信息，测试人员可以模拟各种可能的输入错误，如输入不完整的病历信息、输入错误的病人信息等，以测试应用程序在处理错误数据时的表现。

故障假设测试也适用于白盒测试，本节介绍一些常见故障和相应的 Python 程序示例，为后续的 Bug 触发和传播，以及对软件测试方法的理解提供基础。NameError 是一种常见的 Python 程序故障，它发生在 Python 解释器无法找到一个变量的定义时。这通常是由变量名拼写错误、变量作用域的问题或者变量没有被正确初始化等原因引起的。另一个常见的 NameError 故障发生在 Python 模块导入时，试图导入不存在的模块将导致 NameError 被抛出。

TypeError 是另一种常见的 Python 程序故障，它通常发生在尝试使用错误类型的对象或变量时。清单 1.3 是一个 TypeError 的示例。这个例子中，试图将一个整数和一个字符串相加，这将导致 TypeError 被抛出。正确的方法是将整数转换为字符串后再进行拼接。另一个常见的 TypeError 故障是在使用 Python 内置函数时传递了错误类型的参数。例如，在 range() 函数中传递浮点数参数将导致 TypeError 异常被抛出。正确的方法是将浮点数转换为整数后再传递给 range() 函数。

清单 1.3　Python 程序的 TypeError 代码示例

```
1  # 试图将一个整数和一个字符串相加
2  num = 42
3  string = "hello"
4  print(num + string)
```

SyntaxError 也是一种常见的 Python 程序故障，通常发生在 Python 解释器无法理解程序语法时。以下是一些经常导致 SyntaxError 的情况，其中一个常见的 SyntaxError 故障是在调用函数或方法时使用了错误数量的参数。IndexError 是一种常见的 Python 程序错误，它通常发生在尝试访问不存在的列表元素时。在清单 1.4 所示的例子中，试图访问列表 my_list 中不存在的第四个元素，这将导致 IndexError 被抛出。还有一种常见的 IndexError 是在使用负数索引或尝试访问空列表中的元素时引发的。

清单 1.4　Python 程序的 IndexError 代码示例

```
1  # 访问列表中不存在的元素
2  my_list = [1,2,3]
3  print(my_list[3])
```

白盒故障假设测试可能会依赖程序语言特性。例如 C 程序中空指针故障是一种常见的编程错误，它通常是由于访问了一个空指针而导致的，当试图访问一个空指针时，就会发生未定义的行为，可能会导致程序崩溃或其他不可预测的结果。这种错误在编写代码时很容易出现，因此要注意避免这个问题。

在清单 1.5 的代码示例中，指针 ptr 被初始化为 NULL，它是一个空指针。在第 2 行代码中，试图访问指针 ptr 所指向的值，这是一个未定义的行为，可能会导致程序崩溃或其他不可预测的结果。要修复这个问题，可以为指针 ptr 赋一个有效的地址。还可以在使用指针 ptr 之前添加一个非空判断。这样可以避免空指针故障的出现。在编写代码时，应该注意指针的初始化和空指针的处理，以确保程序的正确性和健壮性。总之，空指针故障是一个常见的编程错误，但可以通过合理的编码习惯和技巧避免这个问题的出现。在测试代码时，也应该特别注意边界条件和特殊情况，以确保代码的正确性和健壮性。

清单 1.5　C 程序的空指针故障代码示例

```
1  int* ptr = NULL;
2  printf ("%d",*ptr);
```

数组越界空指针故障是一种常见的编程错误，因此在编写代码时，应该注意数组的长度和下标的范围，以避免这种空指针故障的出现。清单 1.6 的代码示例中，数组 arr 有三个元素，下标从 0 开始，而第 2 行代码试图访问 arr[3]，这个下标超出了数组的下标范围，因此会抛出数组越界空指针故障。如果想要修复这个问题，有几种方法可供选择。一种方法是将数组下标改为 0、1 或 2，这样就不会超出数组范围。另一种方法是将数组长度增加到 4，这样就可以访问 arr[3] 了。

清单 1.6　C 程序的数组越界空指针故障代码示例

```
1  int arr[3] = {1,2,3};
2  printf ("%d",arr[3]);
```

内存泄漏是指程序在运行过程中，由于疏忽或错误导致未能释放不再使用的内存，随着时间的推移，这些未释放的内存积累起来，会导致性能下降乃至系统崩溃等一系列问题。清单 1.7 的代码示例中，定义了一个指针，并分配了一块内存，但在函数结束后，没有释放这块内存，导致内存泄漏。要解决这个问题，需要在不再使用这块内存时释放它。这样可以释放 ptr 所指向的内存。在编写代码时，应该注意动态内存分配和释放的配对使用，以避免内存泄漏和其他动态内存分配错误的出现。

清单 1.7　C 程序的内存泄漏故障代码示例

```
1  int num = 100;
2  char* str = (char*) num;
3  printf ("%s",str);
```

故障假设是一种常用的测试方法，但是它并不能完全覆盖所有可能出现的异常情况。故障假设需要丰富的领域业务知识和编程经验。为了提高初学者的故障假设测试效率，接下来介绍两种最常见的系统性方法：边界故障假设和变异故障假设。前者是最简单和最常见的故障假设方法，后者是最系统性的故障假设方法。

1.2.2　边界故障假设

边界值测试是一种最简单和最常见的故障假设测试方法，因为边界处理是程序员最容易犯错误的地方。边界值测试通常被认为是对等价类划分方法的补充。边界值分析的步骤包括确定边界、选择测试两个步骤。根据大量的测试统计数据，很多故障发生在输入或输出范围的边界上。因此针对各种边界情况设计测试，可以查出更多的故障。边界故障假设有相对统一的策略，将输入域划分为一组子域（通常采用等价类划分方法）进行边界值分析。

等价类划分和边界值分析通常被认为是两种互补的测试策略。前者针对计算故障：在实现中对某些子域应用了错误的函数。后者针对域故障：实现中两个子域的边界是错误的。等价类划分倾向于查找计算故障的测试输入。由于计算错误会导致在某些子域中应用错误的函数，因此在等价类划分中，从每个子域中仅选择几个测试输入是正常的。边界值分析倾向于使用靠近边界的测试输入来查找域故障。假设相邻子域之间的边界被错误地实现，导致子域偏差。然后测试输入将应用错误的功能，因此如果故障在实现中位于错误的子域，则能够检测到此故障。

对于三角形程序的有效输入范围 [1,100]，常见的边界值为 1、100、2、99、0、101。根据这些整数边界值（这里暂时只考虑整数情况），容易生成大量边界值的测试集，如表 1.5 所示。显然，这样的情况也产生了大量无效测试输入值的测试。为了提高测试效率，我们结合待测程序的功能特性，需要考虑三角形程序的输出类型：无效输入值、无效三角形、普通三角形、等腰三角形、等边三角形。根据等价类划分并结合边界值测试，可得三角形类型边界测试集，如表 1.6 所示。

表 1.5　三角形程序边界值测试集示例 1

输入 a	输入 b	输入 c	预期输出	实际输出	结果说明
1	1	1	等边三角形		最小有效输入值
100	100	100	等边三角形		最大有效输入值
0	0	0	无效输入值		下界最大无效输入值
101	101	101	无效输入值		上界最小无效输入值
0	4	99	无效输入值		其他无效输入情况
99	40	50	无效输入值		其他有效输入情况

表 1.6　三角形程序边界值测试集示例 2

输入 a	输入 b	输入 c	预期输出	实际输出	结果说明
0	0	0	无效输入值		下界最大无效输入值
101	101	101	无效输入值		上界最小无效输入值
1	1	2	无效三角形		最小无效三角形
1	99	100	无效三角形		最大无效三角形
1	1	1	等边三角形		最小等边三角形
100	100	100	等边三角形		最大等边三角形
99	99	100	等腰三角形		最大等腰三角形
2	2	3	等腰三角形		最小等腰三角形
99	99	100	等腰三角形		最大等腰三角形
2	2	3	等腰三角形		最小等腰三角形
98	99	100	普通三角形		最大普通三角形
2	3	4	普通三角形		最小普通三角形

　　边界值测试应该涵盖所有重要的情况，以确保程序在各种输入和边界情况下都能正确处理。边界值测试和组合测试可以结合使用，以加强测试效果。三角形程序测试中，使用边界值测试，可以测试程序在输入 1、100、101 和 0 等边界值时的行为。然后，使用组合测试，可以测试程序在不同的输入组合下的行为，例如对（1, 1, 1）、（1, 1, 0）、（1, 0, 1）、（100, 100, 100）、（100, 100, 101）等各类组合进行测试。通过结合使用这两种技术，可以确定程序在各种情况下的行为，并提高测试的质量。

1.2.3　变异故障假设

　　变异故障假设测试也称为变异分析，是一种对测试集的有效性和充分性进行评估的方法。变异分析可以评价测试的故障检测能力，也能辅助构建故障检测能力更强的测试集。

变异测试通常是修改微小代码语法以检查定义的测试是否可以检测代码中的故障。变异是程序中的一个小变化，这些变化很小，不会影响系统的基本功能，在代码中代表了常见故障模式。

变异故障假设的基本思想是构建缺陷并要求测试能够揭示这些缺陷。故障假设形成的变异体代表了测试人员感兴趣的故障类型。从更广泛的角度来看，使用的变异体是测试人员所针对的潜在故障，因此在某种意义上等同于真实故障。当测试揭示简单的缺陷时，例如变异体类似于缺陷是简单句法改变的结果，它们通常足够强大，可以揭示更复杂的缺陷。

对于三角形程序，变异测试可以用于评估程序的测试质量。可以使用不同的变异操作，例如将逻辑运算符 && 改为 || 或将关系运算符 > 改为 >=，来生成变异体。然后，可以对原始程序和每个变异体运行相同的测试，以检查测试是否能够检测到变异引入的错误。如果一些变异体产生与原始程序不同的输出，则可以推断原始测试的质量不足以发现这些错误，需要修改测试以提高它们的质量。以下是三角形程序的变异操作示例。

- 将 or 改为 and
- 将 and 改为 or
- 将 >= 改为 >
- 将 a+b 改为 a−b

使用这些变异操作可以生成变异体，并通过运行测试来检查它们是否能够检测到引入的错误。例如三角形程序中的第 8 行代码，将 "a==b or b==c or c==a" 错误编写为 "a==b and b==c or c==a"，得到了以下的变异程序，如清单 1.8 所示。显然，这个变异是为了考虑测试程序是否能够正确识别等腰三角形的情况。若预期输出（正确程序 P 的输出）与实际输出（变异程序 M 的输出）不相等，则称为测试 t 杀死了该变异体 M。可以使用 "a=2，b=2，c=3" 作为测试输入进行尝试，也可以更改为 "a=3，b=2，c=2" 进行测试。读者可以尝试计算表 1.7 中的变异测试集。

清单 1.8　变异的 Python 程序代码 M

```
1   def triangle (a, b, c) :
2       if not ((a >= 1 and a <= 100) and (b >= 1 and b <= 100) and (c >= 1 and c <= 100)):
3           print ("无效输入值")
4       elif not ((a+b)>c) and ((b+c)>a) and ((c+a)>b):
5           print ("无效三角形")
6       elif a == b and b == c:
7           print ("等边三角形")
8       elif a == b and b == c or c == a:
9           print ("等腰三角形")
10      else:
11          print ("普通三角形")
```

表 1.7 三角形程序变异测试集示例

输入 a	输入 b	输入 c	预期输出	实际输出	结果说明
2	2	2	等边三角形		
2	2	3	等腰三角形		
2	3	2	等腰三角形		
3	2	2	等腰三角形		
2	3	4	普通三角形		

变异测试是一种简单但强大的技术，可以通过检测程序中的故障来评估测试的质量。通过生成程序的不同版本（称为变异体），可以评估测试套件检测程序缺陷的有效性。但是，变异测试是一个耗时的过程，需要大量的计算资源来生成变异体和执行测试。例如，对于将 and 改为 or 的变异操作，由于三角形程序出现了 8 个 and，那么单这个变异操作，就可以生成 8 个不同的变异版本。后续章节详细将介绍如何降低变异测试成本，并提高变异测试效率。

1.3 图分析测试入门

图在软件中有广泛的应用，可以用于描述和分析软件系统中的各种关系。图可以帮助软件设计人员更好地理解软件系统中的各种关系，从而更好地设计和实现软件系统。图也被广泛用于各类软件测试方法，包括黑盒测试和白盒测试。基于图的测试准则通常要求测试人员以某种方式覆盖图，并遍历图的特定部分。1.3.1 节介绍软件中常见的图，并以 Triangle 为例示意如何生成控制流图，接着简要介绍两种图测试方法：图结构测试（1.3.2 节）和图元素测试（1.3.3 节）。

1.3.1 图生成方法

依赖关系图是一种图的常用表示方法，它可以用来描述软件系统中的模块依赖关系。在依赖关系图中，每个模块都表示为一个节点，模块之间的依赖关系则表示为节点之间的边。例如，如果模块 A 依赖于模块 B，那么在依赖关系图中可以用一条从节点 A 指向节点 B 的边来表示。假设现在设计一个电商网站，其中包含多个功能模块，如用户管理模块、商品管理模块、订单管理模块等。这些模块之间存在相互依赖的关系，用户管理模块需要调用商品管理模块来获取商品信息，订单管理模块需要调用用户管理模块来获取用户信息等。为了更好地管理这些依赖关系，可以使用依赖关系图来描述模块之间的关系。可以将用户管理模块、商品管理模块和订单管理模块分别表示为节点，并在节点之间用边来表示它们之间的依赖关系。这样，就可以清晰地了解每个模块之间的依赖关系，从而更好地进行模块设计和实现。

软件界面事件流图是一种描述软件界面行为的图表示方法，它可帮助测试人员更好地理解软件界面的行为流程和逻辑关系，并设计出更充分的测试集。软件界面事件流图通常由状态、事件和转换三个要素组成。状态表示软件界面的当前状态，事件表示用户的操作，转换则表示界面状态的转换。在进行软件界面事件流图测试时，测试人员需要确保软件界面的行为符合预期，用户的操作能够正确地触发对应的界面行为。需要仔细分析软件界面的状态转换规律，确保测试可以充分地覆盖界面的各个状态。

控制流图和数据流图都是软件测试中广泛使用的图表示方法。控制流图主要关注软件系统中的控制流程和逻辑关系，数据流图则主要关注软件系统中的数据流程和数据变化。控制流图和数据流图都通过节点和边的方式来表示软件系统中的控制流程和数据流程，但它们的节点和边所表示的意义不同。控制流图中的节点通常表示程序中的基本块，即一组语句的集合，而边表示基本块之间的控制流关系，即程序执行过程中的分支、循环等控制结构。控制流图可以帮助设计人员深入理解软件系统的控制流程，从而更好地进行测试用例的设计和覆盖测试。数据流图中的节点通常表示程序中的数据流，即数据在程序中的流向和变化，边表示数据流之间的关系，即数据转移和转换的过程。

这里简要介绍控制流图的生成。数据流图和软件界面事件流图将在后续章节中详细介绍。测试人员需要确保控制流图的正确性，即确保控制流图中的节点和边正确地反映了软件系统的控制流程。要根据控制流图来设计测试用例，并确保测试用例能够完全覆盖控制流图中的所有节点和边。还需要注意控制流图的复杂程度，避免过于复杂的控制流图导致测试用例设计和执行的困难。理解被测程序的控制流图是进行白盒测试的先决条件，这样才能执行被测代码中的路径。例如，对于三角形 Python 程序代码，根据以下基本思路生成对应的控制流图，如图 1.1 所示。

1）开始。
2）判断输入是否合法（2），若不合法，则输出"无效输入值"（3），结束。

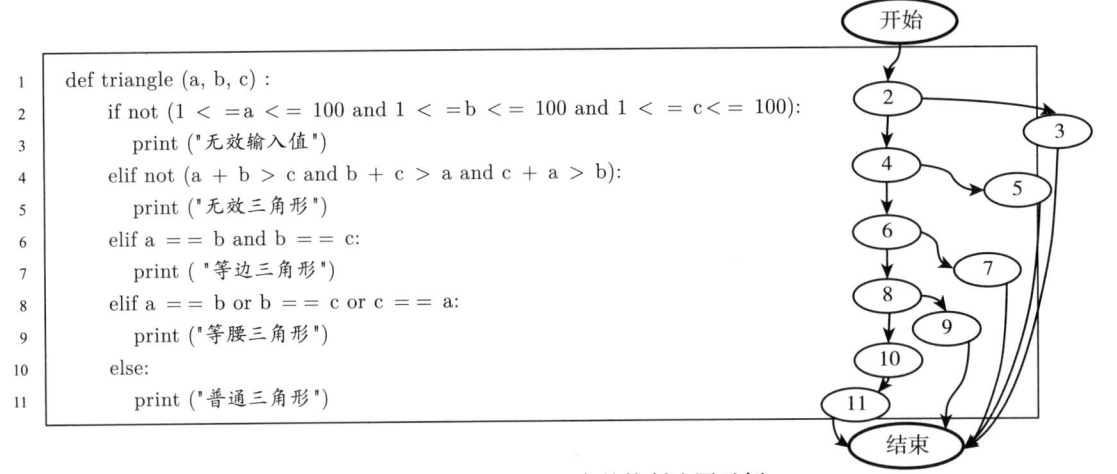

```
1    def triangle (a, b, c) :
2        if not (1 < =a <= 100 and 1 < =b <= 100 and 1 < = c<= 100):
3            print ("无效输入值")
4        elif not (a + b > c and b + c > a and c + a > b):
5            print ("无效三角形")
6        elif a == b and b == c:
7            print ("等边三角形")
8        elif a == b or b == c or c == a:
9            print ("等腰三角形")
10       else:
11           print ("普通三角形")
```

图 1.1 Triangle 程序的控制流图示例

3）判断是否为三角形（4），若不是，则输出"无效三角形"（5），结束。
4）判断三角形的类型（6），若是，则输出"等边三角形"（7），结束。
5）判断三角形的类型（8），若是，则输出"等腰三角形"（9），结束。
6）否则（10），输出"普通三角形"（11），结束。

1.3.2 图结构测试

在图论中，最基本的概念是点和边。点表示一个对象或者一个状态，边表示两个点之间的关系。在图中，可以通过边来描述点之间的路径，即一系列点的连接。图论中的结构分析是指对图的结构进行分析和研究的过程，它可以帮助人们更好地理解和描述图的特性和性质。常用的结构分析方法包括度数分析、连通性分析、生成树分析等。软件测试中更加关注图的连通性分析。连通性是指图中任意两个节点之间是否存在路径。

图结构测试主要通过路径遍历来实现各种测试目标。路径测试的基本思路是：根据程序的控制流图，选择一些路径作为测试用例，以检测系统是否正确地处理了各种情况。程序的控制流图是程序的执行流程图，可以用于分析程序的结构和逻辑。在确定控制流图时，需要对程序进行深入的分析和理解，以找到程序的关键路径和分支结构。在选择测试路径时，需要覆盖程序的所有路径和分支结构，以确保程序的所有逻辑都被覆盖到。通过图1.1中的Triangle程序控制流图，可以划分和选择以下路径。

- a、b、c 中至少有一个不在 1～100 之间。
- a、b、c 都在 1～100 之间，但不能构成三角形。
- a、b、c 都在 1～100 之间，且可以构成等边三角形。
- a、b、c 都在 1～100 之间，且可以构成等腰三角形。
- a、b、c 都在 1～100 之间，且可以构成普通三角形。

在生成测试用例时，需要根据测试路径的要求，选择合适的输入数据和参数，以模拟实际运行环境和情况。可以使用一些测试工具和框架来自动生成测试用例，提高测试效率和覆盖率。在比较测试结果和预期结果时，需要考虑程序的容错性和复杂性，以避免误判和漏判的情况。可以使用一些测试评估工具和指标来评估测试结果和覆盖率，提高测试质量和效果。因此，需要编写测试用例以覆盖这5条路径。表1.8所示为可能的测试用例。

表1.8 三角形程序路径测试用例集示例

输入 a	输入 b	输入 c	预期输出	实际输出	结果说明
3	2	0	无效输入值		
3	2	1	无效三角形		
50	50	50	等边三角形		
50	50	70	等腰三角形		
50	60	70	普通三角形		

可以将路径测试看作白盒测试中的等价类划分应用。此时等价类划分需要对程序进行深入的分析和理解，以找到程序的关键路径和分支结构。同时，路径测试还需要大量的测试用例和计算资源，需要考虑测试时间和成本等因素。因此，在使用路径测试时，需要综合考虑程序特点和测试需求，选择合适的测试方法和工具来进行测试。

1.3.3 图元素测试

图元素测试重点关注图中元素表示的内容。图的常见元素包括点和边，在不同的流图中，点和边的内容和含义千差万别。控制流图、数据流图和软件界面事件流图具有不同的含义，同一种流图对于不同的待测程序含义也有所不同。图元素测试一方面关注点与边上的数据定义与引用（这留在后续章节介绍），一方面关注边的逻辑元素。逻辑覆盖主要用于测试程序中各种逻辑分支的覆盖情况。逻辑分支是指程序中的各种条件、分支和循环等结构，它们将对程序的执行流程和结果产生重要影响。

常用的逻辑测试方法包括以下几种：语句覆盖是指测试用例覆盖程序中的每一个语句至少一次，分支覆盖是指测试用例覆盖程序中的每一个分支至少一次，条件覆盖是指测试用例覆盖程序中的每一个条件至少一次，判定覆盖是指测试用例覆盖程序中的所有判定结构。例如，如果程序中有一个if语句，那么测试人员需要设计测试用例来覆盖if语句的两种可能情况。如果程序中有一个循环结构，那么测试人员需要设计测试用例来覆盖循环的各个可能迭代次数和结束条件。

例如，对于三角形程序中的逻辑控制语句 "(not((a+b)>c) and ((b+c)>a) and ((c+a)>b))"，需要考察以下可能出错的情况。例如：漏了一个否定符号not，错误编写为 "(((a+b)>c) and ((b+c)>a) and ((c+a)>b))"；将and错误编写为or，从而产生了三种可能的逻辑故障；也可能将 "(a+b)>c" 的写成 "(a+b)<=c" 等。

最强大的逻辑覆盖测试可能是修订条件判定覆盖准则（简称MC/DC或MCDC）。对于MCDC覆盖，需要满足以下条件：每个条件都必须至少被测试一次，每个条件的真假值都必须至少被测试一次，每个组合条件的真假值都必须至少被测试一次。生成满足MCDC覆盖的测试用例集不是一个容易的问题。针对三角形程序，可以使用以下测试用例集满足MCDC逻辑测试覆盖。

例如，对于第一个判断条件 "not ((a>=1 and a<=100) and (b>=1 and b<=100) and (c>=1 and c<=100))"，显然，a、b、c中任一个超出范围都将导致输出 "无效输入值"，而a、b、c只有一个超出范围成为一个敏感条件。这个敏感条件使得其中一个部分能决定整体判断条件。同理，a、b、c中全部不超出范围也是一个敏感条件，因为任何一个不满足都将导致整体判断条件不满足。再看第四个判断条件 "a==b or b==c or c==a"，"a==b" "b==c" "c==a" 中任何一个满足即可满足整体判断条件。因此，"a==b" "b==c" "c==a" 恰好只有一个满足成为敏感条件。可以构造第四个判断条件的MCDC覆盖测试数据，如表1.9所示。

表 1.9 第四个判断条件的 MCDC 覆盖示例

输入 a	输入 b	输入 c	预期输出	实际输出	结果说明
2	2	3	等腰三角形		
3	2	2	等腰三角形		
2	3	2	等腰三角形		
2	3	4	普通三角形		

其中特别需要讨论的是，"a==b""b==c""c==a"都满足的情况下，为什么没有成为第四个判断条件"a==b or b==c or c==a"的 MCDC 测试数据。事实上，看第三个判断条件"a==b==c"，就能明白这种逻辑耦合带来的复杂性。可以得到第三个判断条件的 MCDC 测试数据，如表 1.10 所示。

表 1.10 第三个判断条件的 MCDC 覆盖示例

输入 a	输入 b	输入 c	预期输出	实际输出	结果说明
2	2	2	等边三角形		
3	2	2	等腰三角形		
2	3	2	等腰三角形		
2	3	2	等腰三角形		

这里可以看出 MCDC 测试数据生成的几个难点：单一判断 MCDC 测试对分析，上下文逻辑耦合分析，重复测试数据约简。由于这个程序还不涉及判断条件的改变（即 a、b、c 在程序执行中的改变），对输入数据反向计算的困难留在后续章节讨论。

1.4 开发者测试若干示例

早期软件规模小且复杂程度低，软件测试常常包含在调试工作中，由软件开发人员完成相关工作。在当今规模化和工程化的软件研发中，为了提高生产效率和专业化程度，逐步产生了岗位细分，出现了软件测试岗位。软件的快速迭代大大压缩了软件开发的发布流程，使一部分测试任务开始前移，由开发者承担更多与代码相关的软件测试任务，本书统称为开发者测试，主要包括单元测试、接口测试、集成测试，甚至也有部分系统测试相关任务。

开发者需要对自己开发的程序代码承担质量责任。在软件质量管理机制下，一般要求开发者首先自行对自己编写的代码进行审查和测试，保证提交的代码达到一定的质量标准。从履行职责、提高效率、保护源码、方便实现等角度来说，开发者需要完成的测试工作主要集中在单元测试和集成测试阶段。开发者先对自己开发的代码进行单元测试，再把多个已经通过单元测试的模块按照设计书组装起来进行集成测试。在实践中，可能后期系统测试也需要开发者配合甚至主导。

静态测试与动态测试都是开发者需要掌握的测试方法，并在实践中结合使用。开发者对自己开发的程序代码进行检查，这是静态测试。给定输入数据，开发者运行代码，检查程序能否正常运行并给出预期结果，这是动态测试。对静态测试存疑的代码部分，加强动态测试进行结果验证，是实践中常用的开发者测试策略。白盒测试是开发者使用的最主要的测试方法，也是在软件测试工作中体现开发者优势的地方，然而并不是说开发者测试不需要黑盒测试方法。建议开发者在实践中对程序代码进行等价类和边界值分析，以便提高开发者测试的效率和质量。而在集成测试或者配合一些复杂模块的测试中，开发者也可能会用到灰盒测试等方法。

开发者测试中，手动测试与自动化测试都会用到。随着软件技术的发展，软件测试的自动化程度会越来越高。开发者在测试中尽可能通过自动化测试工具来提高测试工作效率。为提高软件研发效率，同时保证软件质量，测试常常和开发同步进行。开发者应综合运用多种软件测试方法和技术，针对不同的测试场景合理选择测试方法和工具。此外，在测试时尽可能采用自动化测试工具来提高软件测试的效率。当然，并不是所有测试工作都能够自动化完成，也不是所有场景都适合使用自动化测试。采用大模型等前沿技术进一步提升软件测试智能化水平也是本书探讨的话题之一。

开发者测试中一般采取先静态后动态的组合方式：先进行静态结构分析、代码评审，再进行代码的覆盖性测试。利用静态分析的结果作为引导，通过代码评审和动态测试的方式对静态测试结果进行进一步的确认，使测试工作更为有效。代码覆盖测试是白盒测试的重点，通常可采用语句覆盖、分支覆盖等。对于软件的重点模块，可使用逻辑覆盖、路径覆盖、数据流覆盖等更复杂的准则。在不同的测试阶段，测试重点有所不同。在单元测试阶段，以代码审查和语句覆盖为主。在集成测试阶段，需要增加接口测试和模块集成结构分析等。

理想的开发者测试遵循一个非常紧密的开发－测试迭代闭环。对产品进行一个小改动，比如给一个类添加一个新的方法，然后立即重新运行的测试。如果任何一个测试失败，就能追踪到代码变更和缺陷所在。在一个类中进行的更改可能会导致其他地方发生问题，因此不仅需要重新运行已更改的类的测试，还要运行许多其他测试。理想情况是频繁重新运行组件的完整测试集。每次进行重要更改时都重新运行测试集并分析结果，然后继续下一个更改或修复上一个更改，使研发效率和质量同时提升成为可能。如果测试是手动的，频繁运行测试是不切实际的。

对于某些组件来说，自动化测试很容易。例如，通过API与其客户端进行通信，当没有其他与外部世界的接口时，则容易封装简单的自动化测试代码。如果API使客户端代码容易编写，那么它也会使测试代码容易编写。如果测试代码不容易编写，那么表明API可能需要改进，以实现更好的封装。测试推动编码和设计迭代，以期能尽早解决软件质量中的重要风险。

直观上，组件与外部世界的连接越紧密，测试就越困难。假设正在测试的组件没有实现数据库，而是包装了一个真实的磁盘数据库。针对该真实数据库进行测试可能会很困难，它可能很难安装和配置，它的许可证可能很昂贵。数据库可能会减慢测试的速度，以至于人们不愿意经常运行它。在这种情况下，用一个只足够支持测试的简单组件来模拟数据库是值得的。

开发者测试需要方便快捷地设置一些方式来生成和执行测试，支持这些要求的工具称为测试框架。有许多可用的测试框架，既有商业的也有开源的，本书更推荐开源测试框架。开发者在编写测试时经常犯的错误是过度复制和粘贴。在编写代码之后再编写测试是一项烦琐的任务。因此在编写代码之前编写测试，将测试作为一个积极反馈循环的一部分。随着代码的变多，期待更多的测试通过直到最后所有的测试都通过。应该预期以后会需要修改这些测试，后续的迭代需要更改组件的行为。修改测试以使其能够运行，但它们有时候已经偏离最初的测试意图。经过多次迭代，测试集可能变得太弱，以至于无法实现质量保障。这种情况称为测试集衰减。将废弃衰减的测试集，并重新编写和生成测试集。

每个软件研发团队都会提出一些测试规定和经验总结，下面简要总结一些相对通用的开发者测试最佳实践，供读者参考。

- 频繁测试：在开发周期的各个阶段频繁测试，以尽早发现并修复缺陷，在每次代码变更后进行回归测试，确保新代码不会破坏软件质量。频繁测试可以帮助开发者及时了解代码的质量和稳定性，避免问题积累到后期再进行修复。
- 维护测试用例：定期更新和维护测试用例，确保它们与当前的代码库保持一致。随着代码的变化，测试用例也需要进行相应的调整，以准确反映最新的功能和需求。
- 尽可能自动化测试：对于重复性的测试，应尽可能实现自动化，可以使用测试框架（如 xUnit、Postman、Selenium、JMeter 等）来编写和管理自动化测试。
- 推荐 CI/CD：将测试集成到持续集成/持续交付（CI/CD）流程中，自动化测试过程，确保每次代码提交后都能立即进行测试。这样可以快速反馈测试结果，促进团队的协作和代码质量的提升。
- 综合使用静态和动态分析工具：以进行代码审查和运行时检测，发现潜在的缺陷和性能问题。静态分析可以在编译阶段发现问题，动态分析则可以在运行时检测到更多的实际问题。
- 覆盖之外重视功能需求：使用代码覆盖率工具分析测试覆盖率，同时要确保测试用例覆盖了代码的关键路径和功能。通过覆盖率分析，可以发现未被测试的代码区域，进而分析功能覆盖且完善测试用例。
- 功能之外重视性能和安全：除了功能测试，还需要进行性能测试和安全测试，确保软件在高负载和恶意攻击下仍能稳定运行。性能测试可以帮助优化系统性能，安全测试则可以发现和修复安全漏洞，提升系统的安全性。

本章练习

1. 随机测试概率：针对本书中的三角形程序 Triangle，计算简单随机测试的可能样本中，输出等边三角形、等腰三角形、普通三角形和无效三角形的概率。

2. 分支等价类测试：针对本书中的三角形程序 Triangle，我们将每个分支的执行值定义为等价类。对于一个分支 br，若两个测试 t_1、t_2 的 br 执行值相同（同为 TRUE 或 FALSE）则 t_1、t_2 属于同一等价类。设计这个等价类测试方案并给出具体示例。

3. 分支边界值分析：针对第 2 题中的等价类划分方案进行边界值分析，并给出边界值测试具体示例。

4. 逻辑等价类测试：针对本书中的三角形程序 Triangle，我们将每个分支的逻辑单元执行值定义为等价类。对于一个分支 br 的逻辑单元（例如包含两个逻辑单元 brc1:a==b 和 brc2:b==c），若两个测试 t_1、t_2 的 brc 执行值相同（同为 TRUE 或 FALSE）则 t_1、t_2 属于同一等价类。设计这个等价类测试方案并给出具体示例。

5. 逻辑边界值分析：针对第 4 题中的等价类划分方案进行边界值分析，并给出边界值测试具体示例。

6. 逻辑组合测试：针对本书中的三角形程序 Triangle，我们将每个分支的逻辑单元执行值定义为等价类。对于一个分支 br 的逻辑单元（例如包含两个逻辑单元 brc1:a==b 和 brc2:b==c），若两个测试 t_1、t_2 的 brc 执行值相同（同为 TRUE 或 FALSE）则 t_1、t_2 属于同一等价类。我们要求覆盖该程序所有逻辑单元的两两组合覆盖（TRUE 或 FALSE），设计这个组合测试方案并给出具体示例。

7. 针对本书中的三角形程序 Triangle 的 Python 程序注入一个故障：将"a==b or b==c or c==a"错误编写为"a==b and b==c or c==a"。对这个故障程序进行简单随机测试，检测到这个故障的概率是多少？

8. 针对本书中的三角形程序 Triangle 的 Python 程序注入一个故障：将"a==b or b==c or c==a"错误编写为"a==b and b==c or c==a"。

（1）针对这个程序进行第 2 题中的分支等价类测试、第 4 题中的逻辑等价类测试以及第 6 题中的逻辑组合测试，并给出具体示例，要求其中至少有一个测试能够检测故障。

（2）针对上述三种情况计算检测到这个故障的数学期望。

（3）针对上述三种情况进行等同数量的随机测试，并计算故障检测的数学期望。

9. 从开源社区中找一个项目，阐述并实施多样性测试策略。

10. 从开源社区中找一个项目，分析故障类型，阐述并实施故障假设测试策略。

11. 从开源社区中找一个项目生成控制流图和数据流图，阐述并实施图结构测试和图元素测试。

12. 从开源社区中找一个项目生成软件界面事件流图，阐述并实施图结构测试和图元素测试。

第 2 章
Chapter 2
基础概念

我们首先会问：什么是软件测试？Edsger W. Dijkstra 曾经说过："Program testing can be used to show the presence of bugs, but never to show their absence!"这意味着无法通过测试保证所有的 Bug 都被发现。发现 Bug 只是保证软件质量的一小步，却是软件测试的一大步。软件测试似乎仅仅带来质量的幻影，并没有真正验证系统的正确性。更不幸的是，修复往往引入新的缺陷！

2.1.1 节简要介绍软件测试基础概念，为后续章节的测试方法讨论提供基础，并将不同类型的待测软件统一抽象为集合，通过集合运算初步定量刻画软件质量。2.1.2 节是本章的重点，通过 Gourlay 测试理论框架给出软件测试的形式化定义，为本书的理论和方法讨论提供框架性基础。2.1.3 节首先以广为人知的图灵测试为例，引出三大基本问题。在测试理论框架和软件测试形式化定义的基础上，我们重新审视软件测试的理论问题。这三大问题贯穿全书，成为软件测试理论与方法的核心所在，直至今天，也是开放性的学术研究和工程应用问题。

2.2 节介绍开发者测试常用工具，分为三部分。2.2.1 节介绍开发者测试中的常用静态测试工具。静态分析简单易用，但常常被大量的误报困扰。2.2.2 节介绍开发者测试中的常用动态测试工具。动态分析往往更加精准，但使用门槛通常较高。动态和静态的结合使用是开发者测试的必备技能。2.2.3 节介绍敏捷和 DevOps 中的常用工具，包括持续集成、版本管理、缺陷追踪、接口测试等相关工具。

2.3 节介绍软件测试教材中常用的三个待测程序。2.3.1 节是三角形类型程序 Triangle，即输入三个边，输出三角形类型。2.3.2 节是日期计算程序 NextDay，即输入某一天的年月日，输出后一天的年月日。2.3.3 节是均值方差计算程序 MeanVar，即输入一组数字，计算其算术平均值 Mean 和方差 Var。这三个待测程序贯穿全书，但在后续章节也会引入一些更加复杂的待测软件。

2.1 测试的基础概念

2.1.1 常用测试术语

开发者测试是指开发人员在编写代码的过程中，对其所开发的软件进行的一种测试。

这种测试可以是在本地进行的单元测试，也可以是接口测试和集成测试，乃至后期的系统级测试。开发者测试的目的是尽可能在软件开发早期阶段发现问题，以降低缺陷修复成本，提高开发效率。开发者测试流程包括以下步骤：测试需求分析、测试计划设计、测试用例生成、测试用例执行和测试报告分析。开发者还需要与测试工程师、产品经理、质量保障等多个角色和部门进行沟通和协作，以确保全面的质量保障。

测试用例是一个基础性术语，具体定义如下。

> **定义 2.1　测试用例 tc**
>
> 一个测试用例 tc 是一个三元组 $<t, o, \theta>$，其中：
> - t 是测试数据或测试输入，如文字输入数据、交互输入数据等。
> - o 是测试预言或测试预期输出，用于判断输出结果是否正确的参考依据。
> - θ 是测试环境，通常是指运行环境和状态要求。
>
> 测试集记作 $T=\{tc_1,\cdots,tc_n\}$，也称为测试套件。

为了简洁，通常把测试用例简称为测试。不会严格要求测试用例必须是完备的三元组，例如：不是特别复杂的测试环境往往可以从定义中省略，即 $tc=<t,o>$。很多时候也经常省略测试预言，即简写为 $tc=t$。此时，测试集 $T=\{t_1,\cdots,t_n\}$。

测试数据是指为测试执行准备的输入数据，既可以作为功能的输入去验证输出，也可以去触发各类异常场景。测试数据需要尽可能接近软件真实数据的分布和特征，通常由有经验的测试人员进行设计，也可以依赖工具自动产生。测试数据的质量十分重要，不全的测试数据意味着有遗落的测试场景，无效的测试数据会增加测试成本，也可能降低软件质量。

测试预言是一种用于判断程序在给定测试输入下的执行结果是否符合预期的数据、行为或方法。测试预言定义了在给定的测试输入下软件产品应有的预期输出，通过将预期输出与被测试系统的真实输出做比较来验证被测软件的正确性。测试预言的质量直接影响测试活动的有效性和软件系统的质量。最常见的测试预言为预期输出数据或行为。当预期输出难以设计时，测试人员通常还可以选择根据领域经验设计其他间接判别方法。

测试环境是指为了完成软件测试工作所必需的计算机硬件、软件、网络设备、历史数据的总称，一般是测试人员利用一些工具及数据模拟出的、接近真实用户使用环境的环境，使测试结果更加真实有效。有些公司还会为某些软件项目提供仿真环境，用于模拟线上用户的使用。稳定和可控的测试环境可以帮助测试人员花费更少的时间完成测试用例的执行，它可以使测试人员免于为测试用例、测试过程的维护花费额外的时间，并且可以提升缺陷被准确重现的概率。造成测试环境不稳定的原因比较复杂，其中最常见的原因包括测试环境部署架构不合理、测试环境数据被修改、测试环境服务器宕机、测试系统升级等。另外，测试人员还需要根据项目需求对测试环境进行不断的改进，保证它能够更好地满足测试活动的需求。

不同待测软件制品常常需要不同的软件测试方法。软件产品流程中最先产生的是源代码和文档及相关制品，然后是通过编译器产生的字节码和二进制等可执行文件。这些可运行的产品，按照形态和运行方式不同通常可以分成 Web 应用、移动应用和嵌入式应用等。软件测试可以针对源代码或编译后的字节码和二进制，也可以针对后期的成品应用，如 Web 应用、移动应用和嵌入式应用等。这些软件成品应用的测试中，往往通过某种通用接口方式来完成测试。本书中，上述软件制品在测试上下文中将被统称为待测程序 P，读者可以根据上下文进行对照和区分。由此，进一步引出待测软件的定义。

定义 2.2　待测软件

待测软件通常包含待测程序 P 和相关文档。P 是一个有序元素集合 $\{u_1,\cdots,u_m\}$，对于不同的软件制品，元素 u_i 被赋予不同的含义。
- P 为源代码，u_i 是指代码行。
- P 为字节码，u_i 是指指令码。
- P 为二进制，u_i 是指比特码。
- P 为应用程序，u_i 则分为以下情况。
  - 代码测试时，u_i 是指代码单元。
  - 接口测试时，u_i 是指接口单元。
  - 服务测试时，u_i 是指服务单元。
  - 界面测试时，u_i 是指界面元素。

♣

不同软件制品对软件测试的影响取决于很多因素，其中一个非常重要的因素是软件的类型和特性。源代码和 API 对软件测试的影响取决于软件的类型和特点。不同类型的软件，如 Web 应用、移动应用和嵌入式应用，对软件测试的影响是不同的。对于 Web 应用，测试的难度和工作量通常比较大，因为 Web 应用通常需要支持多种设备和浏览器，并且需要考虑许多不同的用户场景和使用情况。对于移动应用，测试的难度也比较大，因为移动应用需要考虑不同的移动平台和设备，以及不同的网络条件和地理位置。对于嵌入式应用，测试的难度和工作量也比较大，因为嵌入式应用需要考虑许多不同的硬件平台和配置，以及不同的应用场景和使用情况。嵌入式应用通常需要支持许多不同的传感器和外设接口。

1. 第一种软件测试分类视角

根据测试过程中使用源代码信息的程度，软件测试可分为白盒测试、黑盒测试和灰盒测试。白盒测试需要全部源代码信息、黑盒测试完全不需要源代码信息，部分信息依赖则称为灰盒测试。

白盒测试（white-box testing） 依赖源代码信息，主要目的是测试应用程序内部的结构和运行情况。白盒测试从编程语言的角度出发进行测试用例设计。通过输入数据验证数据流在程序中的执行路径，并给出输出结果以验证程序运行。白盒测试通过程序路径覆盖特别目标发现程序中潜在的缺陷。为了完成白盒测试，测试人员需要了解待测试程序的内部结构和算法。理解被测程序的源代码是进行白盒测试的先决条件，因此对程序的理解常常带来高昂成本。通过深入了解被测程序的内部结构和算法，测试人员可以设计并创建尽可能多的测试用例来覆盖程序中的路径。然而，白盒测试不能完全检测到未使用的软件部分的规范，因此测试人员需要使用其他测试方法进行补充。

黑盒测试（black-box testing） 是一种广泛应用的测试方法。黑盒测试更强调从用户的角度出发，针对软件的界面、功能及外部结构进行测试，通常不考虑程序内部的逻辑结构。这种测试方法的核心思想是，通过输入不同的数据，观察系统对应的输出是否与预期行为保持一致。黑盒测试用例通常由测试人员根据软件规范、软件规格说明或设计文档设计而成。测试人员需要在测试过程中不断优化测试方案，确保能够全面地覆盖所有可能的测试场景。黑盒测试可用于多种目标，如功能测试、性能测试、兼容性测试等。功能测试需要从不同的功能模块入手，挖掘出每个模块的功能特点和潜在问题。性能测试需要根据软件的性能要求，模拟出不同的负载情况，观察系统的响应时间、吞吐量等性能指标。黑盒测试作为软件测试领域的一种重要测试方法，其应用范围广泛、测试效率高、测试覆盖全面。

灰盒测试 (gray-box testing) 是一种介于白盒测试和黑盒测试之间的方法。相对于黑盒测试，灰盒测试更加注重程序的内部逻辑，但源代码信息不像白盒测试那样详尽。灰盒测试通过一些表征性的现象、事件、标志来分享内部运行状态。与黑盒测试相似，灰盒测试关注输入/输出，但与黑盒测试不同的是，灰盒测试使用关于程序内部的间接信息来设计测试，以提高测试效率。例如考虑系统组件之间的互相作用和约束，但缺乏对内部程序功能和运作的详细了解。灰盒测试考虑用户端、特定的系统知识和操作环境。灰盒测试可以使用方法和工具来提取应用程序的内部知识和交互信息。它可以在保证测试对象的完整性的同时，使测试人员更深入地了解应用程序的内部运行情况。

2. 第二种软件测试分类视角

按照软件开发流程的 V 模型，软件测试大致可分成单元测试、集成测试、系统测试和验收测试四个阶段。

单元测试（unit testing） 是一种针对软件中最小可测试单元进行验证的技术。单元是指软件中最小可测试部分，它通常只有几个输入和一个或几个输出。一个单元可以是独立的函数和过程。在面向对象编程中，最小单元通常是一个方法。测试人员通常会使用测试框架、驱动程序、模拟对象等方式辅助完成单元测试。单元测试的基本原则是保证测试用例之间相互独立。例如，一个单元测试用例不应直接调用其他类的方法，而应在测试用例中采用模拟方法。单元测试一般由软件的开发人员来实施，目的是检验所开发的代码功能是否符合开发者自己规定的设计要求。单元测试的优势在于能够尽早发现软件缺陷，并在发现后立即修复。

集成测试（integration testing）通常在软件开发中后期进行。集成测试将在所有的软件单元按照概要设计规格说明的要求组装成模块、子系统或系统的过程中进行测试，以检查各软件的部分工作是否达到或实现相应技术指标及要求的活动。在集成测试之前，单元测试应该已经完成。集成测试将已经测试的多个单元组合成一个局部整体进行测试。这种测试用来确保各个单元部分之间协作良好。集成测试的目的是确认在不同单元模块之间的交互中没有出现问题。因为这些模块很可能是由不同人员开发或是在不同时间地点开发的。如果在集成测试中发现了问题，测试人员需要将其记录下来，并将其反馈给开发人员，以便他们修复问题。

系统测试（system testing）是针对整个系统的测试。它将与系统相关的硬件、软件、操作人员看作一个整体，检验系统是否符合预期。系统测试可以发现系统分析和设计中存在的问题。系统测试的关注重点包括待测系统本身的使用、待测系统与相关系统间的连通，以及待测系统在真实使用环境下的表现等。系统测试侧重整个系统的功能验证，更加靠近业务端。除了功能测试，系统测试还包括性能测试、安全测试、兼容性测试、稳定性测试等。系统测试的结果将为软件的最终发布提供重要的参考依据，确保软件系统可以顺利交付给用户使用。

验收测试（acceptance testing）也称交付测试，是针对用户需求和业务流程的测试。其目的是验证系统是否满足验收标准，并由用户或其他授权机构决定是否接受该系统。验收测试可以分成内部验收测试和外部验收测试。内部验收测试和外部验收测试的区别主要在于测试的执行者不同。测试执行者可以是软件开发团队中软件开发和软测试活动的非直接参与者，也可以是软件的最终用户和潜在用户扮演者，在某些情况下可采取众包方式来实现。

3. 第三种软件测试分类视角

按照软件质量属性，软件测试可以分为功能测试、性能测试、安全测试等。

功能测试（functional testing）是建立在被测软件规格说明基础上的黑盒测试，通常不考虑待测软件的内部结构。功能测试一般从软件产品出发，按照需求编写测试用例，并以待测软件的规格说明为基准进行评估，分析是否符合功能需求。测试人员不了解编程语言或软件实现方式，从一定程度上避免了"开发人员偏见"。功能测试将测试整个系统的一部分功能，但这并不意味着功能测试只针对待测软件产品的一个模块、类或者方法。系统的部分功能也是多个单元互相作用的结果。功能测试和系统测试都针对软件系统整体。功能测试根据设计文档或规格说明来检验程序，而系统测试则根据已发布的用户检查程序来验证程序是否能够正常运行。在功能测试结束后，测试人员通常会根据评测结果对软件产品提出若干修改意见，使其更加贴近用户实际要求。

性能测试（performance testing）是评估各种负载下软件的响应速度和稳定性等方面性能的测试手段。性能测试往往利用测试工具模拟多种正常、峰值以及异常负载条件来对系统的各项性能指标进行测试，进而可以确定与性能相关的瓶颈。确定开发的系统在工作负载不足时是否满足速度、响应性和稳定性要求，将有助于确保更积极的用户体验。性能测试可能涉及在实验室中进行定量测试，或者在受控情况下的生产环境中进行测试。性能需求应该被识别和分析的指标包括处理速度、数据传输速率、网络带宽和吞吐量等。

安全测试（security testing）对产品进行检验以验证产品是否符合安全需求定义的活动。在软件版本的功能测试和性能测试完成后，需要考虑到系统的安全问题。安全漏洞往往会带来极高的风险，特别是对于涉及交易、支付、用户账户信息的系统。安全测试旨在揭示信息系统安全机制中的缺陷。典型的安全要求包括机密性、完整性、可认证、可用性、可授权和不可否认性等。

2.1.2 测试的理论框架

测试理论框架是讨论软件测试理论和方法的基础。本书假设需求规范是正确的，并期待程序依照需求规范来实现。测试预言基于需求规范，用于确认待测程序是否违反了需求规范。待测程序、测试数据和测试预言之间关系紧密，全面认识测试并给予形式化定义是重要的。软件测试理论和方法旨在指导研发新的技术和工具来寻找程序特征、测试数据和测试预言的有效组合。

测试理论框架提供一个概念框架，可用作学术研究和工程实践的基础。软件质量是软件与需求文档中明确描述的开发标准以及任何专业开发的软件产品都应该具有的隐含特征相一致的程度。给定待测程序 P 和需求规范 S，软件质量可以定义为

$$Q(P,S) = \frac{P \cap S}{P \cup S} \quad (2.1)$$

在该公式中，$P \cap S$ 不是严格意义的集合交集，而是表示 P 和 S 行为的一致性。需要注意没有被程序满足的需求规范，即 $S-P$，也需要注意程序中超出需求规范的部分，即 $P-S$。

在清单 2.1 的例子中，不难看出，$S-P$ 是 P 没有实现 S 的需求规范，即 a、b、c 为 1～100 的整数，否则输出 "无效输入值"。$P-S$ 是对于 S 的需求规范 P 过度实现的代码部分，即 "if not (a+b>c and b+c>a and c+a>b) print ("无效三角形")"。我们假定 S 完备且正确的，那么要求 P 与 S 尽可能一致，即尽可能缩小 $S-P$ 和 $P-S$。实践中，S 可能是既不完备也不正确的。本书假定 S 是正确的，但未必完备。也就是经过工程师的讨论和审查，S 中的规格是正确的，但可能有所缺漏。本例中，S 遗漏了一个重要的隐含需求：a、b、c 满足任意两边之和大于第三边。但幸运的是，这个隐含需求被工程师在 P 中实现了。这种过度实现有时候会产生危害。

清单 2.1　三角形程序 Triangle 的需求规范 S 和待测程序 P 差异示例

```
1   a、b、c 为 1～100 的整数，否则输出"无效输入值"
2   a、b、c 三边相等，输出"等边三角形"
3   a、b、c 两边相等，输出"等腰三角形"
4   其他情况输出"普通三角形"
5   ----------------------------------------------
6   def triangle (a，b，c):
7       if not (a + b > c and b + c > a and c + a > b):
8           print("无效三角形")
9       elif  a==b==c:
10          print("等边三角形")
11      elif  a==b or b==c or c==a:
12          print("等腰三角形")
13      else :
14          print("普通三角形")
```

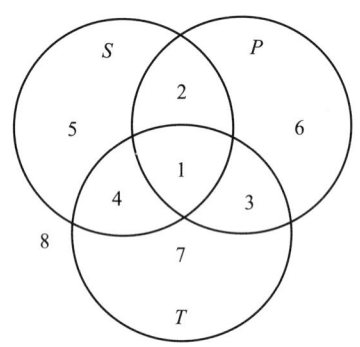

软件质量评估还依赖于给定的测试用例集 T（如表 2.1 所示），集合 S、P 和 T 之间的关系如图 2.1 所示。首先给出一些测试用例集 T，并观察 S、P 和 T 之间的关系。第一个测试用例 <2,2,2> 落入区域 1，测试了同属于 S 和 P 的行为，即 $S\cap P\cap T$。第二个测试用例 <1,2,3> 落入区域 3，测试了属于 P 但不属于 S 的行为，即 $T\cap (P-S)$。第三个测试用例 <0,2,2> 落入区域 4，测试了属于 S 但不属于 P 的行为，即 $T\cap (S-P)$。第四个测试用例 <2.0,2,3> 落入区域 7，它测试了一个既不属于 S 又不属于 P 的行为。

图 2.1　集合 S、P 和 T 之间的关系

表 2.1　测试用例集 T

编号	区域	输入 a	输入 b	输入 c	预期输出
1	1	2	2	2	等边三角形
2	3	1	2	3	普通三角形
3	4	0	2	2	无效输入值
4	7	2.0	2	3	—

同理，我们可以讨论不属于 T 的范畴。例如，区域 2 是 $(S\cap P)-T$，比如一个正常的等腰三角形，既在规格 S 中又在程序 P 中，但没有出现在测试用例集 T 中。同理，将 T 中的第二个和第三个测试用例分别删除，得到 T_1 和 T_2。那么对于 T_1，原来的区域 3[$T\cap (P-S)$] 变为区域 6[$P-S-T_1$]。同理，对于 T_2，原来的区域 4[$T\cap (S-P)$] 变为区域 5[$S-P-T_2$]。

我们总结图 2.1 如下：未测试的指定行为（区域 2 和 5）、测试了指定的行为（区域 1 和 4），以及对应于未指定行为的测试（区域 3 和 7）。类似地，可能存在未测试的编程行为（区域 2 和 6）、测试的编程行为（区域 1 和 3）以及未实现的行为测试（区域 4 和 7）。这里的每一个区域都很重要，如果存在没有可用测试的行为，则测试必然是不完整的。如果某些测试对应于未指定的行为，则会出现一些可能性：要么这样的测试是没有根据的，要么规范是有缺陷的。

本书选择 Gourlay 测试理论框架作为基础进行阐述。该框架易于理解，符合人们对测试过程的直观感受。大量相关的理论工作都基于这种形式。通过分析和扩展该框架，可以重新审视理论方法和工程实践，并拓展和延伸新理论框架。原始 Gourlay 测试理论框架认为需求规范 S 是待测程序 P 所需功能的真实且理想化的目标。

软件开发中使用的要求或正式规范很可能与 S 不同。注意，并非所有测试数据都能在程序上执行，也不是所有测试预言都能用于确定针对程序运行测试是否成功。对框架的这些修改使对测试问题能够进行更现实的讨论，并分析待测程序、测试数据和测试预言之间的关系。下面将测试理论框架改进并引出软件测试的定义。

> **定义 2.3　软件测试**
>
> 软件测试可被定义为分析多元组 $<\mathbb{P}, \mathbb{S}, T, \mathbb{O}, O>$ 的活动总称，其中：
> - $\mathbb{P}$ 是一组程序
> - $\mathbb{S}$ 是一组规格
> - T 是一组测试
> - $\mathbb{O} \subseteq \mathbb{P} \times \mathbb{S}$
> - $O \subseteq \mathbb{P} \times \mathbb{S} \times T$

每个规范 $S \in \mathbb{S}$ 代表一个完美的抽象要求。测试预言 $\mathbb{O}$ 被定义为对于 $P \in \mathbb{P}$、$S \in \mathbb{S}$ 的谓词 $\mathbb{O}(P,S)$，这个谓词为真意味着 P 相对于 S 是正确的。当然 $\mathbb{O}(P,S)$ 这个谓词只是理论上存在的，通常是未知且不可判定的。实际应用中采取弱化的测试预言机制 $O(P,S,t)$，被定义为对于 $P \in \mathbb{P}$、$S \in \mathbb{S}$ 和 $t \in T$，$O(P,S,t)$ 为真意味着 P 相对于需求规范 S 被判断为正确用于测试 t。当然，假如 $\forall t \in T : O(P,S,t)$，则记作 $O(P,S,T)$。显然，假如对于任意 T，$O(P,S,T)$ 为真，则有 $\mathbb{O}(P,S)$。实际应用中，因为难以穷尽所有可能的测试集 T，所以这里只停留在理论层面进行讨论。

若程序 P 不满足需求规范 S，即 $\neg\,\mathbb{O}(P,S)$ 为真，则说明待测程序 P 存在缺陷。如果 $O(P,S,T)$ 成立，则有 $\forall t \in T: O(P,S,t)$，但这个要求太高了。软件测试是寻找一个测试集 T，使得 $\exists t \in T$ 满足 $O(P,S,t)$。由于测试预言 O 往往直接依赖需求规范 S。在不产生歧义的情况下，省略 S，直接写 $O(P,t)$ 和 $O(P,T)$。

理论分析中，往往假设测试预言 O 是完美的，即正确且完备。测试预言 O 是正确的是

指 $O(P,t) \Rightarrow corr(P,t)$。这里 $corr(P,t)$ 代表 t 确实是在 P 上执行正确，反之，若 $\neg O(P,t) \Rightarrow \neg corr(P,t)$，也就是 $corr(P,t) \Rightarrow O(P,t)$，称测试预言 O 是完备的。那么测试预言 O 是完美的当且仅当 $corr(P,t) \Leftrightarrow O(P,t)$。当然，测试预言正确、完备和完美的定义可以直接推广到测试集 T。给定 P 和 S，每个测试 t 对应有一个测试预言 O。然而，存在许多可能的预言机制来确定测试执行是否成功。

如何构造或选择一个测试预言是软件测试中重要但往往被忽略的问题，在实践中需要进一步细化成可操作性的细节，测试预言确认测试 T 执行程序 P 的结果是否正确。构建测试预言的方法有很多，包括手动指定每个测试的预期输出、在测试执行期间监视用户定义的断言以及验证输出是否与某些参考实现产生的输出相匹配。

构造一个尽可能完美的测试预言往往是很困难的。例如，一个常见的情形是测试预言过于精确。测试预言被定义为 1/3，但程序实际输出 0.333333333。在大多数应用领域，这种计算精度非常好，因此程序是正确的，但此时测试预言并不通过。事实上，软件工程中如何平衡测试预言的正确性和完备性是相当复杂的。选择测试预言的许多因素取决于应用场景和构建预言的方法。

测试理论框架将测试方法 M 定义为一个函数 $M: P \times S \rightarrow T$，即测试方法采用程序和规范并生成测试。也定义了测试方法 $M: P \times S \rightarrow 2^T$，即产生测试集的测试方法。而测试覆盖准则（或称测试充分性准则）定义为：$T_C \subseteq P \times S \times 2^T$。类似的，测试预言也可以定义预言充分性标准如下：$O_C \subseteq P \times S \times O$。该谓词反映了在实践中通常如何进行预言选择和使用预言来评估测试结果。可根据测试集和测试预言来定义测试过程的充分性，即将充分性定义为测试集和测试预言的配对。将完整的充分性标准定义为以下谓词：$T_C \subseteq P \times S \times 2^T \times O$。

测试理论框架可以定义测试充分性准则的蕴涵关系 $T_{C1} \subseteq T_{C2}$，记为 $T_{C1} \geq T_{C2}$，也就是测试覆盖准则 T_{C1} 比 T_{C2} 强。这意味着任何 T 满足 T_{C1} 则满足 T_{C2}，因为 $T \in T_{C1} \Rightarrow T \in T_{C2}$。若 $T_{C1} \geq T_{C2}$ 且 $T_{C2} \geq T_{C1}$，则 $T_{C1} \equiv T_{C2}$。若 $T_{C1} \geq T_{C2}$ 且 $T_{C2} \not\geq T_{C1}$，则成为严格蕴涵关系 $T_{C1} > T_{C2}$。

测试理论框架同样可以定义测试预言的包含关系。对于程序 P，如果对于任意 $t \in T$，$O_1(P,t) \Rightarrow O_2(P,t)$，则称测试预言 O_1 比 O_2 强。换句话说，如果 O_1 未能检测到某个故障，那么 O_2 也是如此，记为 $O_1 \geq_T O_2$。若则 $O_1 \geq_T O_2$ 且 $O_2 \geq_T O_1$，则两者同样强大，记为 $O_1 \equiv_T O_2$，即 $\forall t \in T, O_1(P,t) \Leftrightarrow O_2(P,t)$。

给定不同的测试集，测试预言的能力可能会有所不同。考虑两个测试预言 O_x 和 O_y，O_x 是关于数据 x 的测试预言，O_y 是关于数据 y 的测试预言。考虑代码"if（条件）Bug1；else Bug2；"以及两个测试集 T_t 和 T_f，每个测试集只有一个测试，这样 T_t 将条件设置为 true，T_f 将条件设置为 false。假设执行语句都包含 Bug，则有 $o_x >_{T_t} o_y$ 和 $o_y >_{T_f} o_x$。若 $\forall T \subseteq 2^T, O_1 \geq_T O_2$，则 $O_1 \geq O_2$。也就是对于所有可能的测试集 T，O_1 均比 O_2 强。

考虑断言 A 定义的测试预言 O_A，B 为附加断言，令测试预言 O_{A+B} 为根据断言集 $A \cup B$ 定义的测试预言。由于 O_{A+B} 使用的断言集是 O_A 使用的断言集的超集，因此对于任何测试集 $T, O_{A+B} \geq_T O_A$。这具有普遍推广意义。例如，O_2 观察程序的输出，而 O_1 观察程序的输出和部分内部状态信息,则 $O_1 \geq O_2$。

测试理论框架重新审视了测试覆盖准则的含义。对于测试预言 O,记为 $C_1 \geq_O C_2$,如果 $\forall P, S, T_1 \in C_1, T_2 \in C_2$,则 $(\exists t_2 \in T_2 \neg O(P, t_2) \Rightarrow \exists t_1 \in T_1 \neg O(P, t_1))$。换句话说,如果所有满足 C_2 的测试集在使用测试预言 O 时都能保证找到 P 的故障,那么所有满足 C_1 的测试集也是如此。这个公式明确了测试预言的作用,测试覆盖准则的能力是相对于固定测试预言来定义的。

除了测试覆盖准则和测试预言能力,测试理论框架还常被用来分析软件可测试性。软件可测试性确定程序的哪些部分不太可能隐藏故障,进而引导生成和选择更有效测试。软件可测试性也可以用来指导测试预言的选择。考虑前面的例子,假设变量不太可能传播到输出。如果希望改进故障查找,可以选择旨在传播到输出的概率较高的测试,或者可使用更强大的预言,包含一个变量中的错误可能会传播到该变量。这表明,当程序中存在传播性较低的变量时,可能需要关注这些变量以提高预言能力;相反,如果程序中所有变量的传播性都较高,增加预言测试可能不会显著提高预言能力。

可测试性指标突出了程序、测试集和测试预言之间的密切关系。通过测试,在程序中可能很难发现错误。通过计算程序的可测试性,可以确定这些错误可能会隐藏,然后直接测试找到它们。建议添加测试以更好地执行可能隐藏错误的部分代码,从而使用可测试性信息来改进测试过程。如上所述,还可以使用可测试性信息来选择更好的测试预言。显然,两者都做可能是不必要的。如果使用可测试性信息来选择更好的测试预言从而提高可测试性,可能不再需要额外的测试。同样,给定大量的测试来补偿低传播估计,选择更好的测试预言可能提供的改善不大。这里涉及的 PIE 模型、测试与调试、变异分析、蜕变关系、测试充分性等在后续章节详细讨论。

2.1.3 测试的基本问题

1950 年,英国的数学家和计算机科学家艾伦·图灵在《思维》杂志上发表了一篇名为《计算机器与智能》的著名论文,这篇论文提出了一个问题:"机器能否思考?"这个问题至今仍然是人工智能领域的一个重要问题。为了回答这个问题,图灵提出了一种测试方法:如果一个测试者 A 对无法确认身份的两个对象 B 和 C 提出相同的一系列问题,得到的答案让他无法区分究竟是哪个是机器、哪个是人,则认定机器通过测试。这种测试方法后来被人们称为图灵测试。图灵测试是机器智能的一种衡量标准,研究者希望通过这种测试方法来检测机器是否能够表现出人类也无法区分的行为。图灵测试不仅是一种理论工具,也是人工智能领域的重要参考标准。

> **定义 2.4 图灵测试诱导的三大基本问题**
>
> 图灵测试诱导了测试的三个基本问题。

- 问题 1：应该问什么问题？即测试生成问题。
- 问题 2：什么是正确答案？即测试预言问题。
- 问题 3：问多少问题够了？即测试终止问题。

测试终止规则通常被刻画为特定的测试充分性准，它确定是否已经进行了充分的测试以使其可以终止。例如，当使用语句覆盖准则时，如果程序的所有语句都已执行，可以停止测试。一般而言，软件测试涉及被测程序、测试集和需求规范，根据测试理论框架，测试充分性准则定义如下。

定义 2.5　测试充分性准则

$$C(P \times S) \to 2^T \tag{2.2}$$

上述定义等价于 $C(P \times S \times 2^T) = \{0, 1\}$。这里，1 意味着测试集 T 足以根据测试准则 C 对照规范 S 测试程序 P，否则称 T 是不充分的。另外，测试充分性准则提供了测试质量度量，当充分性程度与每个测试集相关联时，它不会被简单地分类为 0 或 1 的问题。因此，测试充分性准则 C 可定义为 0～1 间的实数映射充分程度进而推广。

定义 2.6　测试充分性度量

$$C(P \times S \times 2^T) = r, r \in [0, 1] \tag{2.3}$$

$C(P, S, T) = r$ 表示根据测试准则 C，测试集 T 对需求规范 S 测试程序 P 的充分性度 r。这里实数 r 越大，测试越充分。这两个测试充分性准则的概念密切相关。终止规则是充分性度量的一种特殊情况，因为前者的结果是集合 $\{0,1\}$。另外，给定一个充分性度量 M 和一个充分性度 r，可以构造一个终止规则 M_r，使得一个测试集是充分的，当且仅当充分性度大于或等于 r；也就是说，$M_r(P, S, T) = M(P, S, T) \geq r$。因此，终止规则被用来断言测试集是充分的还是不充分的。

充分性准则是任何测试方法的重要组成部分，它有两个基本作用。首先，充分性准则指定了特定的软件测试需求，因此确定了满足需求的测试。它可以是测试选择的明确规范。遵循这样的规则可以产生一组测试，尽管可能存在某种形式的随机选择。使用测试准则，可以以算法的形式实现测试方法，该算法从被测软件及其自身的规范中生成测试集。这个测试集被认为是充分的。需要注意的是，对于给定的测试准则，可能存在多种测试生成和选择算法。这些算法基本上都涉及随机抽样，从而给缺陷检测带来非确定性的结果。

测试方法与充分性准则紧密相关。通常根据充分性准则来比较测试方法，因此很多时候，充分性准则可能会作为相应测试方法的同义词。每个测试充分性准则都有其自身的优势和劣势。许多测试充分性准则的分析使用测试充分性准则之间的蕴涵关系。在充分性准则比较中已经使用蕴涵关系建立了一个比较完整的测试充分性准则层次结构图。蕴涵关系实际上是根据测试方法的严格性对充分性准则进行比较。

> **定义 2.7 准则蕴涵关系**
>
> 给定两个测试准则 C_1 和 C_2，C_1 蕴涵 C_2 当且仅当 $\forall P, S, T$，T 对 C_1 是充分的，蕴涵了 T 对 C_2 是充分的，记为 $C_1 \geq C_2$ 或 $C_2 \leq C_1$。 ♣

不难看出，$C_1 \geq C_2$ 当前仅当 $C_1(P,S) \subseteq C_2(P,S)$。蕴涵关系定义了测试充分性准则的偏序。蕴涵关系保留了软件测试单调性。如果一个测试集 T 具有属性 ϕ，对于所有 $t' \supseteq t$，t' 也有关于 p 和 s 的属性 ϕ，即

$$T' \supseteq T \wedge \phi(P, S, T) \rightarrow \phi(P, S, T') \tag{2.4}$$

测试单调性的一个例子是，一个测试集 T 检测到程序 P 中关于规范 S 的至少一个缺陷。假设一个测试集 T 具有这个性质，即 T 检测到 P 中的至少一个故障，那么任何包含 T 的测试集也将检测到 P 中的至少一个故障。软件测试的单调性 $\phi(P,S,T)$ 的另一个例子是"测试集 T 检测程序 P 中的所有故障"。但是，程序 P 在测试集 T 中的任何测试上都不会失效的属性，不是软件测试的单调属性，因为在测试中不会失效的程序可能在不属于测试集 T 的测试上失效。

测试预言（test oracle）一词最早出现在 Howden 的一篇论文中。1982 年，Weyuker 关于测试预言的定义"测试者或外部机制可以准确判断程序产生的输出是否正确"被广泛采用。Weyuker 后续探索了关于不同的测试预言方法，这些方法通常与软件建模和软件形式化方法相关联，并用派生的测试预言区分正确和不正确的软件行为。隐含的测试预言依赖于隐含的信息和假设，最常见的就是程序崩溃。当不能使用派生或隐含测试预言时，常常需要人工分析担当测试预言。Pezzè 进一步泛化测试预言的定义，从而摆脱了人类判断，并假设了一些自动化过程，以获得更一般的通过和失效准则概念，其中包括许多测试预言的方法。本书将测试预言定义如下。

> **定义 2.8 测试预言**
>
> 测试预言作为一种机制，用于确定被测系统的执行是否通过或失效。 ♣

上述定义中指的机制可以是自动化的并且不依赖于人类判断的机制。例如，单元测试的断言基于特定输入、代码中对应于程序属性的断言等。还有其他方法处理一般程序属性，例如，揭示系统崩溃和意外异常发生的预言、执行同一系统先前版本的结果等。

从抽象的角度来看，测试预言可以分为显式表达和隐式表达。显式表达（如断言）通过

明确列出预期的具体值或结果来验证程序输出的正确性,具有清晰明确的特点,适合结果可预测的场景。隐式表达(如蜕变关系)则通过间接的约束或行为特征推测程序是否正确,更加灵活,适用于结果复杂或无法完全预知的情况。显式表达便于调试,隐式表达适应性更强,实际测试中通常结合两者以覆盖不同的测试需求,从而确保全面性和准确性。

特别需要区分特定性与通用性测试预言。特定性测试预言是针对给定单个输入或有限输入集的预期行为。当为无限的输入集给出预期行为时,预言可以被重用于不同的测试输入,将这些预言称为通用性测试预言。设计特定应用程序的测试预言通常更精确,可以揭示多种类型的故障,但设计和维护也很困难且成本高昂。通用性测试预言可以跨系统重用,但不能揭示特定应用程序的特定故障。

如果一个测试根据测试预言通过,则输出是正确的,因为两个测试预言都表达了输出正确性的充分条件。对于某些程序,检查正确性的充分条件可能是不可能的或成本太高。在这些情况下,预言可能只检查必要的条件,即如果测试根据预言失效,则对应于执行失效,但如果测试根据预言通过,则可能对应于通过或一次失效的执行。

我们还需要区分不完整测试预言和完整测试预言。检查不完整属性的预言称为不完整测试预言,将检查充分条件的预言称为完整测试预言。不完整测试预言的典型场景是在测试困难属性的上下文中,例如,用于计算图上最短路径的程序的输入通用预言。由于在有向图中找到最短路径通常很昂贵,因此检查输出最短路径是否短于或等于使用贪心算法找到的最短路径的预言可能会识别出许多故障,但也会接受不正确的输出。不完整测试预言的一种常用方法就是构建蜕变关系。

例如,可以从三角形的形状不变属性推导出,一个蜕变关系 MR 为 Triangle(a,b,c) 与 Triangle(b,a,c) 输出一致。可以从日期的单调性推导出一个蜕变关系 day1>day2,对于任意 month 和 year,有 NextDay(day1)输出的 year 不比 NextDay(day2)输出的 year 小。同样,对于任意数组 X,若仅仅打乱数字顺序,则输出的 mean 和 var 不变,若将其中一个数字变大,则 mean 变大,但 var 不一定。

最简单的测试生成策略是随机。随机生成或选择基于某种分布的输入域的数据。除了特别声明,这里通常默认使用均匀分布以避免偏差。每个测试是等可能的。当输入类型是数值时,容易从中生成随机测试,对于更复杂的数据类型,可能有困难。一种解决方案是考虑二进制表示,然后选择每个为匀概率。

测试生成是一种数据抽样策略,与一系列独立同分布的伯努利试验相关。独立重复伯努利试验 n 次,计算给定随机事件恰好发生 k 次的概率,派生一个新的分布:二项分布。考虑相反的方向,问恰好发生 k 次需要重复多少次试验,这是一个负二项分布。$k=1$ 的负二项分布称为几何分布,其概率分布律为

$$\phi(X=n)=(1-p)^{n-1}p,\ n=1,\ 2,\ \cdots \qquad(2.5)$$

几何分布是一种经典的概率分布,许多现象都可以用它来描述。例如,如果掷骰子的给定随

机事件结果为 6，想知道在获得 6 之前需要掷多少个骰子。这里假设每次都是独立随机事件，从而构成独立同分布的均匀分布随机变量。几何分布的数学期望为 $E(X)=1/p$。从这里可以看出，为了发生一个给定随机事件，比如找到给定缺陷，重复 n 次的数学期望为 $1/p$。

赠券收集问题可以用来建模更复杂的测试生成问题。赠券收集问题是经典的概率计算问题。假设有 n 种赠券，获取每种赠券的概率相同，赠券无限供应，若取 t 张赠券，能收集齐 n 种赠券的概率有多少？赠券收集问题的特征是开始收集时，可以在短时间内收集多种不同的赠券，但最后几种则要花很长时间才能集齐。例如有 100 种赠券，在集齐 99 种赠券以后要约多 100 次收集才能找到最后一张，所以赠券收集问题的答案 t 的期望值要比 n 大得多。可以将测试生成问题理解为，生成多大规模的测试集 T 才能找到 n 个缺陷。尽管这种假设很有局限性，但其理论性质依然值得测试生成方法参考，尤其是具有一定随机特性的测试方法。后续章节将对此进行详细阐述，所有的测试方法都难逃某种随机性约束。

假设 T 是收集所有 n 种赠券的次数，t_i 是在收集了第 $i-1$ 种赠券以后，到收集到第 i 种赠券所需的次数，那么 T 和 t_i 都是随机变量。在收集到 $i-1$ 种赠券后能再找到一种新的赠券的概率是 $p_i = \dfrac{n-i+1}{n}$，所以 t_i 是一种几何分布，并有期望值 $\dfrac{1}{p_i}$。例如，在至少观察 6 个值中的每一个之前，平均需要掷多少个骰子？通过将骰子输出视为优惠券，答案是 $6H_6 \approx 14.7$。待测程序的输入往往不是均匀分布的，也难以将输入空间变换为数值化的简单概率分布。

事实上，有经验的测试人员不会总是简单地使用随机测试，而是更依赖经验知识和程序分析技巧来派生某种测试充分性准则，并围绕某种给定的测试准则来设计和生成测试。大量的方法探讨了测试覆盖准则以及如何生成满足这些准则的测试。回顾测试理论框架：需求规范、待测程序、测试数据和测试预言具有紧密联系。如何根据这些信息设计和生成测试在后续章节详细讨论。在实际应用中，通常采用经验知识、程序分析和随机策略的结合，产生各种各样的测试方法。然而，无论是在理论上还是实验中，比较两种测试方法并非易事。直观地说，如果一种方法能够在比另一种方法更短的时间内找到所有故障，那么前者将被认为更好。不幸的是，这个结论对于通用程序几乎不成立。如何构建有效的测试生成方法将在后续章节详细介绍。

2.2 开发者测试常用工具

一些常用开源工具对软件开发起着重要的作用，这些工具可以帮助开发者提高代码质量、发现潜在问题并提供修复建议。它们可以检查代码中的潜在问题、规范违规以及安全漏洞，提供及时的反馈和建议。通过使用这些工具，开发者可以及早发现和修复问题，提高代码的可读性、可维护性和安全性。这些工具的使用可以提高开发团队的协作效率，确保代码符合统一的编码规范和标准。开发者测试工具主要分为静态测试工具（2.2.1 节）和动态测试工具（2.2.2 节）两大类，两者各自具有自己的优点和缺点。实践中，常常需要综合应用各类工具以提升研发效率、保障软件质量。2.2.3 节介绍 DevOps 常用工具，旨在加强开发者（Dev）和测试运维人员（Ops）之间的协作和沟通，实现开发、测试、部署等过程的自动化和标准化。

2.2.1　常用静态测试工具

　　静态测试工具是在代码编译或执行之前使用的，因此可以及早发现潜在的问题和错误。它可以对整个代码库进行分析，对全局的代码结构和规范进行检查。静态测试可以帮助开发者遵循最佳实践和编码规范，提高代码质量和可维护性；可以检测代码中的潜在缺陷、规范违反和安全漏洞等问题。静态测试在分析过程中只依赖于代码本身，可能无法捕获运行时特定的情况和动态行为，它可能会产生误报，即将无害的代码标记为问题代码，导致开发者花费时间去修复并验证这些问题。静态测试工具可能需要一些配置和学习成本，以便正确地使用和解释分析结果。本书简要介绍一些常见的静态测试工具。

　　Checkstyle 是一个用于确保 Java 代码符合编码规范和标准的工具。Checkstyle 提供了丰富的配置选项，允许开发者根据团队的编码规范和偏好进行定制。它可以检查代码的缩进、空格使用、命名约定、注释格式等，以确保代码的可读性和一致性。Checkstyle 通过分析 Java 源代码的语法树，并与预定义的规则进行匹配，来判断代码是否符合规范。Checkstyle 自动检测代码中不符合规范的地方，支持多种规则配置文件，可以自定义检查规则，支持多种报告格式，例如 XML、HTML 等。Checkstyle 还可以集成到多种开发环境中，例如 Eclipse、IntelliJ IDEA 等，同时支持 Ant 和 Maven 等构建工具。

　　FindBugs 是一个静态测试工具，用于检测 Java 程序中的潜在错误、性能问题和不良编程实践。FindBugs 使用字节码分析技术，而不是源代码分析技术。这意味着它直接分析编译后的 Java 字节码，而不是 Java 源代码。FindBugs 会检查字节码中的各种模式，并与已知的错误模式进行匹配。如果找到匹配项，则认为存在潜在问题。FindBugs 的分析引擎基于一组预定义的规则，称为"检测器"，每个检测器负责识别特定类型的错误或问题。FindBugs 默认提供数百个检测器，涵盖各种常见的错误和问题，例如无效的引用、死代码、性能问题、不良编程实践等。FindBugs 支持多种分析模式，例如快速分析、详细分析和自定义分析，并将检测结果以图形化的方式展示，方便开发人员查看和分析，最后根据不同的标准过滤检测结果。

　　SonarQube 是一个用于对多种编程语言的代码进行质量检查和静态测试的工具，它可以检测代码中的重复、漏洞、安全问题等，并提供详细的报告和建议。SonarQube 通过对代码进行扫描和分析，可以帮助开发者发现潜在的问题和错误。它可以检查代码中的重复代码，帮助优化代码结构和性能。此外，SonarQube 还可以检测代码中的漏洞和安全问题，如潜在的 SQL 注入、跨站脚本攻击等。通过提供详细的报告和建议，SonarQube 可以帮助开发者快速定位和修复这些问题。如果使用 SonarQube 对上述代码进行静态测试，可能会得到以下结果：未使用的变量，即变量 args 未被使用，可以考虑删除或使用它；未处理的异常，即方法 printName() 中的 System.out.println() 可能会抛出 NullPointerException 异常，应该对其进行异常处理。通过使用 SonarQube，开发者可以及早发现和修复代码中的问题，从而提高代码的质量和可靠性。

　　Cppcheck 是一个用于对 C 和 C++ 代码进行静态测试的工具，它可以查找潜在的问题和错误，帮助开发者编写更安全可靠的代码。Cppcheck 提供了丰富的检查规则，可以帮助开发者发现代码中的各种问题。Cppcheck 使用静态代码分析技术，分析 C/C++ 代码的语法树，并与预定义的规则进行匹配，来判断代码是否符合规范。Cppcheck 的规则涵盖代码格式、命名约定、注释、代码结构、内存管理、指针操作等方面。Cppcheck 自动检测代码中潜在的错误，例如内存泄漏、未初始化的变量、无效的指针操作等，也能检测代码中不良的编程实践，例如不安全的函数调用、未使用的变量等。Cppcheck 支持多种规则配置文件，可以自定义检查规则，并支持多种报告格式，同时可以集成到多种开发环境中，例如 Eclipse、Visual Studio 等。

2.2.2　常用动态测试工具

　　动态测试是在代码执行过程中进行的，可以捕获真实的运行时行为和数据流。它可以提供更准确的运行时状态和性能信息，帮助开发者进行性能调优和资源管理。动态测试可以检测到一些静态测试无法发现的问题，例如并发问题、内存泄漏和运行时异常。动态测试需要实际执行代码，因此可能需要更多的时间和资源，它可能无法覆盖所有可能的执行路径和边界条件，从而无法发现一些潜在的问题。动态测试可能无法检测到代码中的一些结构和规范违反问题，如未使用的变量和未处理的异常。

　　JUnit 是一个用于 Java 应用程序的单元测试框架。它提供了各种断言和测试注释，帮助开发者编写和运行单元测试，确保代码的正确性和可靠性。使用 JUnit，开发者可以编写测试用例来验证代码的不同方面是否按预期工作。当前流行的 JUnit 版本提供了许多新的特性和功能，例如注解、断言增强等。测试类通常使用 @Test 注解，而测试方法则使用 @Test 注解。JUnit 4 还提供了许多断言方法，用于验证测试结果的正确性。JUnit 使用注解来标识测试类和方法，提供多种断言方法，用于验证测试结果的正确性。JUnit 可以将多个测试类组合成一个测试套件，方便进行批量测试，并能够生成测试报告，显示测试结果和错误信息。JUnit 还可以捕获和处理测试中出现的异常，使用规则引擎来定义测试规则。JUnit Jupiter 是 JUnit 5 的扩展，提供了更丰富的功能和灵活性。它支持参数化测试、动态测试、条件测试等，帮助开发者编写更复杂和全面的单元测试。

　　在软件开发中，除了 Java 中的 Unit，还可以使用其他编程语言的单元测试框架。CppUnit 是一个用于 C++ 应用程序的单元测试框架，它提供了各种断言和测试注释，帮助开发者编写和运行单元测试，确保代码的正确性和可靠性。CppUnit 的设计灵感来自 Java 中的 JUnit 框架。CppUnit 使用类和宏来定义测试用例和测试套件，并提供了丰富的断言宏用于验证测试结果。开发者可以使用 CppUnit 编写各种类型的测试，包括简单的函数测试、类测试、模块测试等。CppUnit 的使用非常简单，开发者只需要继承 CppUnit::TestCase 类，并通过宏定义测试用例和测试套件，然后就可以使用各种断言宏来验证预期结果与实际结果是否一致了。CppUnit 还提供了丰富的测试结果输出和统计信息，以帮助开发者分析测试覆盖率和代码质量。

PyUnit 是一个用于 Python 应用程序的单元测试框架，它提供了各种断言和测试注释，帮助开发者编写和运行单元测试，确保代码的正确性和可靠性。它的设计灵感来自 Java 中的 JUnit 框架。PyUnit 使用类和装饰器来定义测试用例和测试套件，并提供了丰富的断言方法来验证测试结果。开发者可以使用 PyUnit 编写各种类型的测试，包括函数测试、类测试、模块测试等。PyUnit 的使用非常简单。开发者只需要创建一个继承自 unittest.TestCase 类的测试类，并使用各种断言方法来验证预期结果与实际结果是否一致。PyUnit 还提供了测试装置和测试套件的功能，以帮助开发者组织和执行测试。这些单元测试框架都提供了丰富的功能和工具，可以帮助开发者编写和执行单元测试，以验证代码的正确性和可靠性。无论是 C++ 还是 Python 的应用程序开发，都可以选择适合的单元测试框架来保证代码的质量和可靠性。

TestNG 是用于 Java 应用程序的测试框架，其中 NG 代表"下一代"。TestNG 受到 JUnit 的启发，并克服了 JUnit 的缺点，旨在使端到端测试变得容易。TestNG 可以很好地弥补一些 JUnit 缺陷，其中结合使用多个 TestNG 功能提供了非常直观且可维护的测试设计。它提供了各种功能，例如测试组、测试依赖、测试套件等，帮助开发者编写和运行全面的测试，确保代码的质量和可靠性。TestNG 可以生成正确的报告，并且可以轻松了解有多少测试用例通过、失败和跳过。你可以单独执行失败的测试用例。假设你有五个测试用例，每个测试用例编写一个方法（假设程序是使用 main 方法编写的，没有使用 TestNG）。第一次运行这个程序时，三个方法执行成功，第四个方法执行失败。然后更正第四种方法中存在的错误，现在你只想运行第四种方法，因为无论如何前三种方法都已成功执行。

PITest 是一个用于 Java 应用程序的变异测试工具，它通过对源代码进行变异，生成一系列变异体，然后运行测试用例来检测这些变异体是否被正确地杀死。与其他变异测试工具相比，PITest 不仅配置方便、易于使用，而且与多种 Java 开发工具（如 Ant、Maven、Gradle）及平台（如 Eclipse、IntelliJ）均有较好的集成。PITest 直接在字节码而不是 Java 源码上开展变异操作，且变异程序始终保持在内存中，并不会被写入硬盘上。因此，PITest 具有较高的测试效率。同时，PITest 并不会生成完整的变异程序，而是精确记录每个变异位置。只有在真正进行测试时，才会组合生成完整变异程序。测试结束后，变异程序立刻被抛弃。由此，PITest 可以一次性生成并完成数十万变异程序的测试工作。PITest 还分析了不同测试用例在同一个变异程序上的运行状态差异，来尽量减少测试运行次数。通过上述策略，确保 PITest 可以更快、更高效地完成变异测试工作。PITest 可以帮助开发者评估测试套件的质量和覆盖率，发现潜在的测试盲点和不足之处。PITest 会自动分析代码，并生成一系列变异体，每个变异体都是通过对源代码进行特定的变异操作而产生的。然后，PITest 会运行测试用例来检测这些变异体是否被正确地杀死。最后，PITest 会生成详细的测试报告，包括变异体的覆盖率和杀死率等指标。

EvoSuite 是一种自动化测试生成工具，专门用于生成高质量的单元测试代码。它使用遗传算法和符号执行技术，根据目标代码的结构和行为自动生成测试用例。EvoSuite 可以分析目标代码的结构和功能，并生成一组测试用例，以覆盖目标代码的不同路径和边界条件。生成的测试用例具有高覆盖率和逻辑覆盖，可以帮助开发者发现潜在的错误和异常情况。使用 EvoSuite，开发者只需提供目标代码的字节码或源代码，然后运行 EvoSuite。EvoSuite 会自动分析代码，并生成一组符合目标代码结构和功能的测试用例。开发者可以选择运行生成的测试用例，以验证目标代码的正确性和可靠性。EvoSuite 生成的测试使用多个 EvoSuite 特定的依赖项和检测类型，主要是为了避免不稳定的测试。运行生成的测试时，这些依赖项需要在类路径上可用。一种选择是简单地使用可执行 jar 文件，但如果不希望类路径上的所有测试生成依赖项，可以简单地使用运行时 jar 文件，它更小并且包含更少的依赖项。通过使用 EvoSuite，开发者可以自动化生成高质量的测试用例，提高测试覆盖率和代码的可靠性。这有助于减少手动编写测试用例的工作量，并提高测试效率和质量。EvoSuite 是开发者测试中的重要工具，可以帮助开发者生成高质量的测试用例，提高代码的质量和可靠性。

2.2.3 DevOps 相关工具

DevOps 是 Development 和 Operations 的组合词，通常被看作敏捷开发的延续，重视软件开发人员（Dev）和 IT 运维技术人员（Ops）之间的沟通合作，将敏捷精神由开发阶段拓展到构建、测试、发布等过程，达到快速响应变化、交付价值的目的。尽管 DevOps 中没有，但开发者都不否认自动化测试是实现 DevOps 的重要基石之一。DevOps 依靠强有力的发布协调人来弥合开发与运营之间的技能鸿沟和沟通鸿沟，采用电子数据表、电话会议、即时消息、企业门户（Wiki、SharePoint）等协作工具来确保所有相关人员理解变更的内容并全力合作。同时，DevOps 还采用了强大的部署自动化手段确保部署任务的可重复性、减少部署出错的可能性。

DevOps 不是开发与运维的简单结合，它是一套针对这几个部门之间沟通与协作问题的流程和方法。DevOps 的引入能对产品交付、测试、功能开发和维护起到意义深远的影响。在缺乏 DevOps 能力的组织中，开发与运维之间常常存在信息"鸿沟"。运维人员要求更好的可靠性和安全性，开发人员则希望基础设施响应更快，业务用户的需求则是更快地将更多的特性发布给最终用户使用。这种信息鸿沟就是经常出问题的地方。DevOps 经常被描述为"开发团队与运维团队之间更具协作性、更高效的关系"。由于团队间协作关系的改善，整个组织的效率因此得到提升，伴随频繁变化而来的生产环境的风险也能得到降低。

敏捷开发是一种以迭代和增量的方式进行开发的方法论，注重快速反馈和适应变化。它强调团队合作、自组织和持续改进。敏捷开发通过将需求分解为小的可交付的部分，使开发团队能够更快地响应反馈和变化，提高交付价值的速度和质量。DevOps 是一种将开发和运维过程紧密结合的方法，旨在实现快速可靠的软件交付。它强调自动化、持续集成和持续交付。DevOps通过自动化和标准化的流程，减少了手动和重复的工作，提高了软件交付的可靠性和效率。敏捷开发要求开发者首先需要对自己的代码负责。在开发者本地进行测试完成后，再将代码提交到服务器进行自动化的集成测试。现在的开发者测试需要更多地依赖多样化的自动化测试工具，以提高开发者测试的效率。自动化测试能够有效提高开发和运维的效率，开发者可以很快获得自动化测试的结果，并根据自动化测试的情况来对自己的代码进行更正。

要做到快速持续的高质量交付，自动化测试必不可少。同时，自动化测试也不是用代码或者工具替代手工测试那么简单。不同的产品开发技术框架有着不同的自动化技术支持，不同的业务模式需要不同的自动化测试方案，从而使自动化测试具有更好的可读性、更低的实现成本、更高的运行效率和更有效的覆盖率。应综合考虑项目技术栈和人员能力，采用合适的框架来实现自动化。测试环境的准备是比较麻烦的事情，很多组织由于没有条件准备多个测试环境，导致测试只能在有限的环境进行，从而可能遗漏一些非常重要的缺陷。随着云技术的发展，多个测试环境不再需要大量昂贵的硬件设备来支持，同时以Docker为典范的容器技术生态系统也在逐步成长和成熟，这大大降低了测试环境创建和维护成本。

在实际的软件开发项目中，团队应该密切合作，将敏捷原则和DevOps实践与软件测试相结合，以实现持续改进和交付卓越的软件产品。一个团队采用敏捷开发方法，常常使用DevOps工具和流程来支持持续集成和自动化测试。团队在每个迭代中进行软件测试，包括单元测试、集成测试和系统测试。他们使用自动化测试工具来执行测试，并使用缺陷跟踪系统来管理和修复缺陷。通过持续反馈和改进，团队能够及时发现和解决问题，提高软件的质量和可靠性。敏捷开发、DevOps和软件测试密切关联，以确保软件开发过程的高效性、质量和可靠性。通过密切合作和持续改进，团队可以实现卓越的软件产品交付。以下介绍几个常用的DevOps相关开发者工具。

Jenkins是一个开源的自动化服务工具，它可以用于自动化软件构建、测试、部署等过程。Jenkins通常与持续集成（CI）和持续交付（CD）工具结合使用，以实现代码的自动化构建和部署。Jenkins可以自动执行构建过程，例如编译源代码、执行测试、打包软件等。当开发者将代码提交到代码库时，Jenkins可以自动触发构建过程。Jenkins可以与Git、SVN等版本控制系统集成，以实现代码的自动化集成。例如，当开发者将代码提交到Git仓库时，Jenkins可以自动拉取代码并执行构建过程。Jenkins可以与测试工具（如JUnit、Selenium等）集成，以实现自动化测试。例如，当构建过程完成后，Jenkins可以自动执行测试用例，并生成测试报告。Jenkins可以与部署工具（如Ansible、Capistrano等）集成，以实现软件的自动化部署。例如，当测试过程完成后，Jenkins可以自动将软件部署到生产环境。Jenkins可以生成各种报表，例如构建进度报表、测试结果报表、部署状态报表等。这些报表可以帮助团队了解项目的状态和性能。

Git是一个开源的分布式版本控制系统，用于跟踪和管理源代码。Git最初是由Linux

内核开发人员 Linus Torvalds 开发的，现在已经成为世界上最流行的版本控制系统之一。Git 的设计综合了 Torvalds 在维护大型分布式开发项目时使用 Linux 的经验，以及从同一项目中获得的对文件系统性能的深入了解以及在短时间内生成工作系统的能力。Git 支持快速分支和合并，并包含用于可视化和导航非线性开发历史的特定工具。在 Git 中，一个核心假设是，当更改被传递给不同的审阅者时，合并更改的频率将比写入更改的频率高。在 Git 中，分支非常轻量：一个分支只是对一次提交的引用。通过其父级提交，可以构建完整的分支结构。Git 为每个开发人员提供完整开发历史记录的本地副本，并将更改从一个此类存储库复制到另一个存储库。这些更改作为添加的开发分支导入，并且可以以与本地开发分支相同的方式合并。作为其工具包设计的一部分，Git 有一个明确定义的不完整合并模型，并且有多种算法来完成它，最终告诉用户它无法自动完成合并，需要手动编辑。

JIRA 是一个广泛应用于敏捷开发和 DevOps 团队中的流行项目管理和问题跟踪工具。它提供了丰富的功能，包括任务管理、缺陷跟踪、团队协作和报告生成等。JIRA 可以帮助团队高效地管理项目和任务，它提供了一个中心化的平台，使团队成员可以跟踪任务的状态、分配和优先级。JIRA 是一个开源工具，任何人都可以下载，它的受欢迎程度促使全球各地的组织内成千上万的用户采用它。JIRA 提供四种软件包：JIRA 工作管理旨在提供通用项目管理功能；JIRA Software 包含基础软件，其中包括敏捷项目管理功能（以前是单独的产品 JIRA Agile）；JIRA Service Management 旨在供 IT 运营或业务服务台使用；JIRA Align 旨在用于战略产品和产品组合管理。JIRA 是一款流行的敏捷项目管理工具，它支持 Scrum 和 Kanban 方法论。JIRA 中，团队可以使用不同的项目和看板来管理任务和进度，同时还可以进行版本控制、缺陷跟踪和报表生成。

Postman 是一个功能强大的 API 测试工具，它可以帮助开发人员快速、轻松地进行 API 测试。它提供了多种功能，例如发送 HTTP 请求、查看响应、调试 API 等。Postman 使用模拟请求的方式来测试 API。用户可以创建不同的请求，例如 GET、POST、PUT、DELETE 等，并设置请求参数、请求体、请求头等信息。Postman 会将请求发送到指定的 API 接口，并返回响应结果。用户可以查看响应结果，并进行调试和分析。Postman 支持发送各种 HTTP 请求，例如 GET、POST、PUT、DELETE 等，可以设置请求参数、请求头和环境变量等。Postman 方便查看响应结果，包括状态码、响应体、响应头等，查看请求和响应的详细信息，并进行调试和分析等。实践中，通常编写测试脚本通过 Postman 对 API 进行自动化测试，可以将多个测试用例组合成一个测试集合进行批量测试，并监控 API 的性能和可用性。

Selenium 是一个自动化测试工具，用于测试 Web 应用程序。Selenium 使用 WebDriver 来控制浏览器，WebDriver 是一个接口，它提供了与浏览器交互的方法。Selenium 提供了不同浏览器的 WebDriver 实现，如 ChromeDriver、FirefoxDriver 等。用户可以使用 WebDriver 编写测试脚本，模拟用户在浏览器中的操作，能够在多台机器上运行测试脚本进行分布式测试。Selenium 支持 Chrome、Firefox、Safari、Edge 等多种浏览器，可以模拟用户在浏览器中的操作，例如单击按钮、输入文本、选择下拉框等。Selenium 支持多种编程语言，可以与 JUnit、TestNG 等多种测试框架集成。Selenium 可以使用测试数据管理工具，快速生成测试报告，显示测试结果和错误信息。

JMeter 是一个功能强大的开源性能测试工具，主要用于测试 Web 应用程序、API、数据库、FTP 服务器等。JMeter 能够模拟大量用户并发访问应用程序，以评估应用程序的性能和稳定性。JMeter 通过创建一个虚拟用户组，模拟多个用户并发访问应用程序。它使用各种协议和插件来模拟不同的请求，例如 HTTP、HTTPS、SOAP、FTP 等。JMeter 能够捕获和记录响应数据，分析响应时间、吞吐量、错误率等性能指标。JMeter 可以创建虚拟用户组，模拟大量用户并发访问应用程序，创建测试计划，包括测试场景、线程组、请求等，能够在多台机器上运行测试脚本进行分布式测试。JMeter 能够捕获和记录响应数据，分析响应时间、吞吐量、错误率等性能指标，并生成测试报告显示测试结果和错误信息，提供多种图表直观展示性能测试结果。

2.3 待测程序示例

待测程序的编程语言特性、控制流和数据流的复杂性都会对白盒测试方法和技术产生影响。本节介绍三个白盒待测程序贯穿本书的前半段讨论。2.3.1 节介绍三角形程序 Triangle，关注该程序的控制流特性和判定分支。2.3.2 节介绍日期程序 NextDay，关注该程序的数据流特性和边界计算。2.3.3 节介绍均值方差程序 MeanVar，该程序引入循环和数组处理。上述三个程序为理解 Bug 理论提供基础，同时作为第 3 章多样性测试和第 4 章故障假设测试的贯穿案例，并引出第 5 章的图分析测试和第 6 章的开发者测试。不同的编程语言会对测试的效率和质量产生不同的影响，本书通常以 Java 预言为例进行白盒测试分析，同时兼顾 C 语言和 Python 语言的讨论。

2.3.1 三角形程序 Triangle

三角形程序 Triangle 是软件测试教学中使用最广泛的例子。程序的输出是由三条边确定的三角形类型：等边三角形、普通三角形或非三角形。有时这个问题会扩展到直角三角形作为第五种类型。常见版本是三个整数 a、b 和 c 作为输入。为了便于讨论，我们限定输入范围为 1 ~ 100。Triangle 的简要规格如清单 2.2 所示。

清单 2.2　三角形程序 Triangle 的规格 S

1	a、b、c 为 1 到 100 的整数，否则输出"无效输入值"
2	a、b、c 满足任意两条边之和大于第三条边，否则输出"无效三角形"
3	a、b、c 三条边相等输出"等边三角形"
4	a、b、c 两条边相等输出"等腰三角形"
5	其他情况输出"普通三角形"

上一节给了 Python 程序示例。本节同时给出 C（清单 2.3）和 Java（清单 2.4）的程序实现示例，供后续章节阐述使用。三角形的类型除了等边三角形、普通三角形或无效三角形，还可以进行更多扩展。同时输入数据的可靠性保护也可以进一步加强。

清单 2.3　三角形程序 Triangle 的 C 程序代码

```c
#include<stdio.h>
void triangle(int a, int b, int c) {
    if (!(1<=a && a<=100 && 1<=b && b<=100 && 1<=c && c<=100)) {
        printf("无效输入值 \n");
    } else if (!(a+b>c && b+c>a && c+a>b)) {
        printf("无效三角形 \n");
    } else if (a==b && b==c) {
        printf("等边三角形 \n");
    } else if (a==b || b==c || c==a) {
        printf("等腰三角形 \n");
    } else {
        printf("普通三角形 \n");
    }
}
```

清单 2.4　三角形程序 Triangle 的 Java 程序代码

```java
public class Triangle{
    public static void triangle(int a, int b, int c) {
        if (!((a>=1 && a<=100)&&(b>=1 && b<=100)&&(c>-1 && c<-100))) {
            System.out.println("无效输入值");
        } else if (!((a+b)>c)&&((b+c)>a)&&((c+a)>b)) {
            System.out.println("无效三角形");
        } else if (a==b && b==c) {
            System.out.println("等边三角形");
        } else if (a==b || b==c || c==a) {
            System.out.println("等腰三角形");
        } else {
            System.out.println("普通三角形");
        }
    }
}
```

2.3.2　日期程序 NextDay

日期程序 NextDay 输入需要计算的日期。判断日期是否合法：判断用户输入的日期是否合法，包括年份是否在 1～9999 之间、月份是否在 1～12 之间、日期是否在 1～31 之间。计算下一天的日期：根据输入的日期计算出下一天的日期。NextDay 程序是包含三个变量（month、day 和 year）的函数，它返回输入日期之后的下一个日期，即 month、day 和 year 三个变量，规格条件如清单 2.5 所示。

清单 2.5　日期程序 NextDay 的规格 S

1	1900＜＝year＜＝2022
2	1＜＝month＜＝12
3	1＜＝day＜＝31
4	程序的输出是明天的 year，month 和 day

NextDate 函数中的复杂性主要来自闰年的判断。我们知道一年的时间大约为 365.2422 天，如果每四年计算一次闰年，则会出现微小错误。因此通过调整世纪年的闰年来解决。如果一年可以被 4 整除且不是百年，那么它就是闰年，但只有当世纪年是 400 的倍数时才是闰年；因此，1980 年、1996 年和 2000 年是闰年，但 1900 年不是闰年。根据上述隐含规格要求，用单独的子程序 LeapYear（清单 2.6）来判断是否为闰年。

清单 2.6　闰年判断程序 LeapYear

```
1   def LeapYear(year):
2       if year % 4 == 0:
3           if year % 400 == 0:
4               return 1
5           elif year % 100 == 0:
6               return 0
7           else:
8               return 1
9       else:
10          return 0
```

事实上，上述规格是不全面的。例如，有效日期检查的无效值定义，如 9 月 31 日。如果条件 1（1900≤year≤2022）、2（1≤month≤12）或 3（1≤day≤31）中的任何一个失败，NextDate 将生成一个输出："年份无效""月份无效"或"日期无效"。由于存在大量无效的年月日组合，NextDate 将这些组合合并为一条消息："输入日期无效"。这里，为了保证输入的日期本身是有效的，我们可以在输入 month、day 和 year 的值时，分析三个条件 1900≤year≤2012、1≤month≤12 和 1≤day≤31 进行预判断，但我们知道这样是不充分的。除了 9 月 31 日这种例子，还需要考虑闰年的 2 月特例。这个问题留给读者作为课后思考。我们可以分别采用不同程序语言实现 NextDay 程序的实例，如清单 2.7 所示。

清单 2.7　日期程序 NextDay 的程序 P

```
1   def next_day(year, month, day):
2       tomorrow_month, tomorrow_day, tomorrow_year = month, day, year
```

```
3       if month in[1, 3, 5, 7, 8, 10]:
4           if day<31:
5               tomorrow_day=day+1
6           else:
7               tomorrow_day=1
8               tomorrow_month=month+1
9       elif month in[4, 6, 9, 11]:
10          if day<30:
11              tomorrow_day=day+1
12          else:
13              tomorrow_day=1
14              tomorrow_month=month+1
15      elif month==12:
16          if day<31:
17              tomorrow_day=day+1
18          else:
19              tomorrow_day=1
20              tomorrow_month=1
21              tomorrow_year=year+1
22      elif month==2:
23          if day<28:
24              tomorrow_day=day+1
25          elif day==28:
26              if leap_year(year)==1:
27                  tomorrow_day=29
28              else:
29                  tomorrow_day=1
30                  tomorrow_month=3
31          elif day==29:
32              tomorrow_day=1
33              tomorrow_month=3
34      return(tomorrow_year, tomorrow_month, tomorrow_day)
```

为了测试 NextDay 程序的正确性，我们需要设计一系列测试集合，以覆盖各种可能的输入和输出，如表 2.2 所示。正常情况下，输入一个合法日期，输出下一天的日期。输入非法日期（如年份为负数、月份为 13、31 日的 2 月份等），期望输出为 None。输入 12 月 31 日时，期望输出为次年的 1 月 1 日。输入 2 月 28 日时，期望输出为次年的 3 月 1 日（如果是闰年）或次年的 3 月 1 日（如果不是闰年）。输入 2 月 29 日时（闰年），期望输出为次年的 3 月 1 日。输入 4 月、6 月、9 月、11 月的 30 日时，期望输出为下个月的 1 日。输入 1 月、3 月、5 月、7 月、8 月、10 月、12 月的 31 日时，期望输出为下个月的 1 日。

表 2.2　日期程序测试示例

用例编号	year	month	day	期望输出	实际输出
1	2007	9	25	2007/9/26	
2	2010	5	3	2010/5/4	
3	2022	12	31	2023/1/1	
4	2001	2	28	2001/3/1	
5	2006	6	30	2001/7/1	
6	2001	2	29	无效日期	
7	2006	6	31	无效日期	

2.3.3　均值方差程序 MeanVar

均值方差程序 MeanVar 是输入一个长度为 L 的数组 X，它返回该数组中所有数字的平均值 mean 和方差 var。这里没有太多前置约束条件，只是要求 X 中的每个元素 $X[i]$ 都是实数。这样的数学计算公式规格非常简单，需求规格如清单 2.8 所示。

清单 2.8　均值方差程序 MeanVar 的规格 S

1	程序输入是长度为 L 的数组 X
2	程序输出是 X 的均值 mean 和方差 var

清单 2.8 的规格存在两个隐含争议点。①数组长度 L 能否为 0，这涉及数组的预处理和判定问题。②这里的方差有两种计算方式，即 $var = \left(\sum_{i=1}^{n}(x_i - mean)^2\right)/n$ 和 $var = \left(\sum_{i=1}^{n}(x_i - mean)^2\right)/(n-1)$，这个问题涉及边界处理问题。不难看出，这样的 MeanVar 计算程序 P 是缺乏边界保护的。MeanVar 程序是一个用于计算一组数字的均值和方差的函数。函数的输入是一个数组 X 和数组的长度 L，函数使用两个变量 sum 和 varsum 来计算均值和方差，sum 存储数组 X 中所有数字的和，varsum 用于计算方差。首先，计算均值 mean=sum/L；然后，计算方差 var，在计算方差时，对于数组中的每个数，计算其与均值的差的平方并将其累加到 varsum；最后，计算方差 var=varsum/($L-1$)。函数输出均值和方差。根据上述需求，我们给出一个 Python 程序（清单 2.9）和 C 程序（清单 2.10）实现。这个作为典型的数组计算程序，在后续蜕变测试和浮点计算稳定性测试等方面进行详细讨论。

清单 2.9　均值方差程序 MeanVar 的 Python 程序代码

```
1  def mean_var(X):
2      mean = sum(X)/len(X)
3      variance = sum([(x-mean)** 2 for x in X])/(len(X)-1)
4      return mean, variance
```

清单 2.10　均值方差程序 MeanVar 的 C 程序代码

```c
#include<stdio.h>
void MeanVar(double X[],int L) {
    double var,mean,sum,varsum;
    sum=0;
    for (int i=0; i<L; i++) {
        sum+=X[i];
    }
    mean=sum/L;
    varsum=0;
    for (int i=0; i<L; i++) {
        varsum+=((X[i]-mean)*(X[i]-mean));
    }
    var=varsum/ (L-1);
    printf("Mean: %f\\n",mean);
    printf("Variance: %f\\n",var);
}
```

测试用例的设计如表 2.3 所示，覆盖以下方面：正常情况下的输入，包括数字的个数为 1、2、3、4、5 等不同的情况，数字的值为正数、负数和 0 的情况，以及数字的值在整数和小数两种情况下的计算；异常情况下的输入，包括数字的个数为 0、负数和非整数的情况；边界情况下的输入，包括数字的个数为最小值 1 和最大值的情况，以及数字的值为最小值和最大值的情况。空数据集：输入一个空数据集，检查程序是否返回错误。单个值的数据集：输入只有一个值的数据集，检查程序是否返回 0 以表示方差为 0。多个值的数据集：输入包含多个值的数据集，检查程序是否正确计算方差。还可以生成随机数据集并运行程序进行计算，检查程序是否正确计算均值和方差。

为了增强代码的可维护性和复用性，我们常常将一段复杂代码拆分为若干松耦合的独立函数。例如，我们可以将均值和方差拆解为两个独立 C 程序函数（清单 2.11 和清单 2.12）。C 程序接收一个或多个浮点数作为命令行参数，并计算它们的方差。它首先将命令行参数转换为浮点数数组，然后使用 variance 函数计算方差。请注意，此 C 程序不包括输入值或内存分配的错误检查，它旨在作为计算数据集方差的简单示例。为了完成 mean 函数和 variance 函数测试，通常需要编写一个 main 函数。例如，main 函数首先使用值 1、2、3、4、5 初始化数组 data，并计算其长度 n。然后，它使用 data 和 n 调用方差函数，并打印结果。如果数据集为空，则返回空。如果数据集只有一个元素，则返回 0.0。特别需要注意，main 函数是否对边界做了相应保护。方差函数将数据数组和其长度 n 作为输入，并返回数据集的方差。如果数据集为空，则返回 -1，表示错误。如果数据集只有一个值，则返回 0，因为单个值的方差为 0。为了计算方差，函数首先计算数据集的平均值，然后计算每个值与平均值的偏差，并对每个偏差做平方。

方差是用于衡量数据集中数值的分散程度的统计量。方差计算程序可以帮助用户快速、准确地计算数据集的方差。然而，对于大型数据集或需要高性能计算的应用程序，传统的方差计算方法可能会带来计算时间和内存消耗的问题。为了解决这些问题，许多研究者提出了各种巧妙的方差计算程序示例。使用递归算法是一种常用的方差计算方法。递归算法可以在不迭代整个数据集的情况下计算方差。这种方法特别适用于大型数据集，因为它可以减少计算时间和内存消耗。清单2.13给出了一个使用递归算法计算方差的C程序示例。

需要注意的是，递归算法虽然可以减少计算时间和内存消耗，但对于某些数据集可能会存在栈溢出的问题。因此，在使用递归算法计算方差时，需要特别注意数据集的大小和递归深度。使用增量算法也是一种常用的方差计算方法，增量算法可以在不存储整个数据集的情况下计算方差，它可以在每个新数据点到达时更新方差的值，从而实现实时计算。这种方法特别适用于需要实时计算方差的应用程序，如流式数据处理。清单2.14是使用增量算法计算方差的C程序示例。

在进行大规模数值计算方差时，浮点运算可能会出现精度损失的问题。这是因为计算机使用二进制进行浮点数的存储和计算，在一定程度上会出现舍入误差。当进行大规模计算时，这些小的舍入误差会逐渐积累，导致计算结果与实际结果存在较大的误差。例如，在计算大型数据集的方差时，可能会出现精度损失的问题。这是因为方差的计算涉及多次浮点数的加法、减法、乘法和除法运算。这些运算都可能会导致舍入误差，从而影响计算结果的精度。

为了避免精度损失的问题，可以选择使用高精度计算方法或者使用数值稳定的方差计算方法。例如，可以使用增量算法或并行计算来计算方差，这些方法可以在保证精度的同时提高计算速度。另外，可以使用任意精度计算库来进行高精度计算，这些库可以提供更高的数值精度和计算准确性。在进行大规模数值计算方差时，需要特别注意数值精度的问题，避免出现精度损失的问题。在选择计算方差的方法时，需要综合考虑计算速度和计算精度等因素，选择适合自己应用场景的计算方法。

表2.3 均值方差程序测试用例

用例编号	测试输入	预期输出	实际输出
1	[1, 2, 3, 4, 5], 5	Mean = 3.0, Var = 2.5	
2	[1.5, 2.5, 3.5, 4.5], 4	Mean = 3.0, Var = 1.25	
3	[1, 1, 1, 1], 4	Mean = 1.0, Var = 0.0	
4	[0, 0, 0, 0], 4	Mean = 0.0, Var = 0.0	
5	[], 0	NAN	
6	[1], 1	Mean = 1.0, Var = 0.0	
7	[1, 2, 3, 4, −5], 5	Mean = 1.0, Var = 11.0	
8	[1.1, 1.2, 1.3, 1.4, 1.5], 5	Mean = 1.3, Var = 0.03	
9	[−1, −2, −3, −4, −5], 5	Mean = −3.0, Var = 2.5	
10	[1, 2, 3, 4, 5, 6, 7, 8, 9, 10], 10	Mean = 5.5, Var = 9.1666667	

清单 2.11　均值程序 Mean 的 C 程序代码

```
1  double mean(double data[], int n) {
2      double sum=0.0;
3      for (int i=0; i<n; i++) {
4          sum+=data[i];
5      }
6      return sum/n;
7  }
```

清单 2.12　方差程序 Variance 的 C 程序代码

```
1  double variance(double data[], int n) {
2      double mu=mean(data, n);
3      double sum=0.0;
4      for (int i=0; i<n; i++) {
5          sum+=(data[i]-mu)*(data[i]-mu);
6      }
7      return sum/(n-1);
8  }
```

清单 2.13　递归式方差程序 Variance 的 C 程序代码

```
1   double variance(double data[], int n) {
2       double sum=0;
3       for (int i=0; i<n; i++) {
4           sum+=data[i];
5       }
6       double mean=sum/n;
7       double deviations[n];
8       for (int i=0; i<n; i++) {
9           deviations[i]=data[i]-mean;
10      }
11      double variance=0;
12      for (int i=0; i<n; i++) {
13          variance+=deviations[i]*deviations[i];
14      }
15      variance/=(n-1);
16      return variance;
17  }
```

清单 2.14　增量式方差程序 Variance 的 C 程序代码

```
1  double variance(double data[], int n) {
2      double mean=0;
3      double M2=0;
4      for (int i=0; i<n; i++) {
5          double x=data[i];
```

```
6         double delta=x-mean;
7         mean+=delta/(i+1);
8         M2+=delta*(x-mean);
9     }
10    double variance=M2/(n-1);
11    return variance;
12 }
```

本章练习

1. 针对日期程序 NextDay 的 P，构造相应的 S 和 T，并针对图 2.1 规格、程序、测试维恩图，举例说明第 1～8 部分的情况。

2. 针对均值方差程序 MeanVar 的 P，构造相应的 S 和 T，并针对图 2.1 规格、程序、测试维恩图，举例说明第 1～8 部分的情况。

3. 针对一个开源软件项目 P，构造相应的 S 和 T，并针对图 2.1 规格、程序、测试维恩图，举例说明第 1～8 部分的情况。

4. 构造一个待测程序 P，以及相应的 S 和 T，举例说明测试生成问题。

5. 构造一个待测程序 P，以及相应的 S 和 T，举例说明测试预言问题。

6. 构造一个待测程序 P，以及相应的 S 和 T，举例说明测试终止问题。

7. 开放性思考：基于软件测试理论框架，阐述测试生成问题、测试预言问题和测试终止问题存在的关联。

8. 开放性思考：软件类型划分具有不同视角，请针对不同视角的交叉点进行讨论（表 2.4～表 2.6）。

表 2.4　软件测试交叉讨论 1

	单元测试	集成测试	系统测试	验收测试
白盒测试				
黑盒测试				
灰盒测试				

表 2.5　软件测试交叉讨论 2

	功能测试	性能测试	安全测试	兼容性测试	可靠性测试
白盒测试					
黑盒测试					
灰盒测试					

表 2.6 软件测试交叉讨论 3

	功能测试	性能测试	安全测试	兼容性测试	可靠性测试
单元测试					
集成测试					
系统测试					
验收测试					

9. 针对一个开源软件项目 P，尝试和实施本章介绍的 1～2 个静态测试工具。

10. 针对一个开源软件项目 P，尝试和实施本章介绍的 1～2 个动态测试工具。

11. 针对一个开源软件项目 P，尝试和实施本章介绍的 1～2 个 DevOps 工具。

第 3 章
Chapter 3

Bug 理论基础

在深入理解软件测试理论和方法之前，我们需要搞清楚什么是软件的 Bug。3.1 节介绍对 Bug 的感性认识和理性认识。3.1.1 节首先简要介绍软件 Bug 的历史，从自然界的 Bug 到计算机的 Bug，名词概念的借鉴和延伸是工程技术领域的常用手段。第一个计算机 Bug 还真的来自自然界的 Bug，Grace Hopper（格蕾丝·霍珀）发现了第一个 Bug，也创造了最大的 Bug——千年虫，以及更多著名的 Bug。无论如何定义软件测试，首先都得定义 Bug。Bug 在不同上下文和应用场景下常常有不同的含义和说法，被称为缺陷、故障、错误、失效等。3.1.2 节介绍 PIE 模型，建立执行 - 感染 - 传播的基本分析框架，为 Bug 的准确定义统一概念，也为后续的测试方法分析提供基础。

Bug 的形式化定义是困难的。3.2 节深入分析和理解 Bug 的性质，为后续软件测试方法提供基础。3.2.1 节介绍 Bug 的反向定义。假设存在完全正确的黄金程序，当然可以通过静态分析确定 Bug 的存在和定义。但在工程实践中没有这样的假设，我们只能通过执行测试的动态分析和故障修复来定义 Bug。这样的反向定义势必会带来 Bug 的不确定性。3.2.2 节介绍，对于任意程序和失效测试，存在不同的修复方法使得测试通过，从而可以派生不同的 Bug 定义。同样，对于任一程序，构建不同测试集也会带来 Bug 定义的不确定性，这种不确定性往往是非单调的。3.2.3 节介绍 Bug 非单调性定义，以及它给测试和修复带来的障碍。3.2.4 节借鉴物理波的相长干涉和相消干涉概念，定义 Bug 间的干涉，并分析干涉给测试和调试带来的诸多挑战。

3.3 节介绍软件测试的后续工作——软件调试。软件调试是处理 Bug 的活动，主要分为 Bug 理解、Bug 定位和 Bug 修复。3.3.1 节介绍 Bug 理解。Bug 理解主要从 Bug 报告的管理和追踪开始，重点介绍一种 Bug 报告的自动化摘要和聚合技术 CTRAS。3.3.2 节介绍 Bug 定位。在 PIE 模型基础上，结合简单统计公式实现故障定位的预测，从而连接测试与调试。预测看起来不靠谱，但在大数定律约束下，依然具有很好的理论意义和应用价值。3.3.3 节介绍 Bug 修复。Bug 修复太依赖开发者的经验，这里重点介绍自动化 Bug 修复（也称自动化程序修复 APR）技术。最后展望大语言模型对 Bug 理解、定位和修复带来的潜在影响。

3.1 软件 Bug 与 PIE 模型

软件缺陷（俗称 Bug）可能导致严重的安全事故，这些事故不仅包括技术故障，还包括因软件缺陷导致的系统瘫痪、数据泄露等。软件缺陷对经济和社会的危害是全方位的，包括直接的生命和财产损失、企业法律诉讼和赔偿，以及对社会治理的影响，这些都是软件缺陷导致的灾难性后果。3.1.1 节带大家回顾第一个 Bug 的故事以及历史上重要的软件缺陷事故。3.1.2 节介绍 PIE 模型，引出 Bug 的三个准确定义，并阐述执行 – 感染 – 传播的软件失效机制，为后续介绍软件测试方法提供基础。

3.1.1 初识 Bug

Bug 的原意是"臭虫"或"虫子"。在系统分析中，根据不同的上下文，Bug 可能会代表缺陷（defect）、故障（fault）、错误（error）、失效（failure）等不同含义。Bug 一词早在爱迪生年代就被广泛用于代指机器故障。据说 19 世纪 80 年代，爱迪生长时间熬夜以完善和调试他的各种发明。一位英国的记者曾写道："爱迪生前两个晚上忙于修复留声机中的臭虫……"，也有记者写道："他们疯狂地工作，捕获臭虫。他们正在寻找一些质量缺失的原因，尝试组合分析缺陷，以追求完美的系统"。Bug 这个术语后来逐步在电子系统圈得到广泛的引用和传播。电气电子工程师学会（IEEE）后来也将 Bug 这一词引入软件系统分析中。

第一个发现 Bug 的人是一位女性——美国海军少将格蕾丝·霍珀。然而，最早发现的计算机 Bug 真的是一个虫子。1947 年 9 月，霍珀带领着她的小组调试"马克二型"计算机，那时的电子计算机使用了大量电子机械装置继电器，机房是一幢老建筑，没有空调，所有窗户都敞开散热。突然，"马克二型"计算机死机了。技术人员尝试了很多办法，最后确定第 70 号继电器出错。霍珀观察这个出错的继电器，发现一只飞蛾死在继电器中。她小心地用镊子将蛾子夹出来，用透明胶布贴到"事件记录本"中，并注明"第一个发现 Bug 的实例"。这个 Bug 报告，如图 3.1 所示，已经被保存在美国博物馆中。

今天，计算机系统越来越复杂，产生 Bug 的原因也很多。Bug 可能源于程序源代码、程序调用的外部服务、编译器代码等。Bug 还可能来自程序运行依

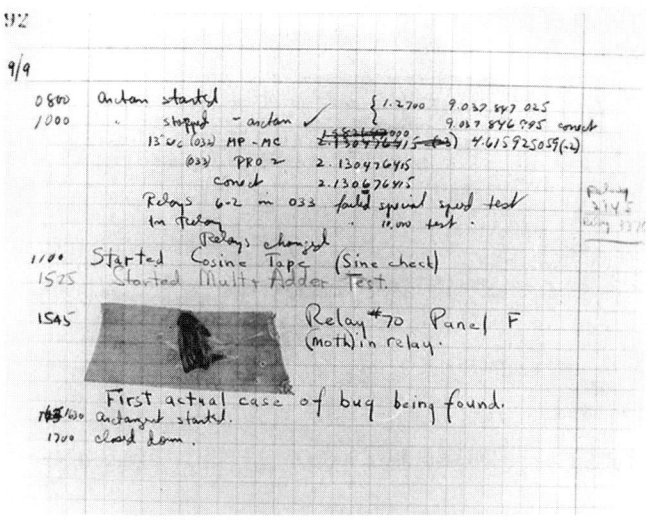

图 3.1 第一个 Bug 报告

赖的数据、配置和其他环境因素，尤其是在当前复杂的云计算和大数据基础平台中。本书讨论的 Bug 特指计算机软件中的 Bug。后续章节将 Bug 进一步细分为故障、错误和失效进行讨论。

3.1.2　PIE 模型

在深入理解软件测试方法之前，首先需要明确 Bug 的相关概念。本节介绍 PIE（Propagation-Infection-Execution）模型，用于解释传统软件 Bug 的触发和传播机理。软件测试的主要目的之一是发现 Bug。PIE 模型用来解释软件动态失效行为。假设某一个程序中有一行代码存在缺陷，在该软件的某次运行中，这行存在缺陷的代码行并不一定会被运行到。即使这行存在缺陷的代码被运行到，若没有满足特定条件，程序状态也不一定会出错。只有运行错误代码，满足特定条件，程序状态出错，并传播出去被外部感知后，测试人员才能发现程序中的缺陷。

PIE 模型对于理解软件测试方法、测试过程、缺陷定位和程序修复等都具有重要作用。在介绍 PIE 模型之前，首先准确描述 Bug 的不同含义。在 IEEE 1044-2009 标准中，对软件异常做了一系列的定义和解释。该标准引入了 Defect、Failure 和 Problem 来解释软件异常的不同状态。缺陷（Defect）用来解释不符合要求的产品中的缺陷或不足之处，故障（Fault）同时被引入补充解释和细分缺陷的含义。失效（Failure）是指产品运行未达到预期功能而终止。问题（Problem）用来解释不满意的产品输出。借鉴 IEEE 1044-2009 标准的定义，结合程序员的用语习惯，本书引入 Defect、Fault 和 Failure 分别表示软件产品静态和动态的"Bug"含义。同时，为了方便后期引入程序分析技术进行理解，增加一个中间定义 Error（错误）来解释程序运行时的异常中间状态。

严格的学术文献一般不泛用 Bug，而是在结合上下文的前提下，采用 Defect、Fault[⊖]、Error 和 Failure 来帮助大家理解 Bug 在不同阶段的不同含义。本书将 Bug 定义并细分如下。

> **定义 3.1　Bug 的定义**
>
> Bug 在程序的不同阶段，分别称为 Fault、Error 和 Failure，定义如下。
> - Fault（故障）：是指静态存在于程序中的缺陷代码。
> - Error（错误）：是指程序运行缺陷代码后导致错误的程序状态。
> - Failure（失效）：是指程序错误状态传播到外部被感知的现象。

为了帮助大家理解 Bug 的不同定义，在均值方差程序 MeanVar 中注入一个简单的缺陷进行解释。为简化讨论，只计算均值 mean，暂时不计算方差 var，如清单 3.1 所示。在程序的第 4 行，程序员犯了一个常见错误，数组从 1 开始进入循环，所以对于 for 循环这行代

⊖　本书中故障（Fault）与缺陷（Defect）等同使用。

码，产生了一个 Fault，也称缺陷代码"i=1"。当输入测试数据——数组"[3,4,5]"，执行到这个故障时，中间变量"sum"的值为 9，而正确的值应该为 12。因此，此时程序产生了 Error 状态，而这个错误状态随着程序的执行，通过系统输出了"3"，而这个测试预期的输出应该为 4。因此测试人员观察到了一个不符合预期的行为，称为 Failure。

清单 3.1　MeanVar 简化 C 程序的故障示例

```
1  void MeanVar(double X[],int L) {
2      double mean,sum;
3      sum=0;
4      for (int i=1; i<L; i++) {//Fault：i 的初始值应为 0
5          sum+=X[i];
6      }
7      mean=sum/L;
8      printf("Mean: %f\\n",mean);
9  }
```

通过清单 3.1 的例子，我们理解了 Bug 在不同阶段的名称及其含义，也清楚地看到，要观察到失效行为需要很多前提条件。因此，在理论分析和工程实践中，常常构建 PIE 模型来解释 Bug 产生和传播的过程。

> **命题 3.1　PIE 模型理论**
>
> 一个测试执行后能观察到程序失效行为，当且仅当满足以下三个条件。
> （1）Execution（执行）：测试必须运行到包含缺陷的程序代码。
> （2）Infection（感染）：程序必须被感染出一个错误的中间状态。
> （3）Propagation（传播）：错误的中间状态必须传播到外部被观察到。

上述三个条件分别是 Bug 被检测的必要条件，这三个必要条件组合成 Bug 被检测的充分条件，因此这三个条件组合为充要条件。它们具有递进关系，满足条件（3）必须满足条件（2），满足条件（2）必须满足条件（1）。一个测试满足条件（1）不一定能满足条件（2），即测试运行到包含缺陷的代码但不一定能感染出错误的中间状态。同理，一个测试满足条件（2）不一定能满足条件（3），即测试能感染出错误的中间状态（当然也运行到了包含缺陷的代码），不一定能传播出去被测试人员发现。

PIE 模型主要通过语法变异和状态注入来预测程序中特定位置导致故障的概率。PIE 模型分析将程序本身作为预言机，用于检查程序更改版本的输出，并计算特定位置的更改对程序动态行为的影响。为了进一步分析该特定位置的特性，程序会从特定分布中选择输入数据并执行，从而估计该位置被输入执行的频率。通过语法变异体计算该位置产生错误状态的概率。当状态值发生变化时，模型会进一步计算更改状态导致程序输出失效的概率。

当状态错误影响输出时，会发生状态错误的传播。当程序输出无法识别状态错误存在时，通常被称为程序的偶然正确性。

如果存在一个来自分布 D 的输入使得程序 P 失效，那么称 P 包含输入 D 的错误。尽管知道程序 P 中存在故障，但通常不能将单个缺陷位置作为发生故障的唯一原因。因为可能多个位置会相互作用导致失效。但是，如果一个程序在特定位置之前和之后用关于正确状态的断言进行注释，并且如果存在来自 D 的输入，使得该位置的后续状态违反断言而该位置的先前状态不违反断言，则该位置产生了错误。在 PIE 模型分析中，重要的是能够确定程序某个特定位置的特定变量是否对程序的输出计算有任何潜在影响。

为了进一步理解这些现象，以清单 3.1 中的示例程序进行说明。该程序第 4 行语句存在缺陷，循环控制变量 i 的初值应为 0，而不是 1。在此例子中，假如输入的测试数据为数组"[0,4,5]"，则当程序运行到 for 循环语句的故障时，并没有感染出错误的中间状态，因为 0+4+5=4+5，sum 的值依然为 9。不满足条件"感染"显然不会满足条件"传播"。再看另外一个计算平均值的程序。输入一个数组，计算这个数组中奇数位置数字的平均值。在这个例子中，输入测试数据"[3,4,5]"，正确的计算应该是"$V_{sum}=3+5=8$"，"$n=2$"，因而 $V_{avg}=8/2=4$。然而，由于下标的错误，导致计算了数组的偶数位置数字的平均值，错误地计算了"$V_{sum}=4$"，"$n=1$"。但是 $V_{avg}=4/1=4$，两个错误的中间变量状态抵消，最终产生了正确的输出 4。因此认为测试通过。

3.2 Bug 理论分析

本节深入分析 Bug 的理论性质，这些理论性质奠定了软件测试方法的基础。Bug 理论性质具体包括四个方面：3.2.1 节介绍 Bug 的反向定义，3.2.2 节介绍 Bug 的不确定性，3.2.3 节介绍 Bug 的非单调性，3.2.4 节介绍 Bug 间的干涉性。通过理解和分析这些 Bug 的理论性质，开发和测试团队可以更有效地设计和实施软件测试，从而提高 Bug 检测和修复的效率。通过对现有 Bug 理论的深入研究，希望读者能够发现 Bug 的新规律，为软件测试应用提供新的方法和技术。

3.2.1 Bug 的反向定义

前面介绍了 Bug 的三个不同定义：Fault，Error，Failure。在实践中，Failure 是测试人员通过对比程序实际输出和规格要求的预期输出进行判定的；Error 通常需要程序员通过监控程序运行信息进行分析；Fault 需要有经验的程序员进行代码审查来发现。在这三类分析中，发现 Failure 是最容易的。在教科书中，往往会假设一个正确的程序，然后注入一个或多个 Fault 进行程序分析。而在实践中，通常无法预先得到一个正确的程序，得到的是一个包含很多 Fault 的程序，通过逐步测试和修复来力求程序接近正确的版本。这一重大区别导致 Bug 检测在实践中往往是反向定义的。对于一个复杂的程序，有时候难以判定 Fault

和 Error。此时，往往通过测试判定发程序的失效，然后尝试修改疑似缺陷代码，再运行测试来确认修复是否正确。假如测试通过，基本上确认修改的代码存在缺陷，也就是通过 Failure 的消失和程序修复来确认 Fault 的位置。

> **定义 3.2　Bug 的反向定义**
>
> 给定待测程序 P 和测试 t，$P(t)$ 失效，修改得新程序 P' 使得 $P'(t)$ 通过，则确认程序修复位置的原始代码（$P\backslash P'$）为故障。　♣

清单 3.2 为计算平均值的程序示例。输入测试数据"[4,3,5]"，预期输出应该为"4"。从前面的讨论可知，第 4 行代码的数值起始下标的缺陷，导致了程序错误而产生失效。对于了解 Java 编程特性的程序员，通过追溯程序运行发现了可疑的第 5 行代码，修复了"i=0"，从而使程序正确。但是有些初级程序员会认为，可能数值识别长度产生了问题，只要修改第 7 行代码，调整长度 L 的值即可。那么输入测试数据"[4,3,5]"，累加和"$V_{sum}=3+5=8$"，除以调整后的长度 2，结果为"4"，符合预期输出。对于不会监控中间变量的初级程序员，往往会认为第 7 行是 Fault。

清单 3.2　MeanVar 程序 Bug 反向定义示例

```
1  void MeanVar(double X[],int L) {
2      double mean,sum;
3      sum=0;
4      for (int i=1; i<L; i++){// 修复方案 1：i=0
5          sum+=X[i];
6      }
7      mean=sum/L; // 修复方案 2：mean=sum/(L-1)
8      printf("Mean: %f\\n",mean);
9  }
```

在实践中，Bug 的反向定义使得通过程序修复和重新运行测试的方式来确认缺陷是否存在，这极度依赖修复方式和测试集，具有很大的风险。通过检查测试输出、中间状态或运行静态分析工具来识别软件中的缺陷有所不同，常常在工程中综合运用。工程中常常使用不同的方法进行缺陷跟踪和修复。软件项目可能使用标识符来记录缺陷报告，也可以在软件项目日志中查找诸如 fixed 或 bug 之类的关键字。如果更改日志反复包含 bug、fix 或 patch，则代表了多次代码变更，也常常预示着早期修复可能是错误的程序修复。可以将错误修复中涉及的更改分解为修复块以便进行原因分析。差异代码段（code diff）可以由特定工具计算，以表示原始版本和修复版本之间的差异。例如，项目管理中，bug hunk 表示在缺陷版本中的代码段，而 fix hunk 则表示修复缺陷后的代码段，差异代码段则是 bug hunk 和 fix hunk 之间有差异的代码段。程序修复可简单分为三种：修改、添加、删除。程序修复的代码变动既有 bug 版本的代码修改（bug hunk），也有修复版本的代码修改（fix hunk），添加的修复更改只有一个修复块，删除的修复更改只有一个修复块。

3.2.2 Bug 的不确定性

Bug 的反向定义性质不但会引发错误的程序修复，而且会导致多种不同的正确修复。这种修复都产生了正常的程序，也就意味着同一程序存在不同的 Bug 认知，从而导致 Bug 的不确定性。

> **定义 3.3　Bug 的不确定性**
>
> 给定待测程序 P 和测试 t，$P(t)$ 失效。若不同修复方法分别得到两个程序 $P_1 \neq P_2$，均使得测试 t 通过，从而确认了 $P \backslash P_1$ 和 $P \backslash P_2$ 两个不同的故障。♣

清单 3.3 是计算两个输入值的极大值函数。这个函数接收两个整数 x 和 y 作为输入，并返回其中的较小值。它将 x 的值赋给变量 mx，然后检查 x 是否大于 y。如果是，则将 y 的值赋给 mx。最后，函数返回 mx。在清单 3.3 的示例程序中，输入两个整数，输出较大的数字。输入"3,5"，程序输出了"3"，与预期输出"5"不符，产生了 Failure。此时程序员进行测试和调试分析。由于程序员习惯不同，他们对 Fault 的理解也有所不同。

清单 3.3　示例程序 MAX 的 Bug 不确定性示例 1

```
1  int MAX1(int x, int y) {
2      int mx = x;
3      if (x > y) {
4          mx = y;
5      }
6      return mx;
7  }
```

如清单 3.4 左边的程序所示，程序员 A 在审查 MAX1 程序时，怀疑第 3 行代码的不等式弄反了，因此尝试把第 3 行代码修改成"x<y"，得到新程序 MAX2。针对 MAX2 重新运行测试"3,5"，此时程序输出"5"，测试通过。因此程序员 A 断定第 3 行代码是 Fault。如清单 3.4 右边的程序所示，程序员 B 审查 MAX2 程序时，怀疑第 2 行代码和第 4 行代码的赋值弄反了，因此尝试把第 2 行代码和第 4 行代码进行调换，得到新程序 MAX3。针对 MAX3 重新运行测试"3,5"，此时程序输出"5"，测试通过。因此程序员 B 断定第 4 行代码是 Fault。对于清单 3.3 的原始程序和失效，程序员 A 认为第 3 行代码是 Bug，程序员 B 认为第 4 行代码是 Bug。而且不难知道，两个语法不等（代码不同）的程序（程序 MAX2 和程序 MAX3）是语义等价的，即对于任意的输入，两个程序的输出相等。

清单 3.4　示例程序 MAX 的 Bug 不确定性示例 2

```
1  int MAX2(int x, int y) {
2      int mx = x;
3      if (x < y) {// 修复了 x > y
4          mx = y;
5      }
6      return mx;
7  }
```

```
1  int MAX3(int x, int y) {
2      int mx = y; // 修复了 mx = x;
3      if (x > y) {
4          mx = x; // 修复了 mx = y
5      }
6      return mx;
7  }
```

事实上，对于任意一个程序，都能够构造无穷个与它语义相等但语法不同的程序。这也意味着能够定义无穷个 Bug，这导致程序修复收敛具有很大的不确定性。为了降低这种不确定性，需要更多的工程化方法，例如要求极小化的程序修复，即尽可能少修改程序代码。对于任意的需求规格，理论上都存在无穷的正确程序实现版本，这些程序版本是语法不一致的。这样的编程特性给后期测试、确定 Bug 进而调试和修复带来了极大的挑战。

3.2.3　Bug 的非单调性

单调性是一种常见数学性质，是函数值与自变量变化趋势一致的性质。如果函数在某区间内的值随着自变量的增加而增大，反之随着自变量的减少而减小，则称该函数在此区间内是单调的。单调性有着广泛的应用。在软件开发过程中，代码的质量与开发者的经验通常呈单调增加关系，即随着开发者经验的增加，他们写出的代码质量也会提高，这是因为经验丰富的开发者通常更了解如何编写高效、可读和可维护的代码。软件系统的复杂性与其可维护性之间的关系也可能是非单调的，随着系统变得越来越复杂，其可维护性可能会下降。但是，如果系统的设计优秀，即使系统复杂，其可维护性也可能很高。在这种情况下，系统复杂性与可维护性之间的关系就是非单调的。Bug 的非单调性定义如下。

> **定义 3.4　Bug 的非单调性**
>
> 对于待测程序 P，两次修复分别得到两个程序 P_1 和 P_2，若 $P \backslash P_1 \subset P \backslash P_2$，则称 P_1 的修改小于 P_2。若存在一个测试 t，满足 $t|_\surd P, t|_\times P_1, t|_\surd P_2$，则称两个修复对应的 Bug 存在非单调性。 ♣

简单来说，代码修复的单调性不能蕴含测试通过的单调性。重新分析清单 3.3 中的极大值求解程序 MAX1。给定一个测试集 $T = \{t_1, t_2\}$，其中 t_1 输入为 "3,5"，t_2 输入为 "5,3"，预期输出均为 "5"。对程序 MAX1 运行测试集，t_1 失效，t_2 失效。因此断定程序 MAX1 有 Bug。程序员对 MAX1 程序进行测试和调试，如清单 3.5 所示，怀疑第 2 行和第 4 行代码存在问题。若首先修复了第 2 行代码，修改为 "mx = y"，得到程序 MAX4。重新运行表 3.1 中的测试集 T，此时 t_1 通过，t_2 失效。

清单 3.5　Bug 的非单调性示例程序

```
1  int MAX4(int x, int y) {
2      int mx=y; //（1）修复 mx=x;
3      if (x>y) {
4          mx=y;
5      }
6      return mx;
7  }
```

```
1  int MAX3(int x, int y) {
2      int mx=y; //（1）修复 mx=x;
3      if (x>y) {
4          mx=x; //（2）修复 mx=y
5      }
6      return mx;
7  }
```

不难看出，程序 MAX4（清单 3.5 左边）比原始程序 MAX1（清单 3.3）更接近最后正确的程序 MAX3（清单 3.5 右边），即 $P_{MAX4} \setminus P_{MAX3} \subset P_{MAX1} \setminus P_{MAX3}$。但表 3.1 中的测试集 T 的正确运行结果并不是呈单调递增的，即 T 对程序 MAX1 的通过集 $T|_{\sqrt{}} P_{MAX1}$ 是 T 对程序 MAX4 的通过集 $T|_{\sqrt{}} P_{MAX4}$ 的子集。对于测试集 $T=\{t_1,t_2\}$，先总结一下测试结果。

表 3.1　Bug 非单调性测试示例

测试	测试输入	预期输出	MAX1	MAX4	MAX3
t_1	3,5	5	×	√	√
t_2	5,3	5	×	×	√

修复单调性可以表述为：

$$P \setminus P_1 \subset P_2 \setminus P = \Rightarrow T|_{\sqrt{}} P_1 \subseteq T|_{\sqrt{}} P_2 \tag{3.1}$$

上述公式表示一个修复单独递增的理想场景，随着修复代码的逐步增多，T 中通过的测试越来越多，直至所有测试通过。然而，由于 Bug 具有非单调性，实践中不一定能找到这样理想的单调性修复。一个 Fault 可能比较复杂，涉及多行不连续代码，甚至其他函数的外部引用。在复杂程序的测试和调试过程中，有经验的程序员会尽可能找到一个近似单调的修复路径。这是良好的编程习惯，有助于逐步拆解难题，并保证程序质量的稳步提升。然而，有时可能会碰到反向单调的情况，即越接近正确的修复，失效的测试数量越多，只有完整的修复程序才能让测试集都通过。这样的过程对程序员来说极其艰难的，给故障定位和缺陷修复带来很大的困难。

3.2.4　Bug 间的干涉性

大多数教科书中常常假设程序只有一个故障（Bug）。学术研究的实验对比往往也采用多软件版本的单 Bug 方案。而在实践中，几乎都是多 Bug 共存的情景。非常不幸的是，这些 Bug 之间可能会相互干扰（或称为干涉），给程序测试和调试带来风险和障碍。在物理学中，干涉是当两个波在同一介质传播并相遇时发生的现象。如果两个波的振幅具有相同的方向，那么叠加后将形成一个幅度更大的波，称为"相长干涉"。如果两个幅度具有相反的方向，那么叠加后将形成一个幅度较低的波，称为"相消干涉"。现引入物理学中波的干涉术语并将其应用到软件测试中。

> **定义 3.5　Bug 间的干涉性**
>
> 待测程序 P 包含两个故障 f_1 和 f_2，P_1 仅包含 f_1，P_2 仅包含 f_2，即 $P\backslash P_1=f_2$，$P\backslash P_2=f_1$，若存在测试 t，满足 $t|_{\sqrt{}}Pt|_{\sqrt{}}P_1t|_{\times}P_2$ 则称程序 P 的 f_2 干涉 f_1。若满足 $t|_{\sqrt{}}Pt|_{\times}P_1t|_{\sqrt{}}P_2$，则称程序 P 的 f_1 干涉 f_2。上述两种情形统称程序 P 的 f_1 和 f_2 关于测试 t 相互干涉。　♣

给定两个故障 f_1 和 f_2，如果在同一程序中同时存在 f_1 和 f_2 会导致测试 t 失效，而在 f_1 或 f_2 单独存在时测试 t 通过，称为相长干涉。给定一个测试 t 使得包含故障 f_1 的程序失效，但是当另一个故障 f_2 被添加到同一个程序时不再失效，则称为相消干涉。上述描述并不严格。在工程中，也可能同时观察到相长干涉和相消干涉两种现象。同一个程序中存在两个故障可能会导致某些测试失效，这些测试不会因单个故障而失效。当然也可能观察不到这两种现象，即两种故障的存在可能不会导致任何额外的测试故障或由于特定故障而掩盖测试故障。虽然强调这些定义是针对两个故障提供的，但很容易扩展到同一程序中存在的更多故障。这里使用这些术语来描绘对故障干涉的某种直观理解，并强调故障共同导致测试失效的概念。现在看一些简单的例子，以便更好地理解 Bug 间的干涉现象如何以及何时在程序中发生。

图 3.2 使用一段代码说明了故障之间的相长干涉。我们观察到，故障 f_1 和故障 f_2 都不会导致测试 t_1 的失效。但是，当把 f_1 和 f_2 放在同一段代码中时，它们会一起工作，导致 t_1 中的测试失效。相比之下，在图 3.3 中，我们观察到相消干涉，因为当单独考虑故障 f_1 和 f_2 时，测试 t_1 失效；但是当把这两个错误放在一起时，同一个失效的测试现在是成功的。请注意，这是一个双重相消干涉的示例，因为任一故障导致的影响已被两个故障的存在所掩盖。这不是定义上的要求，只要一个故障掩盖了另一个故障引起的影响，就有相消干涉。

	正确程序 $\mathcal{P}$	有故障 f_1 的程序 $\mathcal{P}$	有故障 f_2 的程序 $\mathcal{P}$	有故障 f_1 和故障 f_2 的程序 $\mathcal{P}$

	read (a,b);
	x=a;
	y=b;
	if((x+y)==6)
	　print(6);
	else
	　print(-1);
		read (a,b);
		x=a+3;
		y=b;
		if((x+y)==6)
		　print(6);
		else
		　print(-1);
			read (a,b);
			x=a;
			y=b+3;
			if((x+y)==6)
			　print(6);
			else
			　print(-1);
				read (a,b);
				x=a+3;
				y=b+3;
				if((x+y)==6)
				　print(6);
				else
				　print(-1);

测试 t_1 输入：a=0 　　　b=0	输出：-1	输出：-1 通过	输出：-1 通过	输出：6 失败

图 3.2　Bug 相长干涉示例

正确程序 $\mathcal{P}$	有故障 f_1 的程序 $\mathcal{P}$	有故障 f_2 的程序 $\mathcal{P}$	有故障 f_1 和故障 f_2 的程序 $\mathcal{P}$

read(a);
x=a;
y=x-3;
print(y);
	read(a);
	x=a+1;
	y=x-3;
	print(y);
		read(a);
		x=a;
		y=x-4;
		print(y);
			read(a);
			x=a+1;
			y=x-4;
			print(y);

测试 t_1 输入：a=5	输出：2	输出：3 失败	输出：1 失败	输出：2 通过

图 3.3 Bug 相消干涉示例

最后，图 3.4 构建了一个可以同时观察到相长干涉和相消干涉的场景。故障 f_1 和故障 f_2 都不能单独导致测试 t_1 失效。但是，当把这些错误放在一起时，会产生相长干涉，因为它们共同导致测试 t_1 失效。但是在同一组程序上考虑测试 t_2，故障 f_1 的故障导致效果被故障 f_2 掩盖，当把它们一起放在同一个程序中时，最终结果是测试 t_2 通过，因此有相消干涉。因此，在同一组程序上，可以观察到相长干涉和相消干涉。如前所述，也可能既观察不到相长干涉也观察不到相消干涉。

正确程序 $\mathcal{P}$	有故障 f_1 的程序 $\mathcal{P}$	有故障 f_2 的程序 $\mathcal{P}$	有故障 f_1 和故障 f_2 的程序 $\mathcal{P}$

read (a,b);
x=a;
y=b;
result=0;
if ((x+y)==-7)
　result = 1;
else
　result = 2;
print(result);
	read (a,b);
	x=a-3;
	y=b;
	result=0;
	if ((x+y)==-7)
	　result=1;
	else
	　result=2;
	print(result);
		read (a,b);
		x=a;
		y=b-4;
		result=0;
		if ((x+y)==-7)
		　result=1;
		else
		　result=2;
		print(result);
			read (a,b);
			x=a-3;
			y=b-4;
			result=0;
			if ((x+y)==-7)
			　result=1;
			else
			　result=2;
			print(result);

测试 t_1 输入：a=0 　　　b=0	输出：2	输出：2 通过	输出：2 通过	输出：1 失败
测试 t_2 输入：a=-4 　　　b=0	输出：2	输出：1 失败	输出：2 通过	输出：2 通过

图 3.4 Bug 混合干涉示例

虽然上面的示例很简单，但它们能帮助读者更好地了解 Bug 间的干涉。然而迄今为止，对于什么情况称这为一个 Bug、什么情况称这为两个 Bug，依然没有严格的定义。实践中，这往往是由程序员根据经验来判定的。由于 Bug 间的干涉性，Bug 数量和范围的定义都是极其困难的。

3.3 软件调试

在软件开发过程中，开发者需要对程序进行测试和调试。测试和调试两者极其相关但含义完全不同。简单来说，测试是为了发现 Bug（缺陷），调试是为了修复 Bug。调试需要先找出 Bug 的根源和具体位置，再进行修复将缺陷消除，需要依赖已有的测试信息或者补充更多信息。狭义的测试只需要发现 Bug（失效）即可，并不需要修复 Bug。开发者需要同时肩负这两个职责，对自己开发的程序进行测试，发现 Bug 并对其进行调试修复。软件调试首先需要理解 Bug，找到或识别产生 Bug 的原因（3.3.1 节），然后定位产生 Bug 的代码位置（3.3.2 节），最后进行 Bug 修复（3.3.3 节）。Bug 修复后还需要进行回归测试，将在第 9 章介绍。

3.3.1 Bug 理解

Bug 报告是理解 Bug 的主要来源之一。Bug 报告包含了与该 Bug 失效关联的若干信息，也可能包括有助于重现 Bug 的步骤。这些信息能帮助开发者快速追踪和修复问题。Bug 报告是软件测试的一个重要产物，有效的 Bug 报告能够促使开发团队进行良好的沟通。在提交 Bug 报告之前，需要检查是否已报告相同的 Bug。重复的 Bug 报告有时候虽然有益，但也是开发者的负担。如果一个报告中存在多个 Bug，除非所有 Bug 都得到了解决，否则无法将其关闭。因此，最好将问题分成单独的 Bug 报告。这确保了每个 Bug 都可以被单独处理。

Bug 报告应清楚地准确回答测试是如何进行的以及 Bug 可能发生的原因。编写 Bug 报告的目的是使开发者能够直观地看到问题，并提供开发者正在寻求的所有相关信息。Bug 报告应尽可能使用有意义的句子和简单的单词来描述现象，清晰详细的 Bug 报告对于有效的错误跟踪和问题管理至关重要。开发者和测试人员可以借助详细的 Bug 报告快速掌握问题并努力解决问题。报告 Bug 时，请包含以下元素以确保准确重现和解决问题。

- 标题和摘要：一个简短且包含显著特征的标题总结问题，一个简洁且描述性文字进行问题摘要。
- 重现步骤：起草重现 Bug 的步骤，包括所需的任何特定配置或输入。
- 结果描述：指定预期行为并将其与错误发生时观察到的实际行为进行比较。
- 环境信息：包括有关软件版本、操作系统、浏览器或其他相关环境的详细信息。
- 附件截图：附加有助于理解和解决问题的任何相关文件、代码片段或屏幕截图。
- 其他内容：提供有助于重现或理解错误的任何其他信息或上下文。

一份理想的 Bug 报告是追求的目标，但工程实践中常常不如人意。在 Eclipse、OpenOffice、Mozilla 和 NetBeans 等开源项目的 Bug 报告中，有约 23% 的报告为重复报告。Bug 报告中复现步骤、软件版本和运行环境等关键信息的缺失也对缺陷修复效率造成明显影响。测试脚本通常冗长且包含大量与缺陷触发无关的输入，这也给缺陷理解与根因定位带来了困难。本节介绍的 CTRAS 系统能够利用重复 Bug 报告的信息来帮助开发者理解缺陷。与传统的 Bug 报告处理技术不同，CTRAS 并不试图避免开发者提交重复项或过滤这些重复项，它利用重复报告提供的附加信息，将所有重复 Bug 报告中的文本和图像信息汇总到一个全面且易于理解的报告中。

CTRAS 通过计算文本描述和屏幕截图的相似性来自动检测和聚合重复报告。对于每个重复报告集，首先识别出信息量最大的报告（称为主报告）。基于该主报告进一步总结补充的文本和屏幕截图信息，并将这些补充文本和截图按权重进行排序，排序后的文本和截图与主报告共同构成了最终摘要报告。最终摘要报告可为开发者提供每个 Bug 报告重复组的全面概览。CTRAS 的主要目标是对重复 Bug 报告进行汇总并提供相应的可理解概述。用于聚类 Bug 报告，这些 Bug 报告可能包含简短的文本描述，也可能包含显示问题特征的屏幕截图。这里软件的 Bug 报告集合被定义为 $BR(r) = \{r(S_i, T_i) | i = 0 \cdots n\}$，其中 S 表示包含错误特征的屏幕截图（即图像），T 表示描述错误行为的文本。

报告聚类将重复报告聚类成组 G（BR 的一个子集），然后为重复报告组 G 生成一个摘要 S。一组重复 Bug 报告的摘要包括一份主报告和一个补充项列表。

从重复组中提取相对全面的问题描述并将其定为主报告，即一个重复组 G 中的主报告 $br^\star$ 是指 G 中包含信息量最多的一份报告。

尽管主报告或其摘要能够为开发者提供较丰富的信息量，帮助开发者对错误产生总体理解，然而重复报告组中的补充信息（如不同的软件和硬件设置、不同的输入和触发情景）也不可忽视，这些补充信息能够帮助开发者了解导致问题的不同条件。补充项是指一个重复组 G 中除主报告 $br^\star$ 之外的其他具有代表性的信息项，包括文本补充项或图像补充项。文本补充项是指提供主报告中未包含信息的一小段文本，其可以在调试和分类期间为开发者提供更多的信息和更广泛的上下文。图像补充项是与主报告中所含内容不同的截屏。

图 3.5 展示了 CTRAS 系统的框架设计，主要包括以下步骤：通过结合文本描述与图像截图两类信息，通计算 Bug 报告之间的距离；聚合器基于距离矩阵将重复报告聚合到同一个组 G 中；摘要生成器选择一份最能体现重复报告组信息的 Bug 报告（主报告），然后通过逐步提取补充项的方法补充主报告中缺失的主题或特征信息。

聚合器首先计算 Bug 报告的距离并输出距离矩阵。综合运用图像相似度和文本相似度来计算 Bug 报告之间的距离。基于距离矩阵，聚合器能够衡量 Bug 报告之间的相似性并对重复报告进行进一步聚类分组。CTRAS 的目标是尽可能发现所有重复报告生成摘要以提升开发者处理报告的效率，因此采用

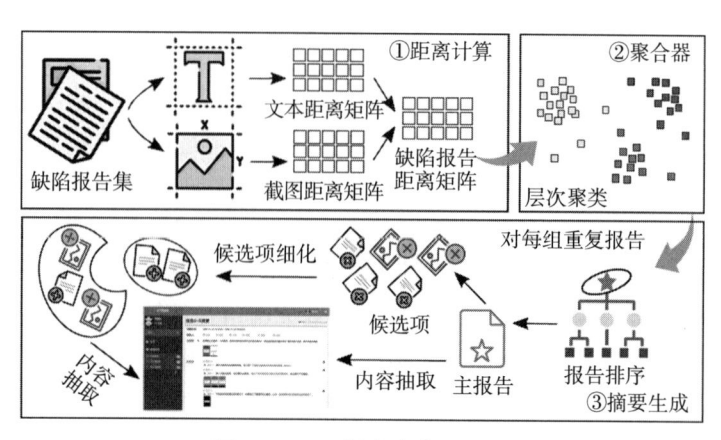

图 3.5 Bug 报告聚合流程图

的是层次聚类的单连接聚类方法。

摘要生成器是 CTRAS 系统的核心组件。对于每个 Bug 报告组 G，摘要生成器执行以下三个步骤来生成摘要，以辅助开发者对 G 中的所有报告形成全面的理解：①识别主报告 $br^\star$，②生成补充项，③生成最终聚合摘要。

为方便理解，图 3.6 列出了来自真实测试人员提交的六份原始 Bug 报告，每个 Bug 报告都包含设备名称、操作系统和分辨率基础属性，以及对缺陷的描述和屏幕截图。这六份原始 Bug 报告均描述了应用无法通过第三方接口登录的问题。

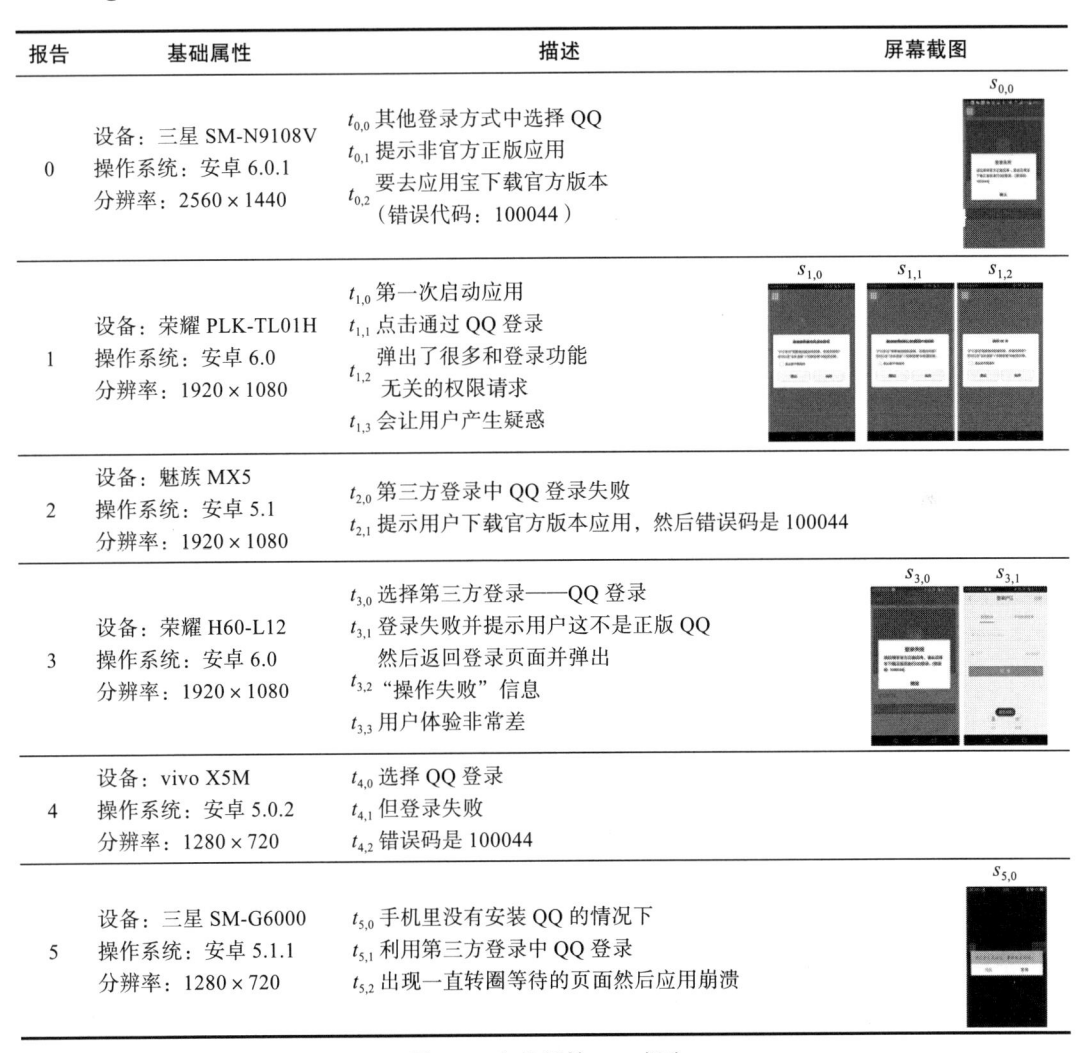

报告	基础属性	描述	屏幕截图
0	设备：三星 SM-N9108V 操作系统：安卓 6.0.1 分辨率：2560×1440	$t_{0,0}$ 其他登录方式中选择 QQ $t_{0,1}$ 提示非官方正版应用 $t_{0,2}$ 要去应用宝下载官方版本 （错误代码：100044）	$s_{0,0}$
1	设备：荣耀 PLK-TL01H 操作系统：安卓 6.0 分辨率：1920×1080	$t_{1,0}$ 第一次启动应用 $t_{1,1}$ 点击通过 QQ 登录 $t_{1,2}$ 弹出了很多和登录功能无关的权限请求 $t_{1,3}$ 会让用户产生疑惑	$s_{1,0}$ $s_{1,1}$ $s_{1,2}$
2	设备：魅族 MX5 操作系统：安卓 5.1 分辨率：1920×1080	$t_{2,0}$ 第三方登录中 QQ 登录失败 $t_{2,1}$ 提示用户下载官方版本应用，然后错误码是 100044	
3	设备：荣耀 H60-L12 操作系统：安卓 6.0 分辨率：1920×1080	$t_{3,0}$ 选择第三登录——QQ 登录 $t_{3,1}$ 登录失败并提示用户这不是正版 QQ，然后返回登录页面并弹出 $t_{3,2}$ "操作失败"信息 $t_{3,3}$ 用户体验非常差	$s_{3,0}$ $s_{3,1}$
4	设备：vivo X5M 操作系统：安卓 5.0.2 分辨率：1280×720	$t_{4,0}$ 选择 QQ 登录 $t_{4,1}$ 但登录失败 $t_{4,2}$ 错误码是 100044	
5	设备：三星 SM-G6000 操作系统：安卓 5.1.1 分辨率：1280×720	$t_{5,0}$ 手机里没有安装 QQ 的情况下 $t_{5,1}$ 利用第三方登录中 QQ 登录 $t_{5,2}$ 出现一直转圈等待的页面然后应用崩溃	$s_{5,0}$

图 3.6 六份原始 Bug 报告

为帮助开发者快速理解报告组的主题信息，摘要生成器首先需要选取一份主报告 $br^\star$，其将重复报告组抽象成一张无向图，图中的节点代表一份单独的报告，两个节点之间的边的权重表示两份报告之间的相似性。因此，可以应用 PageRank 算法计算数值排名分数以衡量加权图中每个节点的重要性。CTRAS 系统将具有最高 PageRank 分数的 Bug 报告确定为该组的主报告。

示例报告组生成的无向图如图 3.7a 所示，右侧表格展示了每对报告间的混合相似性。利用 PageRank 算法计算每个节点的权重，可以发现报告 3 的权重最高，从而被选为这六个报告的主报告（标有 br*）。通过阅读报告 3 的内容，开发者可以获得对整个 Bug 报告组的基本理解，即存在用户无法通过 QQ 账号登录服务登录该 App 的问题。该问题产生的原因是认证失败，且 QQ 账号登录服务被视为一种非官方软件。

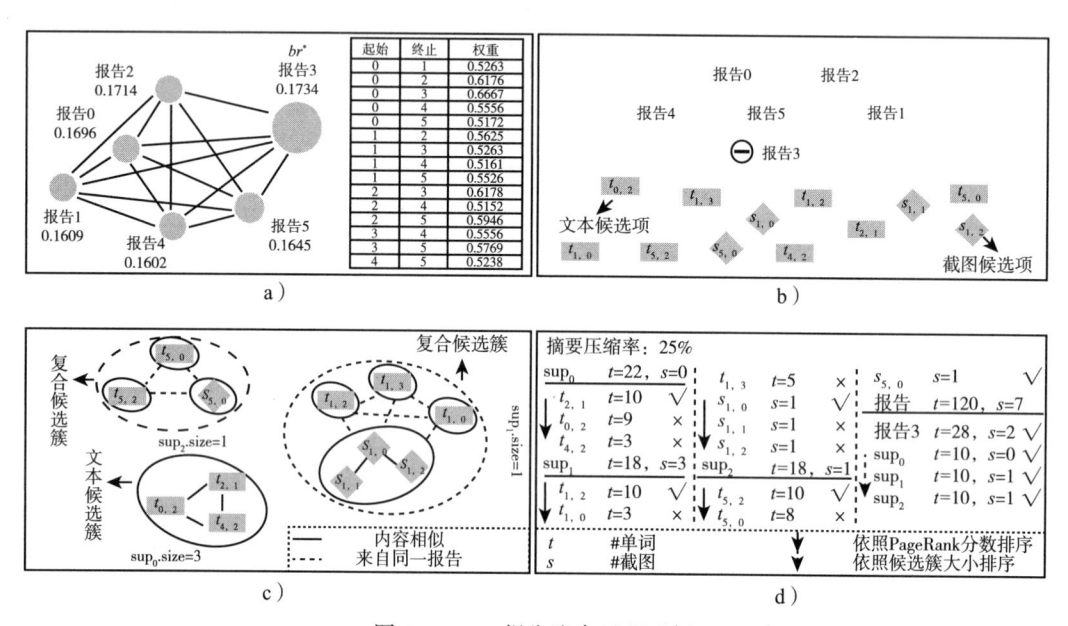

图 3.7 Bug 报告聚合过程示例

即使已经确定了主报告 br* 并帮助开发者获得了重复报告组 G 中信息最丰富的报告，但从其他角度描述相同的错误并提供补充材料对于开发人员正确修复错误至关重要。尽管主报告 br* 能够帮助开发者获得关于重复组 G 的最主要信息，其仍然可能缺失一些对 Bug 修复至关重要的信息，如从其他角度描述的错误内容。因此，有必要进一步分析其他报告，并从中提取出其中的共享内容作为主报告的补充项。该操作包括两个子步骤：①从 G-br* 中识别候选项；②将候选项分组形成补充点。

许多分析 Bug 报告的工作都选择将语句作为基本分析单元。采用类似的做法，并通过计算两个语句的关键字向量之间的 Jaccard 距离来衡量两个语句的相似性。Jaccard 距离被广泛应用于比较两个集合的相似性和多样性。给定 Bug 报告组 G 及其主报告 br*，为了给 br* 生成补充项，首先需要从 G-br* 中识别不包含在 br* 中的候选项，包括语句和屏幕截图。从集合 G-br* 中提取所有单项（即单个语句和屏幕截图），分别组成语句集合和屏幕截图集合。类似地，可以从 br* 中提取语句集合和截图集合。对于 T 中关键字集合为 t 的每个语句，若 S* 中所有元素的 $J(t,t^\star)$ 距离都小于预定义阈值，该语句被选为候选的补充语句。同理，给定 S 和 S*，可以选取 br* 的候选的补充屏幕截图。

如图 3.7b 所示，矩形和菱形分别表示文本候选项和截图候选项。CTRAS 系统从示例组中识别出八个文本候选项和四个截图候选项。举例来说，由于 $t_{0,2}$ 为主报告 br*（即报告 3）补充了"实际运行结果"的相关信息（即"错误代码：100044"），$t_{0,2}$ 被选取为一个文本候选项；$t_{5,0}$ 显示了"手机里没有安装 QQ"的特殊情况，因而 $t_{5,0}$ 被选定为文本候选项。

以上步骤可以识别出与主报告中的任何文本和截图都不相似的候选项。然而，其中一些候选项可能过于简短而无法提供有效信息或多个候选项提供了相同的信息。因此，有必要对候选项进一步提炼，以形成信息量丰富且冗余度低的补充点。CTRAS 系统的候选项细化过程包括三个子步骤：①对相似的候选项进行聚类，形成候选簇；②对候选簇进行进一步合并；③对候选簇中的候选项进行排序以确定其中最具代表性的候选项。

在步骤①中，相似的候选项被聚类到同一个分组中，以降低冗余性并保证补充项的简洁性。在此步骤中，同样应用层次聚类方法，将之前抽取出来的文本候选项及截图候选项分别聚类。此外，通过记录每个候选项的原始信息，将候选项与报告进行双向映射，这种双向映射不仅有助于在步骤②中进一步聚合候选簇，也有助于开发者在实践中追溯原始报告。步骤②对步骤①生成的候选簇进行进一步合并，这一步骤的主要思想是：如果两个候选簇中的大部分候选项均来自相同的 Bug 报告，则这两个候选簇被合并。当候选簇之间的距离小于阈值 θ 时，候选簇被聚合为补充项。此步骤的主要目的是恢复候选簇上下文，特别是文本候选簇与截图候选簇的关联使得最终生成的摘要内容更丰富与准确。

目前生成的候选簇中包含了太多冗余文本候选项或截图候选项，不该被直接呈现给用户。步骤③从每个候选簇中确定最具代表性的候选项。基于语句相似度和屏幕截图相似度的定义，CTRAS 对候选簇中的所有语句和屏幕截图分别构建加权图，图边的权重为候选项之间的相似值。给定这两个加权图，应用 PageRank 算法可获得每个节点（即句子和屏幕截图）的 PageRank 权重。这些权重将在下一阶段的内容提取中被使用，以选择每个候选簇中最相关和最具代表性的信息。

如图 3.7c 展示了所有候选项的细化结果：由于三个文本候选项（即 $t_{0,2}$、$t_{2,1}$ 和 $t_{4,2}$）都包含"100044 错误代码"，因而这三者被分组在一起；由于候选簇 $\{t_{5,0}\}$、$\{t_{5,2}\}$ 和 $\{s_{5,0}\}$ 都属于报告 5，因而被归为同一组。特别地，由于补充项 0 的内容来自三份报告，因而其大小为 3。

基于主报告和补充项，内容提取器进一步对其进行提炼并生成最终的简明摘要。CTRAS 系统在最终摘要中还包含了屏幕截图，因此需要对压缩率定义进行扩展。压缩率被定义为所选词数量与补充项中词总数的比值。同理，对于屏幕截图，压缩率被定义为所选截图的数量与补充项中截图总数的比值。最终的摘要压缩率定义为两者的同等加权，即文本压缩率和屏幕截图压缩率的平均值。最终摘要包括主报告和所有补充项，其中补充项对应的原始 Bug 报告的数量进行降序排列（即有多少 Bug 报告提到了此补充项中文本或屏幕截图内容）。对于每个补充项,根据候选项细化阶段的步骤 3 中计算的权重,迭代选择语句或屏幕截图放入摘要中,直至达到用户设置的摘要压缩率。

图 3.7d 以补充项 0 为例,展示了详细的摘要生成过程。该示例包含 22 个关键词和 0 个屏幕截图。首先选择 PageRank 得分最高的语句 $t_{2.1}$ 放入摘要。此时,摘要中包含 10 个关键词,压缩比达到既定阈值(即压缩比为 10/22>0.25),因而摘要生成过程结束。

3.3.2 Bug 定位

在理解 Bug 之后,开发者需要对程序进行进一步调试,可以使用手动和自动方式来完成。调试是一个循环活动,涉及执行测试、故障定位和代码修复。在调试过程中进行的测试与最终模块测试的目的不同。这种差异对测试策略的选择有重大影响。基于测试报告,开发者分析缺陷原因,以消除系统缺陷。开发者需要修复代码以使实际结果与预期结果相同。修复缺陷后将代码发送给测试人员重新进行测试。程序调试方法更多的时候依赖于开发者的经验和对程序本身的理解。本节介绍一种基于统计的 Bug 定位方法:基于频谱的故障定位(SBFL)。

给定一个程序 $P=<s_1,s_2,\cdots,s_n>$ 和 n 个语句,以及执行 m 个测试的测试集 $T=\{t_1,t_2,\cdots,t_m\}$,SBFL 所需信息如下。矩阵 MS 代表程序谱,RE 记录所有测试用例的测试结果,其中 p 表示通过,f 表示失败。矩阵 MS 中第 i 行第 j 列的元素表示语句 s_i 的覆盖信息,通过测试用例 t_j,1 表示 s_i 被执行,0 表示 s_i 没有被执行。对于每个语句 s_i,这些数据可以表示为包含四个元素的向量,记为 $A_i=<a^i_{ef},a^i_{ep},a^i_{nf},a^i_{np}>$,其中 a^i_{ef} 和 a^i_{ep} 分别表示 TS 中执行语句 s_i 并返回失败或通过测试结果的测试用例的数量;a^i_{nf} 和 a^i_{np} 表示没有执行 s_i,并返回失败或通过的测试结果的测试用例的数量。显然,每个语句的这四个参数的总和应该总是等于测试集的大小。

例如,对于表 3.2 中的示例,程序 P 有四个语句 $\{s_1,s_2,s_3,s_4\}$,测试集 T 有六个测试用例 $\{t_1,t_2,t_3,t_4,t_5,t_6\}$。$t_5$ 和 t_6 导致运行失败,其余四个测试用例导致通过运行,如 RE 一行所示。矩阵 MS 记录每个语句相对于每个测试的 0-1 覆盖率信息(也可以扩展为其他覆盖信息)。根据 MS 矩阵,可以进一步计算执行频谱矩阵 MA。矩阵 MA 是这样定义的,它的第 i 行代表 s_i 对应的 A_i。例如,$a^1_{np}=0$ 说明不执行 s_1 的通过测试为 0,$a^4_{ef}=2$ 说明执行 s_4 的失败测试为 2。根据上述规则,表 3.2 中通过 MS 可以计算 MA。

表 3.2 SBFL 的 MS 示例

MS	t_1	t_2	t_3	t_4	t_5	t_6	MA	a_{ef}	a_{ep}	a_{nf}	a_{np}
s_1	1	1	1	1	1	1		2	4	0	0
s_2	0	0	0	1	0	0		0	1	2	3
s_3	0	1	1	1	0	1		1	3	1	1
s_4	1	1	0	1	1	1		2	3	0	1
RE	p	p	p	p	f	f					

风险评估公式 Risk 应用于每个语句 s_i 并计算值,Risk 值预测 s_i 的故障风险。常用的计

算每个程序语句的可疑得分指标 Tarantula 定义如下：

$$\text{Risk}(s_i) = \frac{a_{ef}^i}{a_{ef}^i + a_{nf}^i} \Big/ \left(\frac{a_{ef}^i}{a_{ef}^i + a_{nf}^i} + \frac{a_{ep}^i}{a_{ep}^i + a_{np}^i} \right) \qquad (3.2)$$

具有较高风险值的语句为故障的概率较大，应以较高的优先级进行检查。所有语句的风险值经计算后将根据其值降序排序。SBFL 调试从列表的顶部开始到底部。一个有效的风险预测公式应该能够尽可能将故障排序在前面。Tarantula 公式最初用于源代码的故障定位可视化，其中各个语句根据参与测试的情况进行着色。

如图 3.8 所示，左边为源代码，右边为测试执行信息。右边第一行为测试输入，最后一行为测试通过或失败，即 p 或 f。中间的黑点代表测试到相应代码，空白处则为执行。在该程序中，故障出现在第 7 行。代表中值的值 m 应该被赋予 x 的值而不是 y 的值。例如，第一个测试的输入为 "3,3,5"，执行语句 1,2,3,6,7,8,13，结果为 p。为源代码着色的一种方法是使用简单的颜色映射：如果语句仅在执行失败期间执行，则将其着色为红色；如果一条语句仅在通过的执行期间执行，则将其着色为绿色；如果在通过和失败的执行过程中都执行了一条语句，则将其着色为黄色。那么第 1～3、第 6～7 和第 13 行是黄色，第 4～5 和第 8～10 行是绿色。在这个例子中没有线条被涂成红色。这个简单的方法信息量不是很大，因为大多数程序都是黄色的，而且分析人员没有得到很多关于故障位置的有用线索。可直接采用风险值来帮助识别故障。由图 3.8 可以看到，第 7 行的风险值为 0.83，排在第一位。具体计算过程留给读者完成。

		测试用例						
mid(){ 　　int x, y, z, m;		3,3,5	1,2,3	1,2,3	5,5,5	5,3,4	2,1,3	怀疑度	排名
1:	read("Enter 3 numbers:",x,y,z);	●	●	●	●	●	●	0.5	7
2:	m = z;	●	●	●	●	●	●	0.5	7
3:	if (y < z)	●	●	●	●	●	●	0.5	7
4:	if (x > y)	●				●	●	0.63	3
5:	m = y;		●					0.0	13
6:	else if (x < z)	●				●	●	0.71	2
7:	m = y; // *** bug ***	●					●	0.83	1
8:	else			●	●			0.0	13
9:	if (x > y)				●			0.0	13
10:	m = y;				●			0.0	13
11:	else if (x > z)			●				0.0	13
12:	m = x;							0.0	13
13:	print("Middle number is：",m);	●	●	●	●	●	●	0.5	7
}	通过 / 失败状态	通过	通过	通过	通过	通过	失败		

图 3.8　频谱缺陷定位 SBFL 示例

3.3.3 Bug 修复

修复 Bug 是对已经确定的 Bug 进行代码更改。修复 Bug 没有一种完美的方法，然而，遵循一些简单的准则可以。尽可能准确地重现 Bug，准确定位问题所在，并确保修复效果的完整。Bug 修改需要开发者具备丰富的编程知识和领域经验。本节介绍一种自动 Bug 修复（也称为自动程序修复（APR））策略，旨在在没有开发者干预的情况下自动修复软件 Bug。

APR 是根据预期行为的规格进行的，该规格可以是正式规格或测试集。测试集具备输入/输出对指定程序的功能，并包含断言。请注意，测试集通常是不完整的。因此，经过验证的补丁通常可能会为测试集中的所有输入生成预期输出，但为其他输入生成错误的输出。这种经过验证但不正确的补丁的存在是生成和验证技术的主要挑战。大语言模型的流行给这类方法提供了新的机遇。如果存在导致功能失败的测试集，开发者会采用这些失败的测试集来分析错误的症状和根本原因，并尝试通过对可疑代码元素进行一些更改来修复 Bug。

> **定义 3.6　自动程序修复**
>
> 给定一个有缺陷的程序 P，以及对应的不满足 P 的规格 S、变换操作符 O 和允许的最大编辑距离 θ，APR 可以被形式化为函数 $\text{APR}(P,S,O,\theta)$。PT 是通过在 P 上枚举所有操作符 O 而生成的所有可能的程序变体的集合。APR 问题是找到一个满足 S 的程序变体 P'，$P' \in \text{PT}$，并且更改满足距离 $(P,P') \leq \theta$ 的条件。 ♣

规格 S 表示输入和输出之间的关系，大多数 APR 技术通常采用测试集作为规格。换句话说，APR 旨在找到一种最小的更改方式，使 P 通过所有可用的测试集。允许的最大编辑距离 θ 基于有经验的开发者假设限制了更改的范围，该假设假定有经验的开发者能够编写正确的程序，并且大多数缺陷可以通过小的更改来修复。例如，如果设 θ 为 0，则 APR $(P,S,O,0)$ 成为一个程序验证问题，旨在确定 P 是否满足 S。相反，如果设 θ 为 ∞，APR (P,S,O,∞) 成为一个程序生成问题，旨在生成满足 S 的程序。

APR 技术的典型工作流程通常由三部分组成：应用现成的故障定位技术来概述有缺陷的代码片段，根据一组变换规则或模式修改这些代码片段以生成各种新的程序变体（即候选补丁），采用原始测试集作为预期结果来验证所有候选补丁。具体而言，候选补丁通过原始测试集验证。特别是，通过原始测试集验证的候选补丁被认为是修复了错误的可行解。测试集被称为合理的补丁。合理的补丁与开发者补丁在语义上等价，表示一个正确的补丁。然而，这样的规格（即测试集）本质上是不完全的，因为程序具有无限的域。由于实际中的弱测试集，确保合理的补丁的正确性是具有挑战性的（即过拟合问题）。现有研究证明，手动识别过拟合的补丁耗时且可能损害开发者的调试性能。过拟合问题是传统 APR 技术和基于学习的 APR 技术中的一个关键挑战。

图 3.9 展示了现有基于学习的自动程序修复技术的典型框架。该框架通常分为六个阶

段：缺陷定位阶段、数据预处理阶段、补丁生成阶段、补丁排序阶段、补丁验证阶段和补丁正确性评估阶段。现详细讨论各个阶段如下。

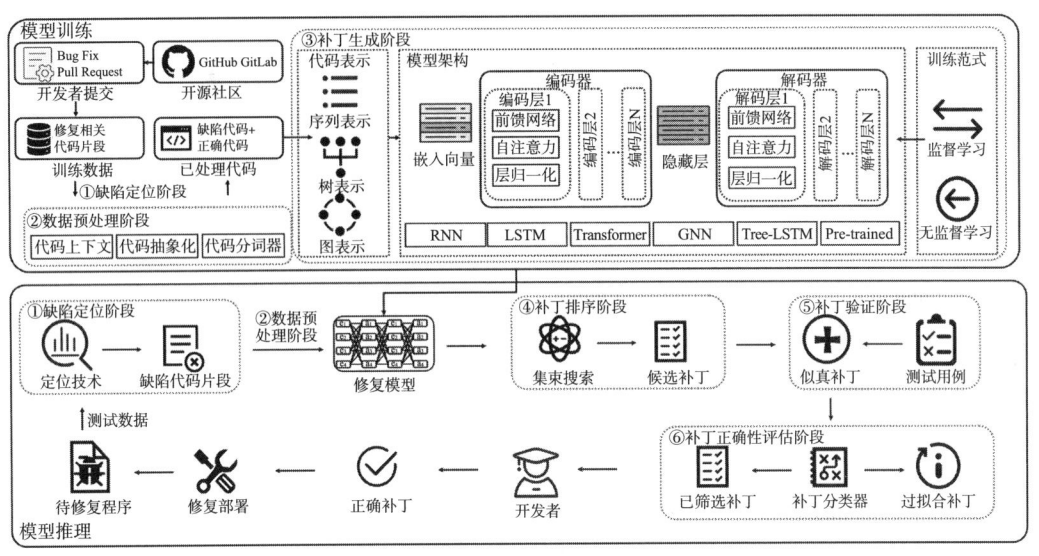

图 3.9　APR 典型框架

1）在缺陷定位阶段，输入一个有缺陷的程序，并返回一系列可疑的代码元素（例如语句或方法）。

2）在数据预处理阶段，输入一个有缺陷的软件代码片段（例如有缺陷的语句），并返回处理后的代码标记。根据现有的基于学习的自动程序修复研究，通常有三种潜在的方式来预处理有缺陷的代码：代码上下文、代码抽象化和代码分词器。首先，代码上下文信息指的是有缺陷程序中与其他相关的非有缺陷行。先前的研究表明，基于神经机器翻译的修复模型在不同上下文下揭示了不同的代码更改来修复 Bug。其次，代码抽象将一些特殊词（例如字符串和数字文字）重命名为预定义的标记池，这已被证明是一种减小词汇量的有效方法。第三，代码分词器将源代码拆分为单词或子单词，然后通过查找表将其转换为标识符。

3）在补丁生成阶段，首先将处理后的代码标记输入到一个单词嵌入堆栈中，以生成表示向量，该向量可以捕获代码标记的语义含义和其在有缺陷代码中的位置。然后，实施一个编码器堆栈来推导编码器的隐藏状态，进一步传递到一个解码器堆栈。类似于编码器堆栈，实施一个解码器堆栈，以将由编码器堆栈提供的隐藏状态和先前生成的标记作为输入，并返回词汇表的概率分布。有两种训练方式可以自动学习修复 Bug 的模式，即无监督学习和监督学习。

4）在补丁排序阶段，经过良好训练的基于神经机器翻译的修复模型后，使用一种排名策略根据词汇表的概率分布来优先考虑候选补丁作为预测结果。特别地，集束搜索（beam search）是一种常见的做法，通过迭代地根据其估计的可能性得分对前 k 个概率最高的候选标记进行排序。

5）在补丁验证阶段，通过可用的程序规格（例如功能测试集或静态分析工具）验证生成的候选补丁。

6）在补丁正确性评估阶段，对可行的补丁（即通过现有规格的补丁）进行评估以预测其正确性（即可行性是否过拟合），最后由开发者进行手动检查，以在软件流水线中部署。

本章练习

1.从历史编程作业中寻找 10 个待测程序，分别列举常见的 Bug 问题，基于 PIE 模型进行分析。要求待测程序尽可能简单，Bug 尽可能简洁，并搜索开源社区找出同类 Bug。

2.从历史编程作业中寻找 10 个待测程序，分别列举常见的 Bug 问题，分析 Bug 的反向定义、不确定性、非单调性和干涉性。

3.给定一个包含 Bug（Fault）的程序 P，并设计三个测试 t_1、t_2、t_3，同时满足：

- t_1 能够执行到 Fault 代码，但不感染 Error；
- t_2 能够感染 Error，但没有 Failure；
- t_3 触发了 Failure。

4.给定一个包含缺陷 F_1 的程序 P_1 和包含缺陷 F_2 的程序 P_2，以及两个测试 t_1 和 t_2，P_1 和 P_2 具有相同规格需求，当 F_1 和 F_2 合并到程序构成新的程序 P_3 时，同时满足：

- t_1 能够检测到 P_1 的缺陷；
- t_2 能够检测到 P_2 的缺陷；
- t_1、t_2 均不能检测到 P_3 的缺陷。

5.搜索开源社区找出满足上述要求的同类 Bug。

6.给定一个包含缺陷 F_1 的程序 P_1 和缺陷 F_2 的程序 P_2，以及三个测试 t_1 和 t_2 和 t_3，P_1 和 P_2 具有相同规格需求，当 F_1 和 F_2 合并到程序构成新的程序 P_3 时，同时满足：

- t_1 能够检测到 P_1 的缺陷，但 t_3 不能；
- t_2 能够检测到 P_2 的缺陷，但 t_3 不能；
- t_1、t_2、t_3 能检测到 P_3 的缺陷。

7.搜索开源社区，找出满足上述要求的同类 Bug。

8.清单 3.6 是一个保持升序的程序，在一个已按升序排列的数组中插入一个数，插入后，数组元素仍按升序排列。请人工分析并改正程序中的缺陷，使它能得出正确的结果。

清单 3.6 升序排列程序

```
1  #define N 11
2  main(){
```

```
3       int i,j,t,number,a[N]={1,2,4,6,8,9,12,15,149,156};
4       printf("please enter an integer to insert in the array: \n");
5       scanf("%f",&number)              //*****1*****
6       printf("The original array: \n");
7       for (i=0; i<N-1; i++)
8           printf("%5d",a[i]);
9       printf("\n");
10      for (i=N-1; i>=0; i--)           //*****2*****
11          if(number<=a[i])
12              a[i]=a[i-1];             //*****3*****
13          else{
14              a[i+1]=number;
15              exit;                    //*****4*****
16          }
17      if (number<a[0])a[0]=number;
18      printf("The result array: \n");
19      for (i=0; i<N; i++)
20          printf("%5d",a[i]);
21      printf("\n");
22  }
```

9. 清单 3.7 是一个大写转换程序，输入一行英文文本，将每一个单词的第一个字母变成大写。例如，输入"This is a C program."，输出为"This Is A C Program."。请人工分析并改正程序中的缺陷，使它能得出正确的结果。

清单 3.7　大写转换程序

```
1   toupper(char p){             //*****1*****
2       int k=0;
3       while(*p=='\0'){         //*****2*****
4           if (k==0&&*p!=' '){
5               *p=toupper(*p);
6               k=0;             //*****3*****
7           }
8           else if(*p!=' ') k=1;
9           else k=0;
10          *p+;                 //*****4*****
11      }
12  }
13  main(){
14      char str[81];
15      clrscr();
16      printf("please input a English text line: ");
17      gets(str);
18      printf("The original text line is: ");
```

```
19        puts(str);
20        fun(str);
21        printf("The new text line is: ");
22        puts(str);
23   }
```

10. 清单 3.8 是一个素数判定程序：判断 m 是否为素数，若是返回 1，否则返回 0。主函数的功能是：按每行 5 个输出 1～100 之间的全部素数。请人工分析并改正程序中的缺陷，使它能得出正确的结果。

清单 3.8　素数判定程序

```
1    main(){
2        int m,k=0;
3        for (m=1; m<100; m++)
4            if (fun(m)==1){
5                printf("%4d",m); k++;
6                if(k%5==0) printf("\n");
7            }
8    }
9    void primeNum(int m){          //*****1*****
10       int i,k=1;
11       if (m<=1) k=0;
12       for (i=1; i<m; i++)        //*****2*****
13       if(m%i=0) k=0;             //*****3*****
14       return m;                  //*****4*****
15   }
```

11. 清单 3.9 是一个阶乘计算程序：求 1～20 的阶乘的和。请人工分析并改正程序中的缺陷，使它能得出正确的结果。

清单 3.9　阶乘计算程序

```
1    sumofFactorials(){
2        int n,j;
3        float s=0.0,t;
4        for (n=1; n<=20; n++){
5            s=1;                   //*****1*****
6            for (j=1; j<=n; j++)
7                t=t*n;             //*****2*****
8            s+t=s;                 //*****3*****
9        }
10       printf("jiecheng=%d\n",s); //*****4*****
11   }
12   main(){
```

```
13        sumofFactorials();
14    }
```

12. 清单 3.10 是一个矩阵计算程序：先从键盘上输入一个 3 行 3 列矩阵的各个元素的值，然后输出主对角线上的元素之和 sum。请人工分析并改正程序中的 4 个错误，使它能得出正确的结果。

清单 3.10 矩阵计算程序

```
1   int sumofMatrices(){
2       int a[3][3],sum;
3       int i,j;
4       a=0;                            //*****1*****
5       for (i=0; i<3; i++)
6           for (j=0; j<3; j++)
7               scanf("%d",a[i][j]);    //*****2*****
8       for (i=0; i<3; i++)
9           sum=sum+a[i][j];            //*****3*****
10      printf("sum=%f\n",sum);         //*****4*****
11  }
12  main(){
13      sumofMatrices();
14  }
```

13. 清单 3.11 是一个成绩计算程序：从键盘输入十个学生的成绩，统计最高分、最低分和平均分。max 代表最高分，min 代表最低分，avg 代表平均分。请人工分析并改正程序中的缺陷，使它能得出正确的结果。

清单 3.11 成绩计算程序

```
1   scores(){
2       int i;
3       float a[8],min,max,avg;           //*****1*****
4       printf("input 10 scores：");
5       for (i=0; i<=9; i++){
6           printf("input a score of student：");
7           scanf("%f",a);                //*****2*****
8       }
9       max=min=avg=a[1];                 //*****3*****
10      for (i=1; i<=9; i++){
11          if (min<a[i])                 //*****4*****
12              min=a[i];
13          if (max<a[i])
14              max=a[i];
```

```
15          avg=avg+a[i];
16      }
17      avg=avg/10;
18      printf("max: %f\nmin: %f\navg: %f\n",max,min,avg);
19  }
20  main(){
21      scores();
22  }
```

14. 清单 3.12 是一个字符拼接程序：实现两个字符串的连接。例如：输入 dfdfqe 和 12345，则输出 dfdfqe12345。请人工分析并改正程序中的缺陷，使它能得出正确的结果。

清单 3.12　字符拼接程序

```
1   main(){
2       char s1[80],s2[80];
3       void scat(char s1[],char s2[]);
4       gets(s1);
5       gets(s2);
6       scat(s1,s2);
7       puts(s1);
8   }
9   void scat(char s1[],char s2[]){
10      int i=0,j=0;
11      while(s1[i]=='\0') i++;          //*****1*****
12      while(s2[j]=='\0'){               //*****2*****
13          s2[j]=s1[i];                  //*****3*****
14          i++;
15          j++;
16      }
17      s2[j]='\0';                       //*****4*****
18  }
```

15. 清单 3.13 是一个数字插入程序。一个已排好序的一维数组，输入一个数 number，要求按原来排序的规律将它插入数组中。请改正程序中的缺陷，使它能得出正确的结果。

清单 3.13　数字插入程序

```
1   main(){
2       int a[11]={1,4,6,9,13,16,19,28,40,100};
3       int temp1,temp2,number,end,i,j;
4       for (i=0; i<=10; i++)             //*****1*****
5           printf("%5d",a[i]);
6       printf("\n");
7       scanf("%d",&number);
8       end=a[10];                        //*****2*****
```

```
9        if (number > end) a[11] = number;   //*****3*****
10       else{
11           for (i = 0; i < 10; i++){
12               if (a[i] < number){          //*****4*****
13                   temp1 = a[i];
14                   a[i] = number;
15                   for (j = i+1; j < 11; j++){
16                       temp2 = a[j];
17                       a[j] = temp1;
18                       temp1 = temp2;
19                   }
20                   break;
21               }
22           }
23       }
24       for (i = 0; i < 11; i++)
25           printf("%6d", a[i]);
26   }
```

16. 采用3.3.2节中的缺陷频谱定位计算分析上述软件调试练习题（第8～15题）。

17. 采用大模型理解和分析上述软件调试练习题（第8～15题）。

18. 采用大模型直接修复上述软件调试练习题（第8～15题）。

第 4 章
Chapter 4
多样性测试

"横看成岭侧成峰，远近高低各不同"告诉我们，必须跳出狭小范围，从不同视角进行多样性分析，才能认识事物的真相与全貌。多样性是自然界的普遍规律，也是所有测试的通用性原则。4.1.1 节首先介绍随机测试。在没有任何先验知识的前提下，均匀分布的简单随机抽样是最普遍可行的多样性测试策略。不幸的是，软件领域还没有广泛认可的概率分布能够进行通用性建模，一个自然的改进思路是根据测试结果反馈自适应调整随机范围和策略。4.1.2 节介绍等价类测试，针对输入数据的类型和功能特性划分等价类，并扩展到白盒测试。4.1.3 节先介绍组合测试的基本思路及其和等价类划分相结合的策略，然后介绍经典的 t-强度组合测试准则、约束组合测试准则和可变强度组合测试准则，并介绍组合测试生成的若干复杂性理论结果。本节还介绍一种基于随机贪心的经典组合测试策略 AETG 并示例如何完成上述组合测试准则覆盖，进一步将随机扩展为自适应随机、人工智能算法等完成组合测试生成优化。

4.2.1 节介绍代码多样性测试策略，要求程序在测试运行时实现对其程序结构的覆盖遍历。开发者通过程序分析人工生成测试满足准则。4.2.2 节介绍组合多样性测试策略。特定的程序代码结构可能会要求代码覆盖的特定组合。以分支组合覆盖测试为例，通过分支覆盖代替输入参数映射分支获取输入值条件，在程序执行中控制输入值的参数依赖实现分支条件的组合枚举和测试生成。4.2.3 节介绍行为多样性测试策略，通过路径行为特征提取和聚类抽样相结合，能够适应单元、集成和系统级不同规模的开发者测试要求。这种策略借鉴了分层抽样思想，也可以看作路径等价类划分的弹性延伸。

多样性可以指导开发者从不同的角度和方面考虑问题，从而设计出更全面的测试用例，有助于发现软件中可能存在的各种潜在问题，提高测试的覆盖率。多样性测试可以在不同场景和条件下进行测试，确保软件在不同环境中都能正常运行，有助于提高软件的鲁棒性和稳定性。多样性测试可以引导测试人员关注边缘情况、边界值和异常输入，确保软件在这些特殊情况下也能正常工作，这有助于提高软件的健壮性，减少潜在的缺陷和漏洞。多样性测试可以帮助测试人员更快地发现软件中的问题，从而提高测试的效率。通过针对不同方面和场景设计测试用例，测试人员可以更快地定位问题，减少重复测试的时间。

4.1 多样性测试理论与方法

本节介绍常用的多样性测试理论与方法。4.1.1 节首先介绍随机测试。在没有任何先验知识的前提下，均匀分布的简单随机抽样是最普遍可行的多样性测试策略。一个自然的改进思路是根据测试结果反馈自适应调整随机范围和策略。然后进一步介绍这类反馈引导距离极大化的自适应随机测试和路径遍历引导性随机测试。4.1.2 节介绍等价类划分方法，为后续多样性策略进阶提供基础，以黑盒测试为主针对输入数据类型和功能特性进行分析和讨论。这样的思想可以延伸到白盒测试。4.1.3 节介绍组合测试的基本思路及其与等价类划分相结合和生成的策略，首先介绍组合测试生成的若干复杂性理论，一种基于随机贪心的经典组合测试策略 AETG 并示例如何完成上述组合测试准则覆盖。

4.1.1 随机测试

定义 4.1　随机测试（Random Testing）
针对输入空间 Ω，随机测试以概率分布 $\mathcal{F}$ 进行随机抽样获得测试集 T。♣

没有特别说明时，随机测试通常假定概率分布 $\mathcal{F}$ 是均匀分布。虽然测试期待采用的是无放回抽样，但为了简化工程实现，常常假定采用有放回抽样。在后续做理论比较的时候，也会分析两者的不同。

随机测试的基本思想是使用随机输入来测试程序的正确性。测试程序会生成大量的随机输入，并将这些输入作为程序的输入，然后测试程序会记录程序的输出，以便做测试结果分析。

针对 Triangle 程序，可以实现一个随机测试的 Python 程序，如清单 4.1 所示。这个测试程序生成 num_tests 组随机输入，每组输入包含三个随机整数 a、b 和 c，范围为 1～100。然后，测试程序计算出预期的结果。接下来，测试程序通过运行待测程序来计算实际结果，并将其与预期结果进行比较。如果实际结果与预期结果不同，则测试程序失败，并输出错误信息。这里可以发现，随机测试中如何自动产生测试预言往往是一个难点。另外，如何针对程序特性产生更高效的随机测试方法也是一个值得研究的方向。

清单 4.1　随机测试程序示例 1

```
for i in range(num_tests):
    a = random.randint(1, 100)
    b = random.randint(1, 100)
    c = random.randint(1, 100)
    print("Test case {}: a={},b={},c={}".format(i+1,a,b,c))
```

再看一个简单的例子——用户名和密码登录系统的测试。登录系统的用户名是有效邮箱，密码必须包含大小写字母和数字，且位数大于或等于8。针对登录系统的随机测试策略可以分为以下几个步骤。

第1步，生成随机有效邮箱，用作登录系统的用户名。可以使用Python中的faker库生成随机的邮箱地址，如清单4.2所示。

清单4.2 随机测试程序示例2

```
1  from faker import Faker
2      fake = Faker()
3      email = fake.email()
```

第2步，生成随机密码。可以使用Python中的random库生成随机的密码，如清单4.3所示。

清单4.3 随机测试程序示例3

```
1  import random
2  import string
3  def generate_password(length):
4      letters=string.ascii_letters
5      digits=string.digits
6      password=''.join(random.choice(letters+digits)for i in range(length))
7      return password
8  password=generate_password(8)
```

第3步，将随机生成的邮箱地址和密码作为输入，模拟用户在登录系统时输入的内容，从而进行随机测试。通过以上策略，可以对登录系统进行全面的随机测试，发现系统中可能存在的缺陷，并对系统进行改进和优化，留给读者思考。

在针对人脸识别系统进行测试时，可以使用一些策略生成随机的输入，如清单4.4所示。然而，直接通过OpenCV的像素和简单几何特性，难以生成一个有效的人脸图像。往往从已有的历史照片中选择或扩增生成不同的人脸照片，如图像质量、分辨率、灯光、角度等。

清单4.4 随机测试程序示例4

```
1  import random
2
3  face_image = ['clear','blurry','low quality']
4  resolution = ['low','medium','high']
5  lighting = ['bright','dim']
6  angle = ['front','side','top']
7
8  for i in range(100):
```

```
9       face  = random.choice(face_image)
10      res   = random.choice(resolution)
11      light = random.choice(lighting)
12      ang   = random.choice(angle)
13      print(f"Test case {i+1}: {face},{res},{ light },{ang}")
```

实际测试中可以将这些策略结合起来使用，以得到更全面的测试覆盖范围。以下是一些可能的随机测试策略。

- 生成随机人脸图像：可以使用 Python 中的 OpenCV 库生成随机的人脸图像。这些图像可以包括年龄、性别、肤色、表情和光照等因素，以保证生成的测试用例覆盖尽可能多的情况。
- 模拟真实场景：可以使用真实场景下的图像或视频作为测试用例，例如从摄像头或社交媒体平台中获取图像。这些图像可以包括角度、距离、环境和光照等因素，以模拟真实的使用场景。
- 添加噪声和干扰：可以在图像中添加不同类型的噪声和干扰，例如高斯噪声、运动模糊、低分辨率等，以测试系统对这些因素的鲁棒性和容错能力。

通过以上策略的组合，可以生成大量的随机测试用例，以验证人脸识别系统的性能和可靠性。

事实上，程序的输入空间、执行空间和输出空间往往都不是均匀分布的。随机测试工具需要根据非均匀概率分布模拟用户行为，从而更全面地测试程序功能并确定需要解决的任何缺陷或问题。在人脸识别系统测试中，不同的面部特征，如性别、年龄和肤色，可能具有不同的概率分布。通过使用非均匀分布生成测试数据，可以更好地模拟实际使用的模式并更全面地测试系统。也可以使用概率分布函数来描述这种非均匀分布。例如，可以将输入男性和女性面孔的概率分别设置为 0.4 和 0.6，将输入年轻和老年面孔的概率分别设置为 0.3 和 0.7，将输入浅色和深色皮肤的概率分别设置为 0.2 和 0.8。

在 Triangle 程序的随机测试中，需要定义三个输入参数，即三角形的三个边长。这三个输入参数 a、b、c 看起来是 1～100 内整数的均匀分布。但无论是 Triangle 程序的执行空间还是输出空间，都非均匀分布。得到等边三角形的概率最小，其次是等腰三角形，而无效三角形的概率很大。对于 Triangle 程序，需要考虑一些特殊情况，例如，输入的三个边长不能组成三角形，在这种情况下程序应该返回错误信息。还需要检查程序在处理不同类型的三角形时的表现。

在 NextDay 程序的随机测试中，更侧重考虑测试输入数据的边界情况。例如，需要测试程序是否能够正确地处理一些边界数据，例如输入的月份、日期和年份是否超出了合理的范围。可以使用随机数生成器来生成这些边界数据，并测试程序在处理这些数据时的表现。需要测试程序在接收到非法输入数据时的表现，还需要测试程序在处理特殊日期时的表现。例如，需要测试程序在处理闰年、二月份、月末等特殊日期时的表现。可以使用随机数生成器生成这些特殊日期,并测试程序在处理这些日期时的表现。这有助于更全面地测试程序。

在 MeanVar 程序的随机测试中,也需要考虑输入数据的分布情况。例如,还可以使用正态分布、指数分布、二项分布或泊松分布等常见的概率分布来生成数据。然后使用随机测试工具根据这个非均匀概率分布模拟用户行为,生成测试数据并调用方差程序。使用随机生成的数据来模拟这些情况,并检查程序在处理这些情况时的表现,还需要测试程序在处理边界情况(例如处理空数据集、处理只有一个数据点的数据集、处理所有数据点相等的数据集等)时的表现。

随机测试是一种简单有效的策略,可与其他测试方法结合来进行衍生和扩展。一个常用的思路是利用某种可用信息来指导随机测试,其中最具代表性的是自适应随机测试(Adaptive Random Testing,ART)。诸多研究已经验证 ART 是提高随机测试故障检测效率的有益尝试。ART 受到了软件失效的故障模式的经验观察启发,所谓软件失效的故障模式是按照经验,许多程序故障会导致输入域的连续区域发生故障。ART 系统地引导或过滤随机生成的候选测试,以利用软件失效的故障模式可能存在的优势。显然,许多软件故障可能与同一个故障有关。测试人员试图选择测试数据,以最大限度地检测到不同故障的数量。为了帮助测试人员完成这项任务,很自然地要考虑故障如何导致输入域的不同部分在执行时产生失效的输出。

软件中某些常见的故障类型也会导致故障在输入域中呈典型分布,也称为软件失效的故障模式。早期 ART 依据数值程序的故障模型分成三大类,如图 4.1 所示。
- 点模式,其中故障将在整个输入域中以不连续的方式传播;
- 带状模式,以连续但沿一个或多个维度拉长的"带状"显示故障;
- 块模式,其中故障形成输入域的局部紧凑连续区域。

通常带状和块模式比点模式更常见。在数值程序中,许多程序错误会导致程序输入域中有连续故障区域,如果连续故障区域确实很常见,那么提高随机测试的故障检测效率的一种方法是利用这种现象。存在连续故障区域的一个推论是非故障区域(即软件根据规范产生输出的输入域区域)也将是连续的。因此,给定一组以前执行的没有发现任何失效的测试,抛开这些旧测试的新测试更有可能导致软件失效。直观上看,测试应该更均匀地分布在整个输入域。

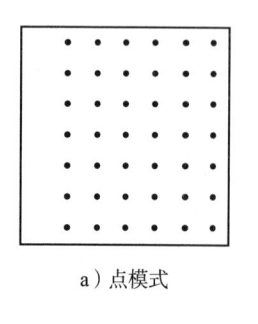

a)点模式　　　　　　b)带状模式　　　　　　c)块模式

图 4.1　软件失效的故障模式

随机测试命中故障模式的概率，即选择导致故障的输入作为测试的概率，取决于软件故障率。然而，对于包括带状模式和块模式的非点状模式，ART 可以显著提高故障检测能力。举个例子，考虑一个输入域 D。假设 D 有一个"规则"的几何形状，也就是说，假设很容易从 D 中随机生成触发程序故障的输入。例如，D 中的输入由值 x 和 y 组成，其中 $0 \leq x, y \leq 10$。假设故障位于程序语句中的条件表达式 $x+y>3$ 里，正确的表达式应该是 $x+y>4$。具体来说，域 D 是一个正方形 $\{(x,y)|0 \leq x, y \leq 10\}$，故障对应于故障区域 $\{(x,y)|3<x+y \leq 4\}$，它是一个横跨正方形域 D 的宽度为 1 的条带。考虑随机测试，假设生成一个测试（2.2，2.2），由于 2.2+2.2 大于 4，因此没有发现故障，生成的下一个测试为（2.1，2.1）。如果事先知道故障区域是一条宽度为 1 的条带，则第二个测试太保守了。测试集应该更好地间隔开，这样两个相邻的测试之间的距离至少为 1。ART 需要确保新的测试与之前生成的任何一个测试都不太接近。实现这一点的一种方法是生成许多随机测试，然后从中选择最好的一个。也就是说，尽可能分散地选择测试。

> **定义 4.2　自适应随机测试（Adaptive Random Testing）**
>
> 针对输入空间 Ω，自适应随机测试以概率分布 $\mathcal{F}$ 进行随机抽样并结合距离度量反馈信息筛选获得测试集 T。　♣

与传统的随机测试不同，ART 使用一种自适应的策略来选择测试用例，这样可以更有效地检测软件故障，主要步骤如下。

1）初始化：将输入空间分成若干个子区域，并在每个子区域中随机选择一个作为初始测试。

2）执行测试：执行初始测试来收集有关程序行为的信息，例如，程序的输出、执行时间和覆盖率等。

3）反馈控制：根据执行的结果对输入空间进行更新，将执行结果相似的测试放在同一个子区域中，以便更好地控制测试的生成。

4）选择下一个测试：使用一种基于已经执行的测试和输入空间迭代更新的自适应策略来选择下一个测试，即选择那些距离已知故障最远的测试来执行。

5）以上过程重复多次，直到满足测试终止的条件。

ART 利用两个互不相交的集合：执行集和候选集。执行集是已执行但未显示失效的测试集合，候选集是一组无放回随机选择的测试集合。执行集最初是空的，第一个测试是从输入域中随机选择的。然后使用候选集中的选定测试更新执行集，直到发现失效。从候选集中，选择离所有已执行测试最远的元素作为下一个测试执行。显然，有多种方法可以实现"最远"的技术直觉。例如，令 $T=\{t_1, t_2, \cdots, t_n\}$ 为执行集，$C=\{c_1, c_2, \cdots, c_k\}$ 为候选集，这样 $C \cap T = \emptyset$。准则是选择元素 c_h，使得对于所有 $j \in \{1, 2, \cdots, k\}$，有

$$\min_{i=1}^{n} \text{dist}(c_h, t_i) \geq \min_{i=1}^{n} \text{dist}(c_j, t_i) \tag{4.1}$$

其中 dist 简单定义为欧几里得距离。在一个 m 维输入域中，对于输入 $a=(a_1,a_2,\cdots,a_m)$ 和 $b=(b_1,b_2,\cdots,b_m)$，$\text{dist}(a,b)=\sqrt{\sum_{i=1}^{n}(a_i-b_i)^2}$，这个准则的基本原理是通过最大化下一个测试和已经执行的测试集合之间的最小距离来实现分散测试。

针对程序的特征来引导随机测试，提高测试效率是工程应用的目标之一。其中一个常用策略是选择适当的测试生成方法，快速生成测试覆盖程序的各种路径。本节介绍一种常用的结合符号执行（symbolic execution）对随机测试进行引导的优化策略。符号执行自动化地探索程序路径，辅助生成高质量和针对性的测试。引导性随机测试后期还可以采用动态分析技术，对测试结果进行分析以便及时进行调整和优化。

> **定义 4.3 引导性随机测试（Directed Random Testing）**
>
> 针对输入空间 Ω，引导性随机测试以概率分布 $\mathcal{F}$ 进行随机抽样并结合符号执行反馈信息筛选获得测试集 T。 ♣

本节采用经典的符号执行作为示例介绍引导性随机测试。事实上，可以采用不同的符号执行策略实现这一目标。符号执行是一种基于程序代码的静态测试方法，它通过构造符号化输入来代替具体输入，对程序进行路径探索并生成路径约束条件，最后求解这些约束条件得到程序的测试输入范围。

例如，针对三角形程序 Triangle 进行符号执行时，需要将变量视为符号而不是具体的数值，然后通过约束求解器来求解可能的程序路径和测试输入。以下是对程序代码进行符号执行测试的过程。首先，将 a、b、c 视为符号，并添加对输入值的约束条件。假设输入的 a、b、c 分别为 x、y、z，则约束条件为：(x>=1 and x<=100) and (y>=1 and y<=100) and (z>=1 and z<=100)。接下来，按照代码的执行路径分别考虑不同的情况。

- 当输入值无效时，程序输出"无效输入值"。对应的约束条件为：not((x>=1 and x<=100) and (y>=1 and y<=100) and (z>=1 and z<=100))。
- 当输入值能够构成三角形时，程序会根据三角形的类型输出相应的结果。对应的约束条件为：((x+y)>z) and((y+z)>x) and((z+x)>y)。此时，需要进一步考虑三角形的类型。
  - 当三条边相等时，输出"等边三角形"。对应的约束条件为：x==y==z。
  - 当两条边相等时，输出"等腰三角形"。对应的约束条件为：(x==y) or (y==z) or (z==x)。
  - 当三条边均不相等时，输出"普通三角形"。对应的约束条件为：(x!=y) and (y!=z) and (z!=x)。
- 当输入值无法构成三角形时，程序输出"无效三角形"。对应的约束条件为：

not(((x+y)>z) and ((y+z)>x) and ((z+x)>y))。

符号执行和随机测试是两种常用的软件测试方法，具有各自的优缺点。符号执行自动化地探索程序的所有路径，但是对于复杂的程序来说，符号执行的时间和资源成本都很高。随机测试可以快速地生成大量的测试，但是随机测试很难覆盖所有的程序路径。

符号执行和随机测试结合使用可以充分发挥两者的优点。具体实现方法如下：①使用符号执行生成程序的路径约束条件；②将路径约束条件转化为适当的测试用例格式；③针对每个测试用例生成满足路径约束条件的随机值；④运行程序并检查程序的输出是否符合预期。

三角形程序 Triangle 和日期程序 NextDay 是不包含变量计算的简单程序，这类程序的符号执行较为简单。当一个程序包含变量计算和变化时，符号执行会变得有些复杂。清单 4.5 是一个包含变量计算的符号执行测试生成的简单示例。

清单 4.5　包含变量计算的待测程序示例

```
1  def foo(x,y):
2      if x>y:
3          z=x-y
4      else:
5          z=y-x
6      return z
```

在清单 4.5 中，定义了一个名为 foo 的函数，它接收两个参数 x 和 y，并返回它们之间的差的绝对值。清单 4.6 阐述了符号执行基本过程。首先定义两个整数变量 x 和 y，并限制它们的取值范围，例如为 0～10。然后，使用 s.add() 函数来添加一个约束条件，即 foo(x,y) 的返回值必须等于 5。最后，使用 s.check() 函数来检查约束条件是否可满足，如果可满足，则使用 s.model() 函数来输出测试数据。通过符号执行测试，可以生成满足约束条件的测试数据，例如 x=5 和 y=0。可以将这些测试数据作为输入，测试 foo 函数的各个路径，并发现其中的漏洞和缺陷。例如，可以在 x=5 和 y=0 的情况下测试 foo 函数的第一个分支，即 x>y 的情况。可以发现，在这种情况下，foo 函数的返回值应该是 5，但是实际上它返回的是 3。这是因为程序中有一个错误，即在计算 z 的值时，应该是 z=x-y，而不是 z=y-x。

清单 4.6　包含变量计算的符号执行过程

```
1  s = Solver()
2  x = Int('x')
3  y = Int('y')
4  s.add(x >= 0,x <= 10,y >= 0,y <= 10)
5  s.add(foo(x,y) == 5)
6  print(s.check())
7  print(s.model())
```

针对均值方差程序 MeanVar 进行符号执行的引导性随机测试时，可以将数据变量 X 和长度 L 视为变量符号，并添加对输入值的约束条件。假设输入的 L 为 x，则约束条件为：x>0。接下来，按照代码的执行路径分别考虑不同的情况。

- 对于第一个 for 循环，需要考虑循环次数。由于循环次数是由 L 决定的，因此只需要添加对 L 的约束即可。假设 L 为 x，则约束条件为：x>0。
- 对于第一个 for 循环之后的语句，需要计算变量 sum 的值。由于 sum 的值取决于变量 X 的值，因此需要使用符号执行引擎来计算 sum 的值。假设 X 的值为 a[0],a[1],…,a[L-1]，则约束条件为：sum=a[0]+a[1]+,…,+a[L-1]。
- 对于第二个 for 循环，需要计算变量 varsum 的值。同样地，由于 varsum 的值取决于变量 X 和 mean 的值，因此需要使用符号执行引擎来计算 varsum 的值。假设 X 的值为 a[0],a[1],…,a[L-1]，mean 的值为 m，则约束条件为：varsum=((a[0]-m)*(a[0]-m))+((a[1]-m)*(a[1]-m))+…+((a[L-1]-m)*(a[L-1]-m))。
- 对于最后的 printf 语句，需要输出变量 mean 和 var 的值。同样地，由于 mean 和 var 的值取决于变量 X 的值，因此需要使用符号执行引擎来计算 mean 和 var 的值。假设 X 的值为 a[0], a[1],…,a[L-1]，mean 的值为 m，var 的值为 v，则约束条件为：mean=（a[0]+a[1]+…+a[L-1]）/L；var=((a[0]-m)*(a[0]-m)+(a[1]-m)*(a[1]-m)+…+(a[L-1]-m)*(a[L-1]-m))/(L-1)。

需要注意的是，符号执行测试常常需要额外的工具支持，如符号执行引擎和约束求解器等，并需要结合实际情况选择合适的方法进行参数设置和优化。有了上述符号执行的路径约束条件，可以通过约束求解和随机测试完成最终的引导性随机测试。

动态符号执行是经典符号执行的一个改进版本。动态符号执行的基本思路是将程序中的符号替换为符号变量，并记录程序执行路径上的约束条件，然后通过符号求解器求解这些约束条件，得到可能的程序路径和测试输入。动态符号执行会根据当前的输入值和约束条件，选择一条可能的程序路径，并在程序执行过程中动态地更新符号变量的值和约束条件。当程序执行到分支语句时，动态符号执行会根据当前的约束条件，选择适当的分支路径继续执行。与经典符号执行相比，动态符号执行的优点在于处理程序中的动态特性，如输入值和随机数生成等。动态符号执行还可以在程序运行时进行分析，从而能有效地处理复杂程序结构和大规模程序。动态符号执行的缺点在于，它需要重复执行程序，因此可能会导致较大的性能开销。下面是一个简单的动态符号执行测试过程示例。

清单 4.7 中的待测程序接收一个整数参数 x，并返回 2*x。此外，还有一个名为 h 的函数，它接收两个整数参数 x 和 y，并在 x 不等于 y 且 f(x) 等于 x+10 时引发异常。为了覆盖所有路径，首先确定代码中所有路径。h 函数有两条路径。第一条路径是 x==y，只有一条语句 if(x!=y)，它的结果为 false，因此，这条路径上不需要进一步的测试。第二条路径是 x!=y，对于这条路径，有两条子路径，即子路径 2a[f(x)==x+10] 和子路径 2b[f(x)!=x+10]。为了测试子路径 2a，需要选择一个值使得 f(x)==x+10，一个这样的值是

5，因为 f(5)=10，然后调用 h(5,6)，并期望它会中止，因为 if(f(x)==x+10) 语句结果为 false。为了测试子路径 2b，需要选择一个值使得 f(x)!=x+10。一个这样的值是 4，因为 f(4)=8，然后调用 h(4,6)，并期望它会返回而没有错误，因为 if(f(x)==x+10) 语句将会结果为 false。因此，覆盖所有路径的测试如下：h(5,6) 期望中止，h(4,6) 期望返回而没有错误。

清单 4.7　动态符号执行示例

```
1   int f(int x){
2       return 2*x;
3   }
4   int h(int x,int y){
5       if (x!=y){
6           if (f(x)==x+10){
7               abort(); /*error*/
8           }
9       }
10  }
```

这里的待测程序 h 存在缺陷，具体表现为在程序执行过程中，输入向量的某些值（包括输入参数 x 和 y）可能触发中止语句。这种情况很难被随机测试发现。动态符号执行测试能够动态地收集有关程序执行的信息，这就是所说的引导信息。这种基于符号执行和随机测试的混合测试方法，可以充分发挥符号执行和随机测试的优点。

总而言之，符号执行的基本思想是将程序中的每个语句看作一个约束条件。通过对每条路径上的约束条件进行求解，得到这条路径的可行解，也就是测试输入。符号执行的优势在于可以覆盖程序的所有执行路径，从而发现程序中隐藏的深层次缺陷。符号执行的主要缺点是路径爆炸问题。程序中可能存在大量的路径，导致符号执行的时间和空间复杂度呈指数级增长。为了解决路径爆炸问题，研究人员提出了许多优化技术，例如路径约简、路径合并以及符号执行与具体执行的混合。在软件开发中，符号执行被广泛应用于测试和分析解析器、编译器、网络协议栈、文件系统等处理输入数据的程序。

4.1.2　等价类测试

在数学中，等价关系是指满足自反性、传递性和对称性的一种二元关系。可以将等价关系直观理解为关系的天然特征，对称性体现了等价关系的基本特征，传递性是等价关系可应用性的基础。软件测试中，等价类是指一组输入数据会导致程序的输出行为等价，或至少形成某种相似。等价类测试旨在选择一个尽可能小的测试集覆盖所有等价类。例如，在三角形类型的等价关系中，三角形被划分为不同的等价类，每个等价类都包含了一组具有相同特征的三角形。根据三角形的边长关系可以定义以下三个等价类：等边三角形（所有三条边的长度相等）、等腰三角形（有两条边的长度相等）、普通三角形（所有三条边的长度都不相等）。

等价类划分可以解决如何选择适当的子集来代表整个输入空间的问题，并从每一个子集中选取少数具有代表性的数据从而生成测试。等价类划分通常不用考虑程序内部结构，而是依据需求规格说明书。当然等价类也可以推广到白盒测试。等价类又分为有效等价类和无效等价类，有效等价类代表对程序有效的输入，无效等价类则是其他任何可能的输入。有效等价类和无效等价类都是使用等价类划分法时所必需的。

等价类测试的基本思路是将程序划分为不同的等价类，然后选择代表每个等价类的测试输入进行测试。等价类测试的步骤如下。

1）确定划分域：确定程序输入或输出的范围。
2）划分等价类：将输入域或输出域划分为不同的等价类。
3）选择代表性测试：从每个等价类中选择代表性测试构建测试集。

在输入条件规定了取值范围或值的个数的情况下，可以确立一个有效等价类和两个无效等价类。在输入条件规定了输入值的集合或者必须如何的情况下，可确立一个有效等价类和一个无效等价类。在输入条件是一个布尔变量的情况下，可确定一个有效等价类和一个无效等价类。布尔变量是一个二值枚举类型，具有两种状态：真（true）和假（false）。在规定了输入数据的一组 n 个值且对每一个输入值分别处理的情况下，可确立 n 个有效等价类和一个无效等价类。例如，要求输入为中文、英文、阿拉伯文三种文字之一，则分别取这三个值作为三个有效等价类，把三种文字之外的任何文字作为无效等价类。在规定了输入数据必须遵守的规则的情况下，也可以确立一个有效等价类和若干个无效等价类，在知道已划分的等价类中更多信息的情况下，则应将该等价类进一步划分为更细分的等价类。

现在以三角形程序 Triangle 来说明等价类划分的基本思路。Triangle 程序根据三角形的三个边长判断三角形是否是等边三角形、等腰三角形、普通三角形、无效三角形。程序要求：输入三个整数 a、b、c，分别作为三角形的三边长度，通过程序输出三角形的类型。

首先，根据 Triangle 程序的输入域特性进行单个变量的等价类划分。

- 边长小于或等于 0 的数值不属于输入域。
- 边长大于 0 且小于或等于 100 的整数属于有效输入域。
- 边长大于 100 的数值不属于输入域。

进而，可以得到三角形程序整体输入的等价类划分。

- 任意一个边长小于或等于 0 的三角形，这些输入属于无效等价类。
- 任意一个边长大于 0 且小于或等于 100 的三角形，这些输入属于有效等价类。
- 任意一个边长大于 200 的三角形，这些输入属于无效等价类。

还可以通过 Triangle 程序的功能特性或输出特性进行等价类划分。这些输出特性包括等边三角形、等腰三角形、普通三角形和无效三角形。该程序的输入值域的显式或隐式要求为：整数、三个、正数、两边之和大于第三边、三边均不相等、两边相等但不等于第三边、三边相等。因此，输出域的等价类为：等边三角形、等腰三角形、普通三角形和无效三角形。在实践中，输入域是最常用的等价类划分空间。在 Triangle 程序中，输出域的划分也较为容易。但在较为复杂计算中，输出域的划分可能并不容易。一般的软件输出域往往表现为某种功能特性相关的分析空间，而执行域的等价类划分需要源代码支撑，常常归为白盒测试分析。这些内容将在后续章节中详细讨论。

再分析 NextDay 程序的等价类划分，三个变量的基本等价类划分如下。

- 年份 year 等价类：根据公历年份的范围划分等价类，如公元 1 年至公元 9999 年。
- 月份 month 等价类：根据月份的范围划分等价类，如 1 月至 12 月。
- 日期 day 等价类：根据每个月的天数和闰年的情况划分等价类，如 1 日至 28 日、1 日至 29 日、1 日至 30 日、1 日至 31 日。

该程序的主要特点是输入变量之间的逻辑关系比较复杂，如闰年规则。输入域的关系复杂性还体现在变量 year 和变量 month 取不同值时，对应的变量 day 会有不同的取值范围，即 1～30 或 1～31 或 1～28 或 1～29。等价关系的基本内涵是等价类中的元素要被等价处理。因此，更详细的有效等价类为：对于变量 month，等价类划分为 M1 = {month：month 有 30 天}、M2 = {month：month 有 31 天，除去 12 月}、M3 = {month：month 是 2 月}、M4 = {month：month 是 12 月}；对于变量 day，等价类划分为 D1 = {day：1≤day≤28}、D2 = {day：day = 29}、D3 = {day：day = 30}、D4 = {day：day = 31}；对于变量 year，等价类划分为 Y1 = {year：year 是闰年}、Y2 = {year：year 是平年}。

等价类测试根据组合方式可以分为四种不同的类型。这四种等价类测试从弱到强分为：弱一般等价类测试、弱健壮等价类测试、强一般等价类测试和强健壮等价类测试。"健壮"意味着程序要有容错性，取到无效值也要正确识别出来。对于有效输入，使用每个有效值类的一个值。对于无效输入，测试将拥有一个无效值，并保持其余的值是有效的。

- 弱一般等价类测试：覆盖每一个变量的有效等价类。
- 弱健壮等价类测试：在弱一般等价类的基础上增加无效等价类。
- 强一般等价类测试：覆盖每个变量的每个有效等价类组合。
- 强健壮等价类测试：在强一般等价类的基础上增加无效等价类。

图 4.2 阐述了四种等价类测试的一个简单例子。有两个输入变量 X_1 和 X_2，其中 X_1 分为 $[a,b]$、$[b,c]$、$[c,d]$ 三个有效等价类（这个例子实际是区间）以及 $[-\infty,a]$ 和 $[d,\infty]$ 两个无效等价类；X_2 分为 $[e,f]$、$[f,g]$ 两个有效等价类以及 $[-\infty,e]$ 和 $[g,\infty]$ 两个无效等价类。对于弱一般等价类测试（图 4.2 左上），只需要 3 个测试即可覆盖变量 X_1 和 X_2 的所有有效等价类；对于弱健壮等价类测试（图 4.2 左下），需要 7 个测试覆盖变量 X_1 和 X_2 的所有有效等价类和无效等价类，其中有 3 个"有效"测试和 4 个"无效"测试；对于强一般等价类测试（图 4.2 右上），需要 3×2 = 6 个测试覆盖变量 X_1 和 X_2 的所有有效等价类组合；对于强健壮等价类测试（图 4.2 右下），需要 5×4 = 10 个测试覆盖变量 X_1 和 X_2 的所有有效等价类和无效等价类组合，其中有 6 个"有效"测试和 14 个"无效"测试。可以看出，"无效"测试在

强健壮等价类测试中容易过多,因为任意一个无效等价类都将导致"无效"测试。实践中,可以进一步平衡强弱之间的度来在满足工程资源约束的前提下提高测试效率。

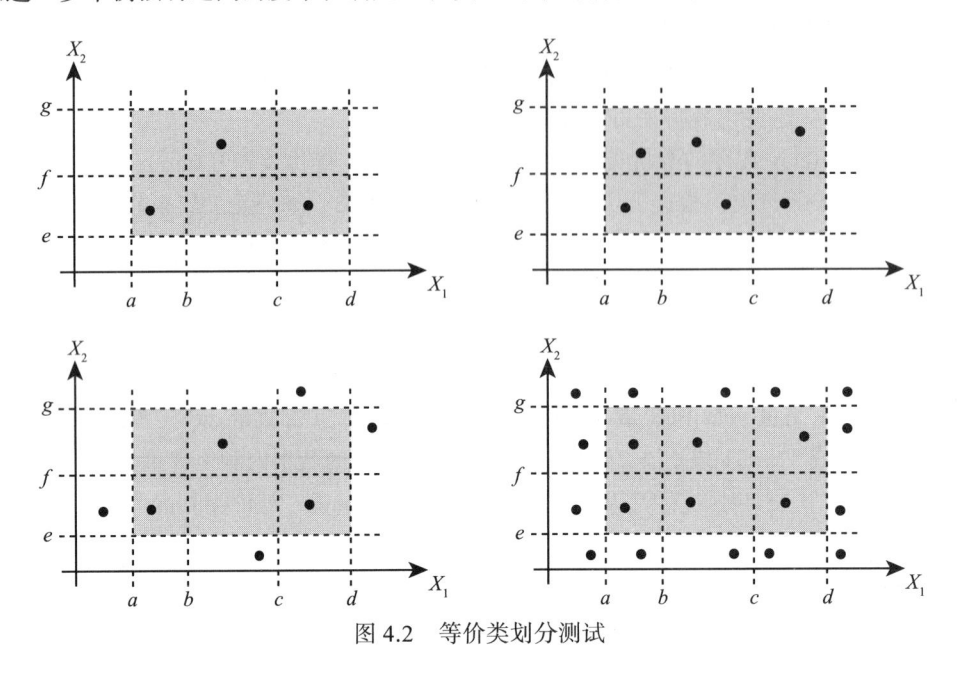

图 4.2　等价类划分测试

读者可以进一步思考更加复杂的对输入数据的软件测试。例如,为了对人脸识别系统进行等价类划分,需要首先确定被测试系统的输入域。在人脸识别系统中,输入域包括人脸图像、图像分辨率、光线、角度等。然后,将每个因素的取值划分为若干个等价类,以便在每个等价类中选择测试。例如,对于人脸图像这个因素,可以将取值划分为清晰度、尺寸、颜色等等价类;对于图像分辨率这个因素,可以将取值划分为低分辨率、中等分辨率、高分辨率等价类;对于光线和角度这两个因素,可以将取值划分为强光、弱光、正面、侧面、上方、下方等等价类。通过这样的等价类划分,可以确定一个测试的输入,例如清晰的人脸图像、中等分辨率、弱光下的正面拍摄。然后,可以在每个等价类中选择一个或多个测试,以覆盖所有可能的取值组合。

4.1.3　组合测试

组合测试方法可以将各个因素组合起来生成测试,以检测系统在不同因素组合下的行为。首先以图 4.3 中展示的 Word 字体配置页面来阐述组合测试。字体配置页面是一个复杂的系统,它受到多个因素的影响。这里的配置影响因素包括中文字体、西文字体、字形、字号、字体颜色、下划线线型、下划线颜色、着重号、效果,因此需要使用组合方法来设计测试。组合测试可以将被待测应用抽象为一个受到多个因素影响的系统,并通过等价类划分或其他策略使得每个因素取值可枚举,尽可能覆盖各种因素组合以期发现潜在缺陷。

工程实践中，首先将每个因素的取值划分为若干个等价类（也可以是其他划分策略），将等价类看作离散可枚举值，采用组合测试方法完成测试。例如，对于中文字体这个因素，可以将取值划分为宋体、黑体、楷体、其他 4 类，然后在每个类中选择一个或多个测试。对于字号这个因素，可以将取值划分为小于等于 12 号、13 号到 18 号、大于等于 19 号 3 类，然后在每个等价类中选择测试数据。通过这样的划分和测试选择，生成一组测试，覆盖各因素组合。例如，当字体名称为宋体、字号为 16 号、字体颜色为红色且加粗时，是否会出现字体显示错误等问题。

组合测试最早应用在系统配置测试中。系统配置测试广泛应用于跨操作系统、数据库和网络特征的各种组合工作的应用程序，如 Web 浏览器和办公软件的测试。表 4.1 是包含 4 个参数的组合测试例子，用于检测电话交换机能力的配置。该软件可以配置为处理不同类型的呼叫（本地、长途、国际）、计费方式（呼叫者、电话卡、800）、连接类型（Loop、ISDN、PBX）和状态（成功、忙音、中断）。软件必须与所有这些组合正常工作，因此可以将单个测试集应用于这 4 个主要配置项以进行某种组合测试。由于每个不同的参数值组合决定了不同的测试场景，并且 4 个参数中的每一个都有 3 个值，因此完全组合测试需要 $3^4=81$ 个。

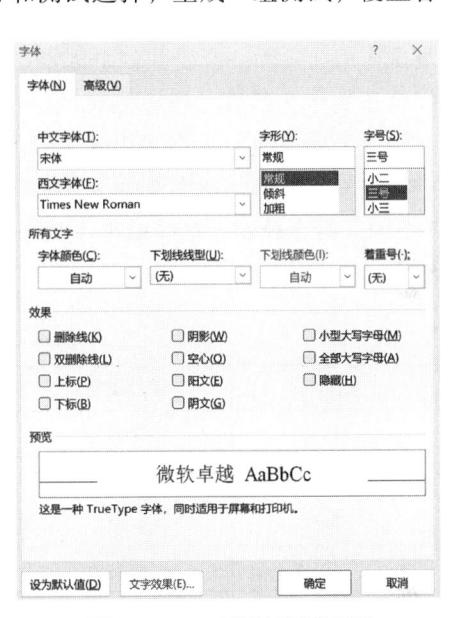

图 4.3 Word 字体配置页面

表 4.1 组合测试示例

呼叫类型	计费方式	连接类型	状态
本地	呼叫者	Loop	成功
长途	电话卡	ISDN	忙音
国际	800	PBX	中断

通过表 4.2 的示例阐述组合测试理论。表 4.2 中的 9 个测试实现了两两组合（也称为成对组合）。假如需要确保所有输入变量之间的可枚举取值组合都在测试数据中都出现过，那么表 4.2 的例子需要 $3^4=81$ 条测试。这个测试数量看起来大一些，但我们发现测试数量随着因素数量的增加而呈指数级增长。如果这样的输入变量再增加两个，即输入变量的数量从 4 增加到 6，测试数据量将变成 $3^6=729$。这是工程中非常不受欢迎的指数级数量增长问题！显然，这种完全组合的方法是不可行的。那么，需要对完全组合的测试数据进行抽样。

> **定义 4.4 k-因素组合测试**
>
> 待测软件存在 n 个因素（如输入参数），k-因素组合测试要求覆盖任意 k 个因素的所有可能组合，$1 \leqslant k \leqslant n$。

k-因素组合测试也称为 k-强度组合测试，或简称为 k-组合测试。组合测试可以将被测试应用抽象为一个受到多个因素影响的系统，其中每个因素的取值是离散且有限的。选择合适的组合强度是组合测试的一个难点，检测率随着交互强度的增加而迅速增加。已有经验表明，故障大多数由 4 个以下的因素交互触发。例如，在 NASA 数据库应用程序中，67% 的故障仅由单个因素值触发，93% 的故障由两个因素组合触发，98% 的故障由 3 个因素组合触发。这些结果不是理论性的，但它们表明故障所涉及的相互作用程度相对较低。

表 4.2　组合测试成对组合示例

编号	呼叫类型	计费方式	连接类型	状态
1	本地	呼叫者	Loop	成功
2	本地	电话卡	ISDN	忙音
3	本地	800	PBX	中断
4	长途	呼叫者	PBX	忙音
5	长途	电话卡	Loop	中断
6	长途	800	ISDN	成功
7	国际	呼叫者	ISDN	中断
8	国际	电话卡	PBX	成功
9	国际	800	Loop	忙音

对于真实的待测程序，组合参数之间往往存在某种约束关系。例如，图 4.3 的 Word 配置页面中，下划线线型和下划线颜色之间存在约束，只有选择了下划线线型，才能进一步选择下划线颜色。组合测试可以扩展定义到约束关系。我们为了定义约束关系，假设包含的字段以及每个字段的一组有效和无效值。显然，由有效组合生成的测试是有效测试，任何包含无效组合（哪怕是局部）的测试都是无效测试。例如，对表 4.1 中的组合测试因素和取值进一步限制，限制其有效约束关系如表 4.3 所示。表 4.3 中的有效组合关系 1 展现了 $2 \times 3^3 = 54$ 种可能的测试场景，这里先排除了呼叫类型为国际的场景。表 4.3 中的有效组合关系 2 补充说明了呼叫类型为国际的 $1 \times 2 \times 3^2 = 18$ 种可能的测试场景。现在的问题是，如何生成测试满足表 4.3 中带约束的 k-因素组合测试。

表 4.3 有效组合约束关系表示

	呼叫类型	计费方式	连接类型	状态
有效组合关系 1	本地长途	呼叫者 电话卡 800	Loop ISDN PBX	成功 忙音 中断
有效组合关系 2	国际	呼叫者 电话卡	Loop ISDN PBX	成功 忙音 中断

通过表 4.3 中的测试场景限制，容易知道不能用 800 来打国际电话。对于成对组合测试，不能简单删除表 4.2 中的第 9 条测试：国际 -800-Loop- 忙音。因为这样将遗漏 800-Loop、Loop- 忙音、800- 忙音三个组合要求。这三个组合显然是表 4.3 要求必须满足的，否则无法达到成对测试要求。为了实现成对组合测试覆盖要求，将表 4.2 中的第 9 条测试修改为本地 -800-Loop- 忙音或者长途 -800-Loop- 忙音即可。假如首先考虑覆盖表 4.3 中的有效组合关系 1，仍需要 9 条测试。继续考虑覆盖表 4.3 中的有效组合关系 2，则需要两个额外的测试：国际 - 呼叫者，国际 - 电话卡。事实上，带约束的组合测试在实践中往往更加复杂，难以生成极小化的测试集进行覆盖。

表 4.3 的测试场景说明还可以合并写成表 4.4 中显式标注的无效组合进行约束说明。它具有明确的无效组合约束条件，即不允许使用"国际 -800"的任何测试，与连接类型和状态因素的值无关（* 是通配符）。虽然表 4.3 和表 4.4 的说明是等价的，但组合测试工具生成的结果可能不一致。因为测试生成工具理解组合约束关系的思路是受到说明策略影响的。事实上，表 4.3 中生成的测试常常比表 4.4 的要多。因为对于表 4.3 工具的理解更为复杂。表 4.5 展示了使用 AETG（下面将详细介绍）测试工具生成的 10 个测试满足上述约束条件。

表 4.4 无效组合约束关系表示

	呼叫类型	计费方式	连接类型	状态
整体组合	本地 长途 国际	呼叫者 电话卡 800	Loop ISDN PBX	成功 忙音 中断
无效组合	国际	800	*	*

表 4.5 带约束测试生成示例

编号	呼叫类型	计费方式	连接类型	状态
1	本地	电话卡	PBX	忙音
2	长途	800	Loop	忙音

(续)

编号	呼叫类型	计费方式	连接类型	状态
3	国际	呼叫者	ISDN	忙音
4	本地	800	ISDN	中断
5	长途	呼叫者	PBX	中断
6	国际	电话卡	Loop	中断
7	本地	呼叫者	Loop	成功
8	长途	电话卡	ISDN	成功
9	国际	呼叫者	PBX	成功
10	本地	800	PBX	成功

k-因素组合测试要求任意 k 个因素的所有组合都必须被覆盖，而没有考虑具体参数的特性。一些学者将组合测试的方法进行了扩展，提出了一些非经典的组合测试方法。这些组合测试方法的主要思路是在经典组合测试的基础上增加额外要求。最常见的是种子组合测试和可变强度组合测试。

种子组合测试是要求最终的测试集中包含给定的测试，进而再满足 k-因素组合测试要求。例如，鉴于前期的领域经验知识，本地-800-Loop-成功和长途-电话卡-ISDN-成功是两个种子测试，要求最终的测试集必须包含这两个测试。最简单的策略是将 k-因素组合测试生成的测试集与种子测试集进行合并，但这样往往不是最优的。

可变强度组合测试允许不同因素之间的覆盖强度不同。例如，鉴于前期的领域经验知识，知道呼叫类型-计费方式-连接类型三者的组合容易出错，要求这三个是 3-因素组合覆盖，即全组合覆盖。但若要求整体都是 3-因素组合覆盖，则成本太高。其他组合覆盖要求 2-因素组合覆盖即可。这称为可变强度组合覆盖。

等价类划分和组合测试常常结合在一起使用。等价类划分可以使测试的数量最小化，同时确保测试能够充分覆盖被测系统的输入域。一个待测软件有两个输入字段：用户名和密码。假设用户名是一个字符串，可以包含字母、数字和特殊字符，长度为 6～32 个字符，密码也是一个字符串，可以包含字母、数字和特殊字符，长度为 8～16 个字符，目标是使用等价类划分和组合测试来实现较为全面的检测，那么可以将用户名的取值划分为 4 个等价类。

- US1：长度小于 6 个字符。
- US2：长度在 6～32 个字符之间。
- US3：长度大于 32 个字符。
- US4：包含无效字符，例如空格或 @ 符号。

进而将密码的取值划分为 3 个等价类。

- PW1：长度小于 8 个字符。
- PW2：长度在 8 ~ 16 个字符之间。
- PW3：长度大于 16 个字符。

为了实现较为全面的因素组合行为检测，设计一个两两组合测试覆盖测试，如表 4.6 所示。通过这些测试的组合测试，可以发现隐藏在因素组合中的缺陷，例如当用户名长度为 6 ~ 32 个字符之间且密码长度小于 8 个字符时，系统是否可以正确处理登录请求。

组合测试的一个难点是生成给定因素和要求的最优测试集，即满足 k- 因素组合覆盖要求的最小测试集。这种测试生成策略也可以进一步扩展到带约束的组合测试和其他非经典组合测试方法。本节介绍几种常用的组合测试生成方法。

测试覆盖准则生成是组合测试的首要挑战。这些测试将涵盖所需强度 k 的所有参数值的 k- 因素组合覆盖，其中 $k=1,2,\cdots$。覆盖数组指定测试数据，可以将数组的每一行视为单个测试的一组参数值。在两两组合测试中，$k=2$，更高的组合强度意味着更高的成本。一般来说，n 个因素的 k- 组合覆盖测试所需的测试数量与 $v^k \log n$ 成正比，其中 v 是因素取值数量。例如，一个有 20 个因素变量、每个因素 5 个值的系统，需要 444 个 2- 因素组合测试。

表 4.6 用户名 - 密码组合测试示例

编号	用户名	密码	编号	用户名	密码
1	US1	PW1	5	US2	PW1
2	US1	PW2	6	US2	PW2
3	US1	PW3	7	US2	PW3
4	US1	PW4	8	US2	PW4

实际工具生成的测试数量常常大于这个数量，这是因为组合测试极小化生成问题是 NP 完全问题。

定义 4.5 覆盖数组

组合测试的覆盖数组 $CA(N; k,m,v)$ 是一个值域大小为 v 的 $N \times m$ 矩阵，任意的 $N \times k$ 子矩阵包含在 v 值域上所有大小为 k 的排列。这里，k 被称为强度，m 被称为阶数，v 被称为序。一个覆盖数组如果具有最小的行数，则被称为最优的。这个最小的行数称为覆盖数，记为 $CAN(k,m,v)$。 ♣

在实际应用中，并不一定都满足每一个参数具有相同的值域这个限制。下面进一步扩展覆盖数组的概念。

> **定义 4.6　混合覆盖数组**
>
> 组合测试的混合覆盖数组 MCA($N; k, m, v_1 v_2 \cdots v_m$) 是一个由 v 个符号组成的 $N \times k$ 矩阵，其中 $v = \sum_{i=1}^{m} v_i$，并具有以下性质：
> - 第 i 列的所有符号是一个大小为 v_i 的集合 S_i 的元素。
> - 任意的 $N \times k$ 子矩阵包含了在相应值域上的所有 k 元组。
>
> 类似地，可以定义混合覆盖数组的强度 k 以及覆盖数 MCAN($k, m, v_1 v_2 \cdots v_m$)。　♣

组合测试生成的很大一部分研究是利用传统的约束求解或者最优化方法来直接搜索覆盖数组的。由于这个问题的复杂性是 NP 完全的，大部分方法都是局部搜索算法，这些方法不能保证得到最优解，但是处理时间相对较少。这些方法主要包括贪心算法和启发式搜索方法。贪心算法的思想是从空矩阵开始，逐行或者逐列扩展矩阵，直到所有的 k-因素组合都被覆盖。按照扩展方式的不同，可以分成一维扩展和二维扩展两类，还有一些方法将其他算法与贪心算法结合起来使用。

最简单的是逐行扩展的一维扩展方法，即在构造覆盖数组时，按照贪心策略依次增加一行，使得这一行覆盖一些未覆盖的 k 元组，直到所有的 k 元组都被覆盖。最直接的贪心策略就是每次选择的新测试覆盖最多的未覆盖 k 元组。Cohen 等证明对于成对测试 CA($N; 2, m, v$) 采用这种一维扩展策略产生的贪心测试集大小与 SUT 参数的个数呈对数关系 ($O(v^2 \log m)$)。枚举所有可能的测试是不现实的，因为复杂度随着参数个数的增加呈指数增长。大部分的贪心策略都是从一个较小的测试集合（称为候选测试集）中选择下一个测试。具体的贪心策略如下。

- 首先随机选择一些候选测试。候选测试的选择方法是，随机指定一个因素（也就是矩阵的列）的次序，然后按照这个次序依次给每个因素赋值。赋值的策略是新的赋值和测试中已有的赋值能够覆盖最多的 k 元组。
- 然后从这些测试中选择一个覆盖了最多的未覆盖 k 元组作为数组的下一行。

Cohen 等基于上述基本思想开发了 AETG 测试工具。AETG 的贪心策略是不确定的，所以多次运行 AETG 的结果可能不同。微软开发的工具 PICT 采用类似 AETG 的方法选择候选测试。与 AETG 的不同之处在于，PICT 不产生固定大小的候选测试集（也就是选择大小为 1 的候选测试），并且总是采用固定的随机种子，所以 PICT 的贪心策略是确定的。

后来，NIST 的 Kuhn 等进一步完善集成了一个组合测试工具 ACTS (Advanced Combinatorial Testing System)。ACTS 是一个构建 k-因素组合测试集的测试生成工具。它支持 k 从 1 到 6 范围的测试集生成。已有研究表明，对于大多数实际应用系统，k 值达到 6 已经足够。该工具提供命令行和 GUI 两种交互界面，如图 4.4 所示。ACTS 中实现了一种特殊形式的单向测试，称为碱基选择测试。基本选择测试要求每个参数值（因素值）至少被覆盖一次，并且在所有其他值都是基本选择的测试中，每个参数（因素）都有一个或多个指定为基本选择的值。非正式地，基本选择是"更重要"的值，例如默认值或操作中最常使用的值。ACTS 中实现了多种组合测试生成算法。

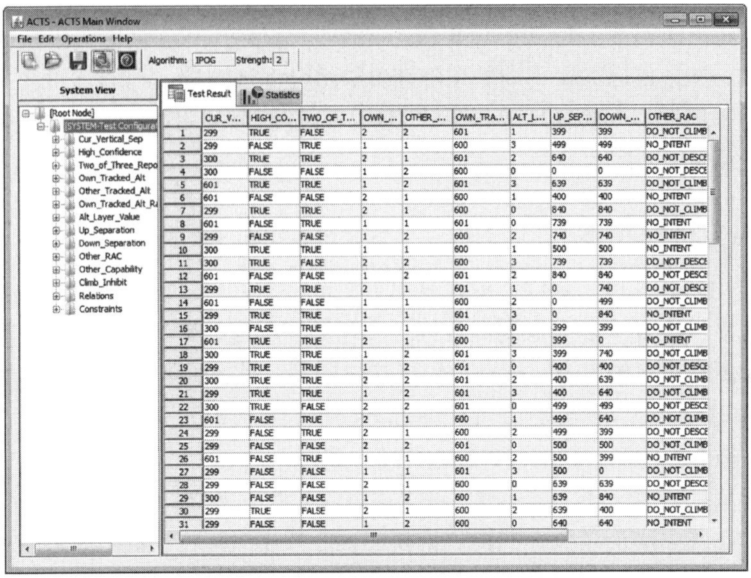

图 4.4　ACTS 组合测试工具界面

ACTS 支持两种测试生成模式，即从头开始和扩展。前者允许从零开始构建测试集，而后者允许通过扩展现有测试集来构建测试集。在扩展模式下，现有测试集可以是 ACTS 生成的但不完整的测试集，因为添加了一些新的参数和值，或者是用户提供并导入 ACTS 的测试集。扩展现有测试集可以节省之前在测试过程中已经花费的努力。

ACTS 支持可变强度组合测试。这个特性允许创建不同的参数组，并以不同的强度进行覆盖。例如，考虑一个由 10 个参数组成的系统 P1～P10。首先可以创建一个包含所有参数且强度为 1 或 2 的关系。如果某些参数之间存在更高程度的交互，可以创建额外的需求。例如，如果 P2、P4、P5、P7 四个参数彼此紧密相关可能触发某些故障，那么继续增加包含四者强度为 4 的组合测试覆盖。ACTS 允许创建任意参数关系，不同的关系可能会重叠或包含彼此。

ACTS 也支持带约束组合测试生成等特性。另一个有趣的特性是组合测试覆盖率验证，这个特性用于验证已有测试集是否满足 k- 因素组合测试覆盖，要验证的测试集可以是 ACTS 生成的测试集，也可以把用户提供的测试集导入到 ACTS 中来完成。

4.2　开发者多样性测试

开发者测试中，路径分析可以帮助开发者发现应用程序中的潜在问题，并找出这些问题的根源。路径约束条件可以用于生成测试用例，以测试程序在不同情况下的行为。在开发者测试中，路径分析可以与符号执行结合使用，以识别出可能存在的漏洞和错误。通过符号执行，开发者可以生成路径约束条件，并使用路径分析工具分析这些约束条件，从而识别出应用程序中的弱点。4.2.1 节介绍代码多样性测试，生成不同的代码路径。4.2.2 节介绍组合多样性测试，可以确保不同的条件在各种组合下被测试。4.2.3 节介绍行为多样性测试，关注应用程序在不同输入和操作下的表现。通过综合利用这些多样性策略，开发者能够更全面地发现应用程序中的潜在问题。

4.2.1 代码多样性测试

代码多样性测试，也就是常说的代码覆盖测试，是以程序内逻辑结构为基础的动态白盒测试方法，该方法要求程序在测试运行时实现对其逻辑结构的覆盖遍历。因此，开发者和测试人员需要对程序的逻辑结构有较为清楚的认识。通过覆盖准则还可以量化测试过程，帮助研发人员更直观地了解测试进程。随机测试是实现代码多样性策略的简单方式，但是随机测试效率很低，它能达到的代码结构覆盖率通常也较低。

为了提高测试覆盖的代码多样性，开发者测试常常结合路径分析和代码可达性来完成。代码可达性是指程序中的哪些代码可以被执行，以及如何执行它们。通过结合代码可达性和路径分析，开发者可以更好地理解程序中的逻辑和控制流程。路径谓词为真，当且仅当该路径能够语义执行，也等价于路径代码可达。

> **定理 4.1　代码可达与路径约束条件**
>
> 代码 c_n 可达，当且仅当路径约束条件 $PC = c_1 \land c_2 \land \cdots \land c_n$ 可满足。　♥

为了实现开发者测试中的各类代码覆盖准则，近年来一些智能化算法也被引入测试生成中，其他比较简单易懂的一类智能算法是启发式搜索算法。基于搜索的测试生成是指使用基于搜索的启发式算法，自动或者半自动地生成测试。与随机生成方法在整个测试输入空间中随机选择测试不同，基于搜索的生成方法通常需要根据程序当前的测试目标定义一个特定的适应度函数，并用该函数指导搜索过程以找到较好的测试输入数据。

另一种开发者代码多样性策略是面向路径分析和约束求解的测试生成。该方法使用了特定的路径，这样就可以更好地提高覆盖率。路径选择 + 符号执行 + 约束求解是一种常用的方法策略组合。符号执行是指通过对程序的符号表达式进行求解，以探索程序的不同执行路径和分支的过程。符号执行可以生成一组输入数据，以覆盖程序的不同执行路径和分支，并检测程序中可能存在的漏洞和错误。

一般来说，当程序执行时，符号执行器可以用符号变量替换程序中的某些变量。符号变量不仅存储值，还维护该变量的符号表达式，并随着程序执行而更新。在程序执行过程中，符号执行器会在每个决策点构造一个路径约束 PC，它是一个布尔表达式，例如决策中的条件（if、for、while 等）。PC 是使用与该决策点相关的符号变量的符号表达式构造的。当程序执行结束时，通过与运算符连接所有 PC$_i$，构造执行路径的布尔公式 PC，接下来，约束求解器尝试求解此 PC 以生成相应的输入值。我们以三角形程序 Triangle 为例进行符号执行，不难得到以下路径条件。

1）如果输入的 a、b 或 c 小于 1 或大于 100，则输出"无效输入值"。约束条件：NOT (1<=a AND a<=100 AND 1<=b AND b<=100 AND 1<=c AND c<=100)。

2）如果 a、b 和 c 不能组成三角形，则输出"无效三角形"。约束条件：NOT (a+b>c AND b+c>a AND c+a>b)。

3）如果 a=b=c，则输出"等边三角形"。约束条件：(a==b AND b==c)。

4）如果 a=b 或 b=c 或 c=a，则输出"等腰三角形"。约束条件：(a==b OR b==c OR c==a)。

5）如果以上条件都不满足，则输出"普通三角形"。约束条件：以上所有条件都为假。

我们将上述分析形式化为不同的路径约束条件 PC$_i$ 如下：

- PC$_1$：NOT(1<=a AND a<=100 AND 1<=b AND b<=100 AND 1<=c AND c<=100)。
- PC$_2$：NOT(a+b>c AND b+c>a AND c+a>b)。
- PC$_3$：(a==b AND b==c)。
- PC$_4$：(a==b OR b==c OR c==a)。

本节首先介绍代码多样性测试生成的基本流程。一个程序 P 可以被视作一个函数 $P: S \to R$。其中 S 是该程序所有可能输入的集合，R 是所有可能输出的集合。更正式地，S 表示所有向量 $\boldsymbol{x}=(d_1, d_2, \cdots, d_n)$ 的集合，满足 $d_i \in D_{xi}$。其中，D_{xi} 是输入变量 x_i 的定义域。作为 P 的一个输入变量，$\boldsymbol{x}$ 要么是 P 的输入参数，要么出现在 P 的输入语句中。对某个输入 $\boldsymbol{x}$ 的、程序 P 的一次执行记为 $P(\boldsymbol{x})$。

图 4.5 展示了一个控制流图及其对应的程序。一个程序 P 的控制流图是一个有向图 $G=(N,E,s,e)$，由点的集合 N 以及连接这些点的边的集合 $E=\{(n,m)|n,m \in N\}$ 组成；s 和 e 则是每个控制流图包含的两个特殊节点，分别表示程序的入口和出口。每个节点被定义为一个基本块，表示一组不间断的连续指令序列。在单个基本块中，控制流从开始语句进入，到结束语句离开，除结束语句外没有产生停顿的可能，也不存在任何分支。这意味着如果执行块中的任意一条语句被执行，那么整个基本块都会被执行。不失一般性，假设程序中不存在任何朝向基本块内指令的跳转，两个节点 n 和 m 之间的一条边表示从 n 到 m 的可能转移，所有的边都由一个条件或分支谓词标记，在任何给定时间点，任何节点都不可能有两条或以上的边被判定为真。

一条路径是一组节点组成的序列 $p=\langle p_1, p_2, \cdots, p_{q_p} \rangle$，其中 p_{q_p} 是路径 p 的最后一个节点，满足 $(p_i, p_{i+1}) \in E$ 且 $1 \leq i < q_p - 1$。每当 $P(\boldsymbol{x})$ 的执行遍历到了一条路径 p，就称 $\boldsymbol{x}$ 遍历了 p。当存在至少一个输入 $\boldsymbol{x} \in S$ 能够遍历一条路径时，该路径是语义可行的，否则这

条路径是语法可行但语义不可行的。对于某个特定的输入 x，一条绝对可行的路径 p 可能是不可行的，称输入 x 对路径 p 不可行。在实际测试中，往往需要完全的测试路径，即一条以入口节点开始、以出口节点结束的路径被称为完全路径。让 $p = \langle p_1, p_2, \cdots, p_{q_p} \rangle$ 和 $w = \langle w_1, w_2, \cdots, w_{q_w} \rangle$ 表示两条不同的路径，$\langle p_{q_p}, w_{q_w} \rangle$ 则表示路径 p 和 w 的连接。用 $\text{first}(p)$ 表示路径 p 的第一个节点 p_1，同时用 $\text{last}(p)$ 表示 p 的最后一个节点 p_{q_p}，当 $(\text{last}(p), \text{first}(w)) \in E$ 时，称两条路径 p 和 w 是连接的。其中 E 是边的集合。

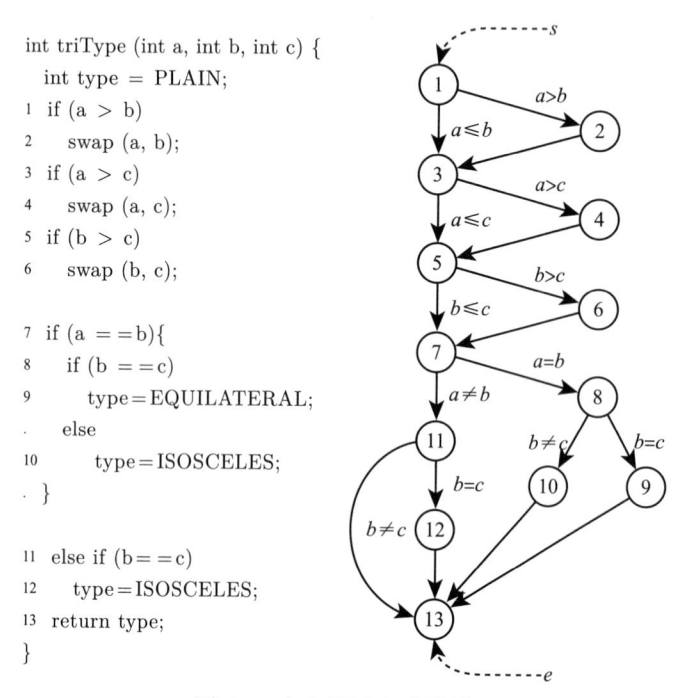

```
   int triType (int a, int b, int c) {
      int type = PLAIN;
1     if (a > b)
2         swap (a, b);
3     if (a > c)
4         swap (a, c);
5     if (b > c)
6         swap (b, c);
7     if (a == b){
8         if (b == c)
9             type = EQUILATERAL;
          else
10            type = ISOSCELES;
      }
11    else if (b == c)
12        type = ISOSCELES;
13    return type;
   }
```

图 4.5 白盒测试生成示例

给定 p 和 w 是两条路径，当 p 和 w 相连时，称 pw 组成一条有效路径。反之，当 p 和 w 不相连时，称 pw 组成一条无效路径。直观上，无效路径是缺少一些路径段的路径。例如，如图 4.5 右所示，$p = \langle 3, 10, 13 \rangle$ 是由 $\langle 3 \rangle$ 和 $\langle 10, 13 \rangle$ 组成的一个无效路径。对于无效路径 pw，若存在一条路径 q，使得 pqw 为有效路径，则称路径 q 为 pw 的补全路径。例如，如图 4.5 右所示，$\langle 3, 4, 5, 7, 8, 10, 13 \rangle$ 是一条有效路径，因此补全路径是 $\langle 4, 5, 7, 8 \rangle$。

对于一条无效路径 $u = p_1 p_2 \cdots p_n$，假设其中路径 p_i 是有效的，定义 u 上的闭包 u^* 为所有路径的集合 $p_1 q_1 p_2 q_2 \cdots q_{n-1} p_n$ 使得 q_i 对于 $p_i p_{i+1}$ 能够补全。直观上看，无效路径构成了早期路径探索的框架，通过需求补全路径进而生成有效路径，而闭包则表示这些路径构成的列表。例如，在图 4.5 中，有从入口节点开始并在出口节点 $\langle s, e \rangle$ 结束的路径。该路径的闭包是入口和出口节点之间的所有路径（包含入口和出口节点）。闭包 $\langle 1, 2, 13 \rangle^*$ 表示所有从节点 1 开始，在节点 13 结束，并以 2 作为第二个节点的所有路径的集合；路径 $\langle 3, 10, 13 \rangle$ 的闭包为路

径的集合 {⟨3,5,7,8,10,13⟩, ⟨3,4,5,7,8,10,13⟩, ⟨3,5,6,7,8,10,13⟩, ⟨3,4,5,6,7,8,10,13⟩}。为了使执行能够通过分支继续进行，相应的分支谓词必须为真。因此，要遍历某个路径，分支谓词 c_i 的合取 $PC=c_1 \wedge c_2 \wedge \cdots \wedge c_n$ 必须成立。PC 称为路径谓词或路径约束条件。

在图 4.5 中找到 $p=⟨1,2,3,5,6,7,8,10,13⟩$ 的路径谓词。在详细描述如何找到这样的路径谓词之前，首先看如果在输入 (5,4,4) 上执行程序会发生什么。通过执行 (5,4,4)，发现路径 p 被遍历。现在，构造一个路径谓词 P'，表示遍历路径时遇到的所有分支谓词的合取：

$$P' = (a>b) \wedge (a \leq c) \wedge (b>c) \wedge (a=b) \wedge (b \neq c) \quad (4.2)$$

令 $a=5, b=4, c=4$，检查 P' 是否成立。由于输入 (5,4,4) 能够遍历路径 p，因此任何与 p 对应的路径谓词都必须满足，带入后可以得到：

$$P' = (5>4) \wedge (5 \leq 4) \wedge (4>4) \wedge (5=4) \wedge (4 \neq 4) \quad (4.3)$$

显然，我们发现情况并非如此。这是因为在构造路径谓词时忽略了节点 1、2、6 和 10 的执行。因此，由于不让计算影响传播到路径谓词上，结果就会出错。例如，假设程序在输入 (5,4,4) 上执行，并且当它到达节点 7 时暂停执行。由于在到达节点 7 之前执行了语句 swap(a,b)，此时希望得到 $a=4$ 和 $b=5$。然而，在路径谓词 P' 的情况下，由于没有考虑语句 swap(a,b)，因此 a 和 b 仍然分别等于 5 和 4。

$$\begin{bmatrix} 1 & (a>b) & \text{int type = PLAIN;} \\ 3 & (a \leq c) & \text{swap(a,b);} \\ 5 & (b>c) & \\ 7 & (a=b) & \text{swap(b,c);} \\ 8 & (b \neq c) & \\ 13 & T & \text{type = ISOSCELES;} \end{bmatrix}$$

上述结构说明了分支谓词之间的数据依赖关系。每一行都依赖于自身以及前一行的执行。例如，在检查第 7 行中的 $(a=b)$ 是否保存之前，必须执行语句" int type = PLAIN ; swap(a,b)；swap(b,c)；"。因此，为了调整分支谓词以考虑到数据依赖性，需要执行以下操作：从第一行开始并执行其代码；根据计算更新所有后续行（包括当前条件）；继续处理下一行，直到处理完所有行。

$$\cdots 4 \underset{\sim}{\text{iter}} \begin{bmatrix} 1 & (a>b) \\ 3 & (b \leq c) \\ 5 & (a>c) \\ 7 & (b=c) \\ 8 & (c \neq a) \\ 13 & T \end{bmatrix}$$

现在，每一行对应一个需要根据节点 1、2、6 和 10 的执行情况进行调整的分支为此。

由此可以得到新的路径谓词 $P = (a > b) \wedge (b \leq c) \wedge (a > c) \wedge (b = c) \wedge (c \neq a)$。

再次设定 $a = 5, b = 4, c = 4$，可以得到 P 成立：

$$P = (5 > 4) \wedge (4 \leq 4) \wedge (5 > 4) \wedge (4 = 4) \wedge (4 \neq 5)$$

最终，求得 P 是对路径 $p = \langle 1, 2, 3, 5, 6, 7, 8, 10, 13 \rangle$ 的有效路径谓词。

测试生成系统的有效性高度依赖于路径的选择。在路径选择中，通常更倾向于将自动测试数据生成问题定义为"为给定的一个程序 P 找到 P 中满足指定覆盖标准的路径的最小集合"的过程。这意味着，不仅要找到给定路径的测试数据，而且要找到好的测试数据。通过选择合适的路径，可以得出一组能够覆盖待测程序的测试数据。覆盖标准越强，需要选择的路径往往就越多。覆盖标准包括语句覆盖、分支覆盖、条件覆盖、组合条件覆盖、路径覆盖等。

即使有了路径谓词约束条件，即使调用新进的 SMT 求解器，生成满足约束的数据也不是一件容易的事情。如果系统没有解，可以得出结论，给出的路径确实是不可行的。问题是约束条件是不可判定的。如果系统是线性的，可以通过高斯消去法得出该路径是否可行。对于非线性系统，则变得更加困难。现有的方法都设置了在放弃路径之前的最高迭代次数，以避免陷入无限循环。所有遇到的方法都必须满足某些约束，即解决路径谓词或分支谓词。由于存在函数调用，所有约束不能在符号执行中解决。动态方法不会受到相同程度的函数调用的影响，但是仍然需要满足一些约束。近年来已经有一些较为成熟的白盒测试工具，如 EvoSuite[⊖]。

4.2.2 组合多样性测试

组合测试会尝试用不同的数据组合对这些输入参数进行程序检查，查看它是否包含任何故障。开发者组合测试策略的工作原理与组合测试类似，只是它取代了测试中采用的分支对输入参数的使用判定决策。这个方法首先需要生成分支的条件组合要求 CT，进而映射将分支条件映射回输入值条件进行求解。开发者组合测试同时要求路径约束条件 PC 和组合约束条件 CT，这可能导致难以有效地控制输入值的参数组合。

> **定义 4.7 代码条件组合测试**
>
> 开发者组合测试条件 PCT 定义为路径约束条件 PC 和组合约束条件 CT 的合取，即 PCT 测试需要同时满足 PC 和 CT。
>
> $$\text{PCT:} \equiv \text{PC} \wedge \text{CT} \tag{4.4}$$ ♣

组合测试假定对于输入参数的所有可能值，被测程序是预先知道的，因此组合测试可以枚举它们的组合，进而控制输入值条件。例如，一个程序有两个输入参数，可从 1、2、3

⊖ https://github.com/EvoSuite。

中取值。组合测试一共可以枚举出 9 个输入值条件（3×3）。PCT 中对应的分支条件是程序执行中采用的分支组合。例如，一个程序有两个分支语句，其中一个是 if-then-else，另一个是 if-then。对于前者，程序执行有 4 种情况，PCT 需要枚举出总共 8 个分支条件（4×2）。实践中，通常监控并度量 PCT 测试期间的分支条件，而不是在测试前直接控制它们。

本节介绍一种贪心策略来最小化测试次数需要在 PCT 中实现 t- 因素组合测试目标。本节介绍通过组合策略来改进代码多样性测试。以清单 4.8 所示的简单函数 foo 为例，它触发了一个 java.lang.ArithmeticException 异常，即当第 12 行的 flag 等于零时。foo 中一共有 3 条 if-then 语句，每条 if-then 语句都包含了程序执行中的两种可能情况，即 then 子分支曾经执行过，else 子分支从未执行过。使用 br1、br2 和 br3 来命名这些分支语句。为了枚举每个分支的两种情况，用 1 表示曾经执行过的子分支，用 0 表示从未执行过的子分支。测试输入的输入参数的所有可能取值以及执行中分支 br1、br2 和 br3 的取分支条件的对应值如表 4.7 所示。

清单 4.8　PCT 待测程序示例

```
1   Type{L,M,R}
2   int foo (Type type, boolean x, boolean y){
3       int flag = 1;
4       int result = 0;
5       if (type = = Type.M){//br1
6           result = --flag;
7       }
8       if (x! = y && type! = Type.R){//br2
9           result = ( + +flag)*2;
10      }
11      if (y = = z){//br3
12          result = 1/flag;
13      }
14      return result;
15  }
```

表 4.7　PCT 测试示例

测试	类型	x	y	br1	br2	br3
$t1$	Type. L	false	false	0	0	0
$t2$	Type. L	false	true	0	1	1
$t3$	Type. L	true	false	0	1	0
$t4$	Type. L	true	true	0	0	1
$t5$	Type. M	false	false	1	0	0
$t6$	Type.M	false	true	1	1	1

(续)

测试	类型	x	y	br1	br2	br3
t7	Type.M	true	false	1	1	0
t8	Type.M	true	true	1	0	1
t9	Type.R	false	false	0	0	0
t10	Type.R	false	true	0	0	1
t11	Type.R	true	false	0	0	0
t12	Type.R	true	true	0	0	1

为了解释传统组合测试和 PCT 之间的差异，依次应用组合测试和 PCT 对 foo 进行分析。成对组合（2-因素组合）尝试 foo 中任意两个输入参数值的每一种组合，即与任意两个输入参数相关联条件下的每一种组合。假设对于所有三个输入参数中的任意两个，例如 type 和 x，共有五个输入值用于测试，type 的输入值和 x 的输入值的任意一种组合都可以称为成对组合。PCT 中成对测试尝试与任何两个分支语句关联的分支条件中的每个组合。例如，对于 foo 中的任意两条分支语句，如 br1 和 br2，有四个分支条件与之相关联，每个条件代表一个组合进行测试。如果测试输入包括输入参数值的某些组合，或者它的执行可以在分支选择条件下测试某些组合，称这些组合被这个测试输入覆盖。

为了在测试 foo 时减少实现 t-组合方式测试目标的测试数量，可以使用贪婪策略从表中给出的所有测试中选择测试的子集。每次选择一个测试覆盖大多数未发现的组合，即迄今为止所选测试未涵盖的组合。选择一直持续到所选的测试子集已经涵盖实现 t-组合测试目标。传统组合测试和 PCT 的工作原理类似。对于组合测试，贪心策略生成的一个可接受的测试集可以是 $T_{ICT} = \{t1, t4, t6, t7, t9, t12\}$。$T_{ICT}$ 覆盖 foo 中任意两个输入参数值的所有组合，从而实现组合测试的 2-因素测试目标。由于组合测试不关注 foo 的内部结构，组合测试只能努力尝试输入参数值的每一种组合，并不能触发异常，因为第 12 行的 flag 不能为 0 由组合测试触发。PCT 考虑了 foo 的内部结构并关注其分支获取信息，即在某些执行中采用了哪些分支语句的情况，如表中 br1、br2 和 br3 的值。使用贪婪策略来选择测试以实现 PCT 的 2-组合测试目标，可以生成另一个测试集 $T_{PCT} = \{t1, t2, t7, t8\}$。$T_{PCT}$ 可以在第 12 行触发异常，因为 T_{PCT} 可以依次执行第 6 行和第 12 行，这导致在执行 t8 时第 12 行的 flag 为零。

假设被测程序包含 n 个分支语句，分支范围是一个分支语句包含一个或多个子分支或子句，在执行过程中可能有多种情况，用不同的整数表示这些不同的情况。分支语句的分支范围是一组这样的整数，即使用 B_i（$i = 1, 2, \cdots, n$）来表示程序执行中第 i 条分支语句的分支范围，并用从零开始的连续整数来表示这些不同的情况。例如，if-then-else 分支语句在执行中的四种情况（即不执行、只执行 then 子分支、只执行 else 子分支、都执行）分别记为 0、1、2、3。之前的示例函数 foo 恰好不包含循环，并且具有三个仅包含 then 子分支的分支：br1、br2 和 br3。这使得 $B_i(i=1,2,3)$ 只能从 $\{0,1\}$ 中取一个值。那么对于 foo 中的任意第 i 条分支语句，在程序执行过程中有两种不同的可能情况，因此其分支范围为 $B_i=\{0, 1\}(i=1,2,3)$。分支条件是与 t 个特定分支语句关联的，即这些分支条件分支语句的所有可能分支范围值的组合。例如，示例 foo 中 br1 的分支范围是 $\{1,0\}$，br2 也是如此。因此，有四个与这两个分支相关的分支采取条件，即 $\{br1=1\&\&br2=1\}$、$\{br1=1\&\&br2=0\}$、$\{br1=0\&\&br2=1\}$，以及 $\{br1=0\&\&br2=0\}$。它们中的每一个都代表相关分支范围的特定值组合。

如果程序中与任何 t 分支语句相关的分支条件中的每个组合都至少被测试过一次，则称 PCT 中的 t-组合测试已经实现。例如，使用测试集 T_{PCT} 进行测试可以覆盖与 foo 中任意两个分支相关的分支条件中的每个组合，因此 T_{PCT} 是一个成对组合测试并使用 T_{PCT} 实现了 2-组合测试目标。输入值条件是与程序中任意 t 个输入参数相关的条件，这些条件表示程序中任意 t 个输入参数值的可能组合。例如，有六个输入值条件与输入参数 Type 和 foo 中的 x 相关联，即 $\{type=Type.L\&\&x=true\}$、$\{type=Type.L\&\&x=false\}$、$\{type=Type.M\&\&x=true\}$、$\{type=Type.M\&\&x=false\}$、$\{type=Type.R\&\&x=true\}$ 和 $\{type=Type.R\&\&x=false\}$。

如果程序中与任何 t 个输入参数关联的输入值条件的每个组合至少被测试过一次，则组合测试中的 t-组合测试已经实现。PCT 基于白盒分支信息进行组合测试。不同于传统组合测试程序，PCT 尝试检测由于其复杂而难以检测的故障难以满足的触发条件。PCT 使用分支条件的组合进行测试。PCT 面临两个主要挑战：首先是如何将 PCT 映射到概念层面的组合测试，其次是如何在输入值和分支条件之间定义组合测试。PCT 通过映射关系将输入值的组合与分支条件的组合结合起来。然而，枚举分支条件非常困难，因为执行死分支是不可控的。一个执行路径是由被测程序本身及其相应的测试输入决定的，这使得在测试执行之前很难进行精确控制。在测试过程中，如何监控和衡量分支条件的触发也是一个挑战。PCT 框架包括三个步骤：首先提取分支信息；然后从测试执行中删除冗余的分支信息；最后，贪婪地选择测试集以确保覆盖特定条件。为了更好地控制分支条件，PCT 通过从预先生成的测试集中选择测试，而不是在测试执行期间动态生成测试。以 t-组合测试为目标，PCT 用这些步骤，并最终检查通过选择的测试集是否能够检测到故障。

对于 if、switch 和 try-catch 等分支语句，提取有关在执行这些测试时采用了哪些信息。对于 while、do-while 和 for 等循环语句，提取有关循环内的语句是否已执行的信息。在从测试执行中提取分支信息的过程中，获得了每个分支语句的所有执行信息，并将它们视为每个分支的可选方案。然后通过将每个可选方案映射到一个唯一的整数来获得每个分支的分支范围。例如，为了实现例中 foo 的 2-组合测试目标，生成与任意两个分支相关联的分支选择条件，即三个（C_3^2）两个不同的选择分支。直接组合不同分支的分支范围值，即分支条件，可能会带来不可行的组合。考虑 foo 示例中的 br1 和 br2。与它们相关的理论分支采取条件包含四种组合，因为 br1 和 br2 的分支范围都是 $\{0,1\}$。T_{PCT} 可以涵盖所有这些组合。

但是，如果将条件类型 Type.M 第 5 行更改为 Type.R，相应的组合将包括不可行的组合。这是因为对于修饰的 foo，条件类型为 ==type 与内部条件类型 !=类型相反。R 在第 8 行，因此第 6 行和第 9 行不能通过任何测试同时执行。这使得 {br1=1&&br2=1} 成为一个不可行的组合。

这里，分支信息是区分 PCT 测试输入的唯一标准。当两个测试输入在它们的执行中共享相同的分支获取信息时，将它们视为相同的以实现特定的 t- 组合测试目标。需要剪掉这些冗余的分支信息。例如，在分析例中的函数 foo 时，删除了冗余的测试输入，例如 t9、t10、t11 和 t12，因为它们至少与分支获取信息中的另一个测试相同。例如，认为 t1 和 t9 是一样的，因为它们的分支取值信息都是 {br1=0&&br2=0&&br2=0}，从而修剪 t9。这是为了获得一组通用的测试，其中没有重复的分支信息。

实践中，由于分支条件是无法控制的，因此在实际执行之前很难确定它们。提取分支条件信息，并从通用测试集中选择测试用例，目标是在 PCT 中实现 k- 组合测试。然后监控整个选择过程并测量所选测试的相应覆盖率。通过这种方式，跳过直接控制分支采用条件，度量覆盖信息以实现不同的 t- 组合测试目标。使用贪心策略来最小化在 PCT 中实现某个 t- 组合测试目标所需的测试数量。每次从通用测试集中选择能够覆盖最多未发现组合的测试用例。重复此过程直到涵盖所有组合。在选择的时候，忽略那些已经覆盖的组合，保证选择的每一个测试都至少带来一个新的组合。通过这种方式，控制和度量分支采用条件以实现所需的测试。

为了选择覆盖最多未覆盖组合的测试以实现 t- 组合测试目标，列出了分支采用条件下的所有组合与程序中所有 n 分支（C_n^t 不同的选择）中的任何 t 分支相关联，并计算每个剩余测试的未覆盖组合的数量。我们采用了一些优化策略，这样就不必在每次选择时计算 C_n^t 次。例如，当所有测试在执行过程中对某些分支语句的行为相同时，忽略此类分支语句，因为它们对贪婪策略没有贡献。假设有 x 个这样的分支，在枚举所有分支采用条件时，只需要分析 C_{n-x}^t 条 t 条分支语句的不同选择。随着所考虑的分支语句的减少，复杂度呈指数降低。此外，还有一些其他的启发式策略，可能会带来更多的优化。

4.2.3 行为多样性测试

现有的实验研究表明，软件的执行剖面可以用来当作对某种行为的刻画。与失效的测试相似的测试往往也失效。这些失效的测试在执行轨迹上通常具有共同的异常特征。这里执行剖面是程序执行轨迹的具体表现，它记录了在一次执行中程序中的哪些实体被执行到，这些实体可能包括程序的语句、函数或组件等。根据以上的研究，失效的执行可能会有相似的执行剖面。因此可以使用聚类算法将这些剖面聚在一起，通过对成功和失效的测试进行聚类，以预测它们的执行结果。基于上述思想的抽样方法统称为行为多样性策略。

行为多样性策略通常是指构造或生成一系列的测试输入，然后执行测试，检查执行结果是否与需求一致。基于观察的测试涉及以下步骤：收集一组现有的测试输入，使用这些输入执行插桩的程序版本并收集程序剖面集合，分析程序剖面并选择和评估原始执行集合的一个子集并保持子集能满足一定需求。抽样审查测试试图通过从所有的执行中过滤出一部分更可能失效的测试来减少这种工作量。核心是分析软件执行剖面进而采用分层随机抽样验证。

给定的一组 n 个失效测试 $T=\{t_1,t_2,\cdots,t_n\}$ 由 m 个软件故障 $B=\{b_1,b_2,\cdots,b_m\}$ 引发，这里 m 和 B 均未知。假设一个同样未知的预测函数 $\Phi: T \to B$ 刻画了 T 和 B 之间的映射关系：失效测试 t_i 是由于故障 b_k 导致的，当且仅当 $\Phi(t_i)=k$。故障 b_k 被称为失效测试 t_i 的根因。为了清楚和简单起见，本节只关注由一个故障引起的失效。

> **定义 4.8　故障预测函数**
>
> 故障预测函数 Φ 将故障集 T 划分为 m 个互斥且可枚举的故障类 $\{G_k\}_{k=1}^{m}$：
>
> $$G_k = \{t_i \mid \Phi(t_i)=k, i=1,2,\cdots,n\} \quad (4.5)$$
>
> 用 G 来表示这个划分，即 $G=\{G_1,G_2,\cdots,G_m\}$。　♣

不难看出，这是基于执行剖面的等价类划分。对于给定的失效测试 t，$G_{\Phi(t)}$ 是 x 所属的故障类别，$G_{\Phi(t)}$ 包含由相同故障导致失效的所有测试的集合。这里核心问题就是获取故障集 T 的一个经验划分 G'，使得经验划分 G' 和理论划分 G 差异极小化。假如 $G'=G$，则称之为完美划分或最优划分。在不考虑成本的前提下，可以定位每个失效测试的根因，并根据其根因对失效测试进行划分从而得到一个完美划分。显然，这在工程上是不切实际的，因为多样性抽样策略的主要动机是避免调试和分析每个测试的故障。

> **定义 4.9　软件行为抽样策略**
>
> 软件行为抽样策略通常表示为一个三元组 <F,D,C>，其中 F、D 和 C 是特征函数、距离函数和聚类方法。　♣

F 从程序中提取故障特征，将失效的执行映射到紧凑的表示中，希望失效特征能为后期的故障定位和分析提供基础。特征函数可以在运行时应用（例如，提取调用堆栈），也可以涉及离线处理（例如，计算动态切片）。提取故障特征后，距离函数 D 根据相应特征之间的差异计算故障之间的成对距离。距离函数 D 的输出是 $n \times n$ 的相似矩阵 M，其中 $M_{i,j}$ 是故障 x_i 和 x_j 之间的距离，即测试行为差异度。不同的特征函数往往需要不同的距离函数来度量。

聚类方法根据计算的邻近矩阵对故障进行划分。当前存在许多聚类算法，如 K-Means 聚类、层次聚类等。本书不重点研究不同的聚类算法如何为相同的邻近矩阵呈现不同的聚类结果，更多地关注如何产生良好的故障相似度，使得由于相同错误导致的故障之间的距离较小。这里故障邻近度问题主要涉及如何设计一个特征函数 F 来从故障中提取特征，以及如何使用适当的距离函数 D 来产生一个恰当的差异度矩阵。

下面简单介绍六种具有代表性的故障近似软件行为抽样方法，如表 4.8 所示，并以图 4.6 中的程序进行示例说明，该程序由四个功能组成。函数 A 调用函数 B 或函数 C，具体取决于输入值 z。函数 B 和 C 使用公共输出函数 write2buf 将给定值放入缓冲区，一旦缓冲区满，缓冲区就会被刷新（第 21 行）。假设第 2 行和第 3 行分别有两个错误，z 的值决定了输出点（第 21 行）出现的错误。右侧列出了 z=1 和 z=0 的两个执行以及每个步骤中相应的堆栈跟踪。

表 4.8 故障近似软件行为抽样方法

方法名称	F：特征函数	D：距离函数
FP-Proximity	故障点	0-1 距离
ST-Proximity	堆栈信息	0-1 距离
CC-Proximity	代码覆盖	Jaccard 距离
PE-Proximity	谓词评估	欧氏距离
DS-Proximity	动态切片	Jaccard 距离
SD-Proximity	缺陷定位	Kendall's tau 距离

```
        void A ()                void B (int x)           Execution 1 with z=1:            Stack Trace
1.  {…                     10. {…                    2_1. x = …; //FAULT1            [A]
2.    x = …; //FAULT1      11.   write2buf(x);       3_1. y = …; //FAULT2            [A]
3.    y = …; //FAULT2      12. }                     4_1. z = fgetc(…);              [A]
4.    z = fgetc(…);        13.                       5_1. if(z>0)                    [A]
5.    if(z>0)              14. void C (int y)        6_1.   B(x);                    [A]
6.       B(x);             15. {…                    11_1.   write2buf(x);           [A B]
7.    else                 16.   write2buf(y)        21_1.    flush (…, & v, …)      [A B write2buf]
8.       C(y);             17. }
9.  }                      18.                           Execution 2 with z=0:
                           19. void write2buf(int v)  2_1. x = …; //FAULT1            [A]
                           20. {…                     3_1. y = …; //FAULT2            [A]
                           21.   flush (…, & v, …);   4_1. z = fgetc(…);              [A]
                           22. }                      5_1. if(z>0)                    [A]
                                                      8_1.   B(x);                    [A]
                                                      16_1.   write2buf(x);           [A C]
                                                      21_1.    flush (…, & v, …)     [A C write2buf]
```

图 4.6 代码示例

FP-Proximity：基于故障点的故障相似度。故障点可能是故障特征最直观的选择，因为它们是崩溃故障的崩溃场所。一个程序 P 包含多个程序语句，每个语句可以在程序 P 的一次执行中执行多次。语句 s 的第 i 次执行称为程序语句 s 的第 i 次执行实例，记为 s_i。如果 si 是第一个与预期不同的执行实例，则执行失效的失效点是执行实例 s_i。对于崩溃故障，故障点是崩溃地点，因为崩溃是第一个可观察到的意外行为。对于非崩溃故障，故障点是发出第一个意外输出的输出点。意外的输出被测试预言捕获，该程序指定了预期的行为。执行实例 1 和 2（即 Execution1 和 Execution2）是两个失效的失效点，因为它们发出第一个意外输出。在 FP-Proximity 中，特征函数 F 是从每个故障中提取故障点，距离函数是 0-1 距离，定义为如果 u 和 u′ 对应同一语句，则 $D(u,u')=0$ 否则 $D(u,u')=1$，其中 u 和 u′ 是两个执行实例，代表了 FP-Proximity 上下文中两个失效的失效点。

ST-Proximity：基于堆栈跟踪的邻近性，并且根据故障的故障点计算故障的故障堆栈跟踪。ST-Proximity 的特征函数 F 是从失效的执行跟踪中提取失效堆栈跟踪。堆栈跟踪的提取可以通过对控制流跟踪的离线反向遍历来实现，该控制流跟踪捕获已执行的指令流。但是，ST-Proximity 也使用 0-1 距离来计算故障之间的相似度。它为具有相同故障堆栈跟踪的故障分配 0 距离，否则分配 1 距离。也可以将堆栈跟踪视为一系列调用站点，并使用一些更精细的级别距离来量化堆栈跟踪之间的相似性。需要注意，编辑距离中定义的插入、删除和替换操作对堆栈跟踪几乎没有意义，但不排除其他距离可能会产生更好的结果。

CC-Proximity：在执行的代码覆盖率上填充与计算故障之间的距离，其中覆盖率是在函数级别计算的。将代码覆盖率（CC）定义如下：程序 P 的执行 e 的代码覆盖率是在 e 中执行的程序语句的集合。在例中，执行 1 和执行 2 的代码覆盖率分别为 {2,3,4,5,6,11,21} 和 {2,3,4,5,8,16,21}。代码覆盖率也称为执行切片。因为代码覆盖本质上是一组执行的语句，所以在集合上定义的任何距离都足够，这里选择 Jaccard 距离。给定两个非空集合 S 和 S′，Jaccard 距离为 $D(S,S')=1-\left|\frac{S\cap S'}{S\cup S'}\right|$，其中 |S| 表示集合 S 的大小。CC-Proximity 的指纹功能是跟踪代码覆盖率，距离功能就是 Jaccard 距离。同一语句的多个实例由代码覆盖率中的单个语句表示。

PE-Proximity：基于谓词评估表征执行的另一种方式。谓词是关于任何程序属性的命题。实践中，以下两种谓词在主题程序中被统一使用，因为它们在表征执行方面是有效的：对于每个布尔表达式 b，都会检测到谓词"$b==true$"；对于每个函数调用站点，都会检测三个谓词"$r>0$""$r=0$"和"$r<0$"，其中 r 是函数调用返回值。检测谓词 P 的源代码位置称为谓词 P 的检测站点。每次执行检测站点时，相应的谓词都会被评估为真或假。PE-Proximity 的特征函数 F 将收集到的谓词评估转换为谓词向量。假设 L 谓词在程序 P 中进行检测，在所有运行中以固定的任意顺序编号。一次执行的谓词评估向量是一个 L 维向量 v，其中第 i 个维度 $v(i)$ 是第 i 个谓词 P_i 的真实评估与总数的比率执行期间的评估。如果在执行期间从未评估过 P_i，则 $v(i)=0.5$，因为没有证据表明对 P_i 的评估是否偏向于真或

假。由于谓词向量是数值向量，PE-Proximity 使用欧氏距离作为距离函数 D，这是 p- 范式 Minkowski 距离的特例 $(p=2)$：$D_p(v,v') = \left(\sum_{i=1}^{L} |v(i)-v'(i)|^p\right)^{1/p}$，其中 v 和 v' 在 PE-Proximity 的上下文中用两个失效的谓词评估向量实例化。

DS-Proximity：基于动态切片进行分析。动态切片包括动态数据依赖和动态控制依赖，语句 s 的执行实例 s_i 对 t 语句的执行实例 t_j 具有数据依赖性（dd），记为 $s_i \xrightarrow{dd} t_j$，当且仅当存在一个变量，其值在 t_j 处定义，然后在 s_i 处使用。语句 s 的语句执行实例 s_i 对语句 t 的执行实例 t_j 具有控制依赖性（cd），用 $s_i \xrightarrow{cd} t_j$ 表示。语句 s 的第 i 个执行实例的动态切片用 $DS(s_i)$ 表示，$DS(s_i) = \{s\} \cup \bigcup_{\forall t_j, s_i \xrightarrow{dd} t_j \text{ or } s_i \xrightarrow{cd} t_j} DS(t_j)$。DS-Proximity 的特征函数 F 从 FP 计算动态切片，包含所有直接或间接导致程序失效的语句，这些语句要么是错误输出，要么是程序崩溃。例如，图 4.6 中 z=1 执行的动态切片为 $\{2,4,5,6,11,21\}$。请注意，即使在语句实例之间定义了依赖关系，切片中也只包含唯一的语句。

上述不同的软件行为抽样方法核心的关键是计算不同的运行剖面，建立软件行为失效模型。执行剖面应能够和反映软件运行时与失效有关的事件相关联。实践表明有很多形式的执行剖面可以被使用，包括语句剖面、基本块剖面、路径剖面、函数调用剖面，以及各种形式的数据流剖面等。如果输出与预期不同，说测试 t 在程序 P 上失效。软件行为抽样是一个三元组 $<F,D,C>$，其中 F、D 和 C 是特征函数、距离函数和聚类函数。在完成聚类后，需要采用不同的抽样方法实现测试生成和选择。

基于聚类的软件行为抽样方法把具有类似执行剖面的程序聚集到同一类簇，然后从每个类簇中抽样。在理想的情况下，如果有 m 个错误，失效的测试会被分成 m 个类簇。每个类簇都是造成同样的故障的测试。因此，要找到这些错误，只需要随机从每个类簇中找一个测试。这是 one-per-cluster 抽样策略。n-per-cluster 抽样是 one-per-cluster 抽样的加强版本，它随机从每个类簇中选择 n 个测试。它的思想是通过选择更多的测试来发现更多的错误。自适应采样先从每一个类簇中随机选择一个测试，然后将所有测试的输出进行检查，检查结果（成功或失效）用于指导下一次的选择。如果选择的测试失效，则在同一类簇中的所有其他测试都会被选择。

本章练习

1. 针对日期程序 NextDay，分别进行均匀随机测试、非均匀随机测试、自适应随机测试和引导性随机测试，并给出相应的具体测试示例。

2. 针对均值方差程序 MeanVar，分别进行均匀随机测试、非均匀随机测试、自适应随机测试和引导性随机测试，并给出相应的具体测试示例。

3. 针对日期程序 NextDay 注入一个 Bug，并计算等价类划分和均匀随机测试相应的测试效率和指标。

4. 针对均值方差程序 MeanVar 注入一个 Bug，并计算等价类划分和均匀随机测试相应的测试效率和指标。

5. 针对日期程序 NextDay 注入一个 Bug，并计算等价类划分和均匀随机测试相应的测试效率和指标。

6. 针对某航空公司的机票预定程序进行等价类测试和组合测试练习。

7. 正在测试一个购物车结算过程，待测程序包含以下参数：
- 支付方式：信用卡、微信、支付宝、礼品卡。
- 运输方式：拼单、标准、快递、航空快递。
- 优惠券：无、9 折、8 折、满 100 减 20。

使用两两配对测试方法，生成测试以覆盖所有可能的输入参数对的组合，并使用以下表格记录测试用例。

测试编号	支付方式	运输方式	优惠券代码
…	…	…	…

8. 针对一个开源项目的某个模块，完成代码多样性测试、组合多样性测试和行为多样性测试，并分析三者之间的区别与关联。

第 5 章
Chapter 5

故障假设测试

"成功的经验各有不同，失败的教训却总是相似"。软件工程师通过研究故障模式来防止发生类似故障，对常见故障模式的经验总结也被用于软件设计方法和编程语言的改进。当然，并不是所有的故障都可以使用静态分析进行检测和预防，有些故障必须通过动态分析的测试才能发现。

本章首先介绍最常用的边界故障假设。因为边界是程序员最容易犯错，也是计算容易产生故障的区域。5.1.1 节介绍边界值分析与测试。通过边界值分析可以更快速找到软件缺陷，因为边界处的缺陷密度往往更大。边界故障可以分为三大类，即输入边界、中间边界和输出边界。中间边界又分为静态的代码边界和动态的计算边界。5.1.2 节介绍变异分析的基本概念。通过极小语法的改变产生变异来模拟程序员常犯的错误，还介绍变异算子选择方法及其相关理论，更多的常用变异分析优化方法可参阅其他文献。5.1.3 节首先将程序逻辑抽象成布尔范式进行故障建模，分析逻辑故障结构之间的理论联系，然后详细分析了 10 种逻辑故障，建立了正确且完备的故障层次结构，为后续章节的 MCDC 及其他逻辑测试覆盖准则提供理论基础。

5.2.1 节介绍边界故障假设，关注静态的代码边界分析，如路径判定条件和数值范围等。每个输入子空间受多个约束，输入变量依赖分析为边界约束生成边界输入。5.2.2 节介绍变异故障假设，利用与源程序差异极小的简单变异体来模拟代码缺陷，还介绍常用变异测试工具 PITest 在面向过程和面向对象程序中的开发者测试应用，并作为测试效果评估的重要指标。5.2.3 节介绍逻辑故障假设，只考虑逻辑相关的故障假设。前面的章节介绍了 SA0 和 SA1 的故障组合等同于 MCDC 覆盖准则，在代码上测试满足相应逻辑故障的测试输入需要与路径选择、符号执行和约束求解等技术相结合。

基于故障假设，开发者和测试人员可以关注软件中可能出现问题的部分，从而提高测试用例的覆盖率，有助于发现软件中隐藏的缺陷和问题。根据故障假设，测试人员可以优先执行可能导致软件故障的测试用例，从而提高测试的效率。在软件开发过程中，尽早发现和修复问题可以降低修复的成本。故障假设有助于开发者关注潜在的问题，尽早发现并及时修复问题，从而降低修复的成本。

5.1 故障假设测试理论与方法

常见软件故障的经验分析也被用于改进软件设计方法和编程语言,进而预防类似故障以提高软件质量。并不是所有的程序错误都可以使用静态分析来预防,基于故障的测试是选择能够将待测程序与包含假设故障的替代程序区分开来的差分测试方法。故障注入常常用于评估测试集的充分性,进而生成或选择新的测试以扩充原有测试集。本节介绍此类最常用的方法:边界故障假设测试。因为边界是程序员最容易犯错,也是计算机最容易产生故障的区域所在。

5.1.1 边界值测试

所谓边界值,是指对于划分区域而言,稍高于其最高值或稍低于最低值的一些特定情况。边界值分析的步骤包括确定边界、选择测试两个步骤。根据大量的测试统计数据,很多错误都发生在输入或输出范围的边界上,而不是发生在输入范围的中间区域。因此针对各种边界情况设计测试,可以查出更多的错误。边界值分析法是一种很实用的黑盒测试方法,且具有较强的故障缺陷检测能力,将输入域 D 划分为一组子域,并在此基础上生成测试输入。

等价类划分和边界值分析针对以下两大类错误:计算错误,即在实现中对某些子域应用了错误的函数;域错误,即实现中两个子域的边界是错误的。在等价类划分中,倾向于查找计算错误的测试输入。由于计算错误会导致在某些子域中应用错误的函数,因此在等价类划分中,从每个子域中仅选择几个测试输入是正常的。边界值分析倾向于通过使用靠近边界的测试输入来查找域错误。假设相邻子域之间的边界被错误地实现,导致子域偏差,然后测试输入将应用错误的功能,因此如果在实现中位于错误的子域中,则能够检测到此故障。因此,边界值分析方法旨在生成一组测试输入,如果存在域错误,那么在实现中至少有一个测试输入可能位于错误的子域中。

实践中,通常先使用位于等价类边界值处的测试数据来分析应用程序的行为,然后使用位于边界的测试数据,在软件应用程序中发现错误的可能性更高。考虑在等价分区教程中使用的相同示例。一个应用程序接收一个数值为 10～100 的数字作为输入。在测试这样的应用程序时,不仅会用 10～100 的值来测试,还会用其他值集来测试,比如小于 10、大于 10、特殊字符、字母数字等。具有开放边界的应用程序或没有一维边界的应用程序不适合这种技术。在这些情况下,会使用其他黑盒技术,例如"域分析"。如果输入条件规定了值的范围,则应取刚达到这个范围的边界的值,以及刚刚超越这个范围边界的值作为测试输入数据。例如,如果程序的规格说明中规定:"重量在 10～50kg 范围内的邮件,其邮费计算公式为……"边界分析应取 10 及 50,还应取 10.01、49.99、9.99 和 50.01 等。

如果输入条件规定了值的个数,则用最大个数、最小个数、比最小个数少 1、比最大个数多 1 的数作为测试数据。例如，一个输入文件应包括 1255 个记录，则取 1 和 255，还应取 0 和 256 等。根据规格说明的每个输出条件应用前面的原则。例如，某程序的规格说明要求计算出 "每月保险金扣除额为 0 至 1165.25 元"，其测试可取 0.00 和 1165.24，还可取 -0.01 和 1165.26 等。如果程序的规格说明给出的输入域或输出域是有序集合，则应选取集合的第一个和最后一个元素。如果程序中使用了一个内部数据结构，则应当选择这个内部数据结构的边界上的值。分析规格说明，找出其他可能的边界条件。通常情况下，软件测试所包含的边界检验有几种类型：数字、字符、位置、重量、大小、速度、方位、尺寸、空间。相应地，以上类型的边界值应该在：最大/最小、首位/末位、上/下、最快/最慢、最高/最低、最短/最长、空/满。

> **定义 5.1　边界值分析**
>
> 输入域 D 划分为一组子域 $D_1, D_2 \cdots, D_n$，假设 D_i 存在最小值 $\min_i$ 和最大值 $\max_i$，+ 和 - 分别表示略大于或略小于最小值，min 和 max 分别表示选取的边界值。则 $\cup_i \{\min_i+, \max_i-\}$ 称为输入域 D 的正向边界值分析，$\cup_i \{\min_i-, \max_i+\}$ 称为输入域 D 的负向边界值分析，$\cup_i \{\min_i+, \min_i-, \max_i-, \max_i+\}$ 称为输入域 D 的边界值分析。

边界值分析法的基本原理是故障更可能出现在输入变量的极值附近。边界值分析法的基本思想是选取正好等于、刚刚大于或刚刚小于边界的值作为测试数据，而不是选取等价类中的典型值或任意值作为测试数据。将输入域 D 划分为一组子域 $D_1, D_2, \cdots, D_n$ 并在此基础上生成测试输入。针对每个子域 D_i 的最小值 min 和最大值的 max，选取略大于最小值的 min+ 或者略小于最小值的 min-，以及略大于最小值的 max+ 或者略小于最小值的 max- 作为测试数据，是边界值分析的基本思路。假设相邻子域 D_i 和 D_j 之间的边界被错误地实现，导致产生新的子域 A_i 和 A_j。如果 x 在实现中位于错误的子域中，则测试输入 x 将会应用错误的功能，因此能够检测到此故障。可能 $x \in D_i$ 且 $x \notin A_i$ 或者 $x \in s_j$ 且 $x \notin A_j$。因此，针对边界值分析的方法旨在产生一组测试输入，以便在存在域错误的情况下，至少有一个测试输入可能会在实现中位于错误的子域中。

首先以三角形类型 Triangle 的边界值分析测试的生成过程。在 Triangle 中，除了要求边长是整数外，没有给出其他限制条件。在此，将三角形每边边长的取值范围设为 [1, 100] 的整数。因此边界值分析主要从以下几个方面进行。

- min-：三边中某一边长度为 0 的数据，预期输出结果为 "无效输入值"。
- min：三边中某一边长度为 1 的数据，预期输出结果还不能确定。
- min+：三边中某一边长度为 2 的数据，预期输出结果还不能确定。
- max-：三边中某一边长度为 99 的数据，预期输出结果还不能确定。
- max：三边中某一边长度为 100 的数据，预期输出结果还不能确定。

- max+：三边中某一边长度为 101 的数据，预期输出结果为"无效输入值"。
- 其他：三边中某一边长度为负数的数据，预期输出结果为"无效输入值"。

对于每种情况，测试人员应该输入合适的数据进行测试，并检查程序输出的结果是否符合预期结果。测试人员还应该检查程序对超出上下限的数据的处理方式，以避免程序意外崩溃或产生错误的输出。由于三角形类型由三边组合才能确定，因此上述边界值分析还存在若干预期输出结果不能确定的情形。将边界值分析和组合测试相结合可以更全面地测试程序，并发现更多的错误。这样可以确保测试用例覆盖所有可能的情况，并提高测试用例的效率和覆盖率。关于三角形的无效边界值分析，如表 5.1 所示，表中是围绕参数 a 展开的局部示例，其他留给读者思考。

表 5.1 无效边界值分析示例

ID	a	b	c	预期输出	ID	a	b	c	预期输出
1	0	2	3	无效	6	101	2	3	无效
2	1	2	3	无效	7	−1	2	3	无效
3	2	2	3	等腰	8	1	1	3	无效
4	99	2	3	无效	9	1	1	1	等边
5	100	2	3	无效	10	100	100	100	等边

再看看日期程序 NextDay 的边界值分析示例。在 NextDay 中，隐含规定了参数 month 和参数 day 的取值范围为 $1 \leqslant month \leqslant 12$ 和 $1 \leqslant day \leqslant 31$，并设定参数 year 的取值范围为 $1900 \leqslant year \leqslant 2050$。这里的显性边界是 year 的 1900 和 2050、month 的 1 和 12，注意不同月份的日数区别，尤其是闰年和平年 2 月日数的区别，day 的边界要考虑 1、28、29、30 和 31。总的来说，日期程序 NextDay 的边界值分析中，大概需要考虑使用包含最大值、最小值、闰年、非闰年、30 天和 31 天等因素。其边界值分析示例如表 5.2 所示。

针对均值方差计算程序 MeanVar 进行边界值分析和测试时，我们需要确定输入和输出的边界限制。该程序的输入是一组数字数据，输出是数据的均值和方差。该程序的一些可能的边界值包括：

- 只有一个数值的输入：此测试用例检查程序是否能处理最小的输入大小。
- 具有两个相同值的输入：此测试用例检查程序是否能处理最小的非零方差。
- 具有两个不同值的输入：此测试用例检查程序是否能处理非零方差。
- 具有最小允许值的输入：此测试用例检查程序是否能处理最小允许输入值。
- 具有最大允许值的输入：此测试用例检查程序是否能处理最大允许输入值。
- 具有超出允许范围的值的输入：此测试用例检查程序是否能处理无效的输入。

除了边界值测试之外，还应执行其他测试，以确保程序可以处理典型和边缘情况。测试用例应涵盖不同类型的数据，例如整数和浮点值、正值和负值，以及大值和小值。

表 5.2 边界值分析示例

ID	month	day	year	预期输出	ID	month	day	year	预期输出
1	6	15	1812	June 16, 1812	8	6	30	1912	July 1, 1912
2	6	15	1813	June 16, 1813	9	6	31	1912	无效
3	6	15	1912	June 16, 1912	10	1	15	1912	January 16, 1912
4	6	15	2011	June 16, 2011	11	2	15	1912	February 16, 1912
5	6	15	2012	June 16, 2012	12	11	15	1912	November 16, 1912
6	6	1	1912	June 2, 1912	13	12	15	1912	December 16, 1912
7	6	2	1912	June 3, 1912					

针对均值方差计算程序进行边界值分析，应该考虑一些特殊情况，以确保程序的正确性和鲁棒性。以下是一些可能需要考虑的情况。

- 边界情况：应该考虑输入数据的边界情况。例如，当输入数据包含最大值或最小值时，程序应当能够正确处理这些情况。
- 数据类型：应该考虑输入数据的数据类型。例如，当输入数据为浮点数时，程序应该使用浮点数计算，以避免舍入误差。
- 数据格式：应该考虑输入数据的格式。例如，当输入数据为时间序列时，程序应该考虑时间序列的特殊性，并使用适当的方法计算方差。
- 数据分布：应该考虑输入数据的分布情况。例如，当输入数据为正态分布时，程序可以使用均值和标准差计算方差。但是，当输入数据不是正态分布时，程序应该使用适当的方法计算方差。

为了确保程序的正确性和鲁棒性，可以使用一些测试用例来验证程序的输出结果。例如，可以使用包含最大值、最小值、浮点数、时间序列等特殊情况的测试用例，以验证程序的正确性。具体示例留给读者练习。

边界值分析可被看作一种方法，并且在每个 A_i 上实现的行为是一致的，以及在 A_i 上的实现的函数 $\overline{f_i}$ 的导数符合 f_i [如果 $\overline{f_i}$ 不符合 f_i，那么期望分区分析找到了这个计算错误。因此，对于每个 (D_i, f_i)，都有一个对应的 $(A_i, \overline{f_i})$。边界值分析中生成的测试输入针对这些假设所允许的错误类型——域错误。假设每个 (s_i, f_i) 都有一个 $(A_i, \overline{f_i})$]。

假设将在边界周围生成成对的测试输入的基本思想扩展到边界值分析的其他方法中。考虑规范中子域 D_i 和 D_j 之间的边界 B，假设边界上的值在 D_i 中。为了检查边界 B，生成 (x, x') 形式的成对测试输入，使得 x 在边界上（因此在 x' 中），而 D_i 在 D_j 中并且接近 x。如果 x 和 x' 在实现的正确子域 A_i 和 A_j 中，则实际边界必须在 x 和 x' 之间通过。如果两个子域都不包含边界，则将生成成对的测试输入，并且在边界的任一侧都有一个。

边界值分析可能会存在偶然正确的情况。假设在确定性规范中存在两个相邻的子域 S_i 和 S_j，系统功能在这两个子域上分别为 f_i 和 f_j。进一步假设子域 S_i 和 S_j 之间的边界是错误的实现，导致在实现中出现子域 A_i 和 A_j，并且使用了测试输入 x，$x \in S_i$ 且 $x \in A_j$。因此，x 在实现中位于错误的子域中。但是，只有在观察到错误时，x 才会检测到该域错误，并且仅当 f_i 和 f_j 在 x 上产生不同的输出时才会发生。因此，如果 $f_i(x) = f_j(x)$，则测试输入 x 无法检测到其中 x 位于 A_j 而不是 A_i 的域错误。如果是这种情况，那么对于检查 S_i 和 S_j 之间的边界，x 是测试输入的较差选择，而不管它是在边界上还是在接近边界上（即不在边界上）。

一个常常被忽略的边界值分析领域是计算稳定性分析。计算稳定性是数值算法普遍需要的特性。稳定性的精确定义取决于上下文。一种是数值线性代数，另一种是通过离散逼近求解常微分方程和偏微分方程的算法。在数值线性代数中，主要关注的是由于接近各种奇点而导致的不稳定性，例如非常小的或几乎碰撞的特征值。在微分方程的数值算法中，关注的是舍入误差的增长和/或初始数据的小波动，这可能导致最终答案与精确解之间存在较大偏差。一些数值算法可能会抑制输入数据中的小波动，其他算法可能会放大此类波动。不会放大近似误差的计算称为数值稳定的。软件工程的一项常见任务是尝试选择稳定的数值算法，也就是说，对于输入数据的非常小的变化，不会产生截然不同的结果。通常，算法涉及一种近似方法，并且在某些情况下，可以证明该算法会在一定限度内接近正确的解决方案。即使在使用实际实数，而不是浮点数时，也不能保证它会收敛到正确的解，因为浮点舍入或截断误差可以被放大，而不是被阻尼和抑制，导致与精确解的偏差快速放大。

首先看看一个简单的数值程序：方差计算。$x_1, x_2, \cdots, x_n$ 的方差公式是

$$\sigma^2 = \frac{\sum_{i=1}^{n}(x_i - \bar{x})^2}{n-1} = \frac{\sum_{i=1}^{n}x_i^2 - \left(\sum_{i=1}^{n}x_i\right)^2/n}{n-1} \tag{5.1}$$

在清单 5.1 所示的算法中，因为 SumSq 和（Sum*Sum）/n 可能是非常相似的数字，所以取消会导致结果的精度远低于用于执行计算的浮点算法的固有精度。因此，该算法不应该在实践中使用，而是使用几种替代的、数值稳定的算法。如果标准偏差相对于平均值很小，这尤其糟糕。众所周知，方差具有平移不变性，即 $\text{Var}(X-K) = \text{Var}(X)$。可以根据这个特性来构造算法避免该公式中的灾难性对消。

$$\sigma^2 = \frac{\sum_{i=1}^{n}(x_i - K)^2 - \left(\sum_{i=1}^{n}(x_i - K)\right)^2/n}{n-1} \tag{5.2}$$

这里，K 越接近平均值，结果越准确，但只需选择样本范围内的值即可保证所需的稳定性。如果值 (x_i-K) 小，则其平方和没有问题，相反，如果它很大，则必然意味着方差也很大。在任何情况下，公式中的第二项总是小于第一项，因此不会发生对消，从而具有算法稳定性。

清单 5.1 示例程序

```
1  Let n=0, Sum=0, SumSq=0
2  for each x:
3      n=n+1
```

```
4      Sum = Sum + x
5      SumSq = SumSq + x*x
6      Var = (SumSq - (Sum*Sum) /n) / (n-1)
```

从航空航天和机器人技术到金融和物理学的现代基础设施都严重依赖浮点代码。浮点代码容易出错，因此对其正确性进行推理是一个长期的挑战，主要困难来自浮点运算和实数运算之间细微的语义差异。例如，实数算术 a+(b+c)=(a+b)+c 中的关联性规则在浮点算术中不成立。假定舍入模式是 IEEE 754 标准中定义的默认最近舍入模式。

有如下代码：

```
float x=0.999 999 999  999 999 9
if(x<1){
    assert(x+1<2);
}
```

乍一看，该代码可能看起来正确。但是，如果将输入设置为 0.999 999 999 999 999 9，将采用分支"if(x<1)"，但随后的"assert(x+1<2)"将失败（x+1=2 在这种情况下）。现在，如果在不同的舍入模式下运行相同的代码（例如，舍入为零），则断言变为有效。为了对这种违反直觉的浮点行为进行推理，可能会认为需要进行正式的语义分析。实际上，一些数值计算程序可以确定浮点约束在舍入至最接近模式下是可满足的，而在其他舍入模式下则无法满足。但是，分析和语义之间的紧密联系对于涉及浮点算术运算，非线性关系或超越函数的实际代码，可能很快会成为问题。

边界值分析可以从输入和输出的角度来检查软件的边界条件。它是一种黑盒测试方法，可以检查程序在最小和最大输入值以及边界上的行为。从输出角度来看，边界值分析关注的是软件输出结果的边界情况。在进行边界值分析时，测试人员应该考虑输出数据的上下限，以及这些限制对程序的影响。因此，输出的边界值分析往往体现为某种功能性和可靠性的边界值分析。输出边界值分析和输入边界值分析有时候很容易混淆。前者更关注输出的某种边界反转。例如日期程序 NextDay 关注年和月的反转边界，当然这里特别考虑闰年和不同月份天数带来的影响。对于均值方差计算程序 MeanVar，重点关注均值的正负和零的边界问题，也关注方差零的边界问题。对于这两个小程序，通过输出边界值分析很容易倒推出输入值要求。但对于大规模程序，从输出边界值分析派生有效输入值并不是一件简单的事情。

我们再看看三角形类型 Triangle 的边界值分析测试的生成过程。对于输入边界值分析，主要针对三角形每边边长的取范围值设值为 [1,100]。而对于输出边界值分析，则关注等腰三角形、等边三角形、无效三角形和普通三角形的隐形边界分析。对于隐形边界等腰，需要取恰好等腰和恰好不是等腰。对于隐形边界等边，需要取恰好等边和恰好不是等边。对于隐形边界无效，需要取恰好无效和恰好不是无效。当然，输入边界值分析常常也与输出边界值分析结合起来使用。我们首先看以参数 a 为对象的等腰边界值分析示例，如表 5.3 所示。读者可以补充思考参数 b 和 c 为对象的等腰边界值分析示例。关于三角形的无效特性的边界值分析如下，依然围绕参数 a 展开，如表 5.4 所示，其他留给读者思考。

表 5.3　等腰边界值分析示例

ID	a	b	c	预期输出	ID	a	b	c	预期输出
1	0	50	50	无效	5	100	50	50	无效
2	1	50	50	等腰	6	99	50	50	等腰
3	2	50	50	等腰	7	50	50	50	等边
4	101	50	50	无效					

表 5.4　无效边界值分析示例

ID	a	b	c	预期输出	ID	a	b	c	预期输出
1	0	2	3	无效	6	101	2	3	无效
2	1	2	3	无效	7	4	2	3	普通
3	2	2	3	等腰	8	5	2	3	无效
4	99	2	3	无效	9	6	2	3	无效
5	100	2	3	无效					

5.1.2　变异测试

变异测试也称为变异分析，是一种对测试集的有效性和充分性进行评估的技术，能为研发人员开展需求设计、单元测试、集成测试提供有效的帮助。变异测试用于评估测试集的适用性，有助于发现系统中的任何故障。在变异分析的指导下，测试人员可以评价测试的错误检测能力，并辅助构建错误检测能力更强的测试集。变异测试通常是一种修改微小代码语法以检查定义的测试是否可以检测代码中的故障。变异是指程序中的一个小变化，这些变化很小，它们不会影响系统的基本功能，在代码中代表了常见故障模式。

变异测试的基本思想是构建缺陷并要求测试能够揭示这些缺陷。变异分析一定程度地从理论上揭示了形成的缺陷，即使这些特定类型的缺陷在分析的程序中不存在。故障假设形成的变异体代表了感兴趣的故障类型。当测试揭示简单的缺陷时，例如变异体类似于缺陷是简单句法改变的结果，它们通常足够强大，可以揭示更复杂的缺陷。后续从理论和实践两个方面来分析，揭示使用的缺陷类型的测试往往也揭示了更复杂的故障类型。因此，变异测试有助于揭示由所使用的简单和复杂类型的故障组成的更广泛的故障类别。当然，实践中让变异测试生成代表被测程序所有可能缺陷的变异体的策略并不可行，传统变异测试一般通过生成与原有程序差异极小的变异体来充分模拟被测软件的所有可能缺陷。首先介绍变异分析的两个重要基本假设，它们由变异分析奠基人 Richard DeMillo 提出。

假设 1（熟练程序员假设）：即假设熟练程序员因编程经验较为丰富，编写出的有缺陷代码与正确代码非常接近，仅需要做小幅度代码修改就可以完成缺陷的移除。基于该假设，变异测试仅需通过对被测程序做小幅度代码修改就可以模拟熟练程序员的实际编程行为。

假设 2（耦合效应假设）：该假设关注软件缺陷类型，若测试可以检测出简单缺陷，则该测试也易于检测到更为复杂的缺陷。后续对简单缺陷和复杂缺陷进行了定义，即简单缺陷是仅在原有程序上执行单一语法修改形成的缺陷，而复杂缺陷是在原有程序上依次执行多次单一语法修改形成的缺陷。

根据上述定义可以进一步将变异体细分为简单变异体和复杂变异体，同时在假设 2 的基础上提出变异耦合效应。复杂变异体与简单变异体间存在变异耦合效应是指，若测试集可以检测出所有简单变异体，则该测试集也可以检测出绝大部分的复杂变异体。该假设为变异测试分析中仅考虑简单变异体提供了重要的理论依据。研究人员进一步通过实证研究对假设 2 的合理性进行了验证。测试人员会尽可能模拟各种潜在的故障场景，因而会产生大量的变异程序。同时，变异测试要求测试人员编写或工具自动生成大量新的测试，来满足对变异体中缺陷的检测。验证程序的运行结果也是一个代价高昂并且需要人工参与的过程，由此也影响了变异测试在生产实践中的应用。此外，由于等价变异程序的不可判定性，如何快速有效地检测和去除源程序的等价变异程序面临重要挑战。后续将对这些内容进行讨论。首先，介绍变异分析的相关概念。

> **定义 5.2　变异体**
>
> 变异体 $\mathcal{P}'$ 是原程序 $\mathcal{P}$ 进行符合语法规则的微小代码修改程序版本。♣

最常见的变异有值变异、语句变异和判定变异等。

- 值变异：这些类型的变异会改变常数或参数的值。原程序为 $x=5$，变异程序为：$x=20$。
- 语句变异，这些类型的变异通过删除语句、替换为其他语句或更改语句的顺序来更改代码的语句。原程序为 $total=x-y$，变异程序为 $total=x+y$。
- 判定变异，这些类型的变异会改变程序中的逻辑或算术运算符。原程序为 If $(x>y)$，变异程序为 If $(x<y)$ 等。

变异的分类通常由变异算子来刻画，具体请参见后续讨论。

变异体的定义中强调微小代码修改是基于熟练程序员假设，同时特别强调了符合语法规则是为了得到一个可编译、可运行的变异程序。期待测试 t 对于变异体 $\mathcal{P}'$ 是不通过的，此时称变异体 $\mathcal{P}'$ 被 t 杀死。如果通过，则称变异体 $\mathcal{P}'$ 对于 t 是存活的。如果存在 $t \in T$ 杀死 $\mathcal{P}'$，则称 T 杀死 $\mathcal{P}'$。在某些情况下，可能无法找到可以杀死该变异体的测试。变异生成的程序在行为上与原始程序语义相同，尽管它们的语法存在微小差异。这样的变异体被称为等价变异体。

定义 5.3 等价变异体

如果不存在 $t \in T$ 能杀死 $\mathcal{P}'$，则称对于 T，$\mathcal{P}'$ 是等价变异体。 ♣

变异体也称为变异程序。若对于任意 T，$\mathcal{P}'$ 都是等价变异体，则直接称 $\mathcal{P}'$ 是等价变异体。显然，此时，$\mathcal{P}$ 和 $\mathcal{P}'$ 是语法不等价但语义等价的，也就是说虽然两个程序语法有所不同，对于任意输入 t，$\mathcal{P}$ 和 $\mathcal{P}'$ 均相同。变异分析还有助于分析测试集的质量，以编写和生成更有效的测试。T 杀死的变异体越多，可直观地认为测试质量越高。定义变异杀死率作为评估度量。

定义 5.4 变异分数

给定原程序 $\mathcal{P}$ 的一组变异体 $\mathcal{P}'_1,\cdots,\mathcal{P}'_n$ 是变异版本，测试集 T 的变异杀死率，也称为变异分数，定义为

$$变异分数 = \frac{杀死的\ \mathcal{P}'_i\ 个数}{n} \quad (5.3)$$ ♣

当设计杀死变异体的测试时，某种意义上是在生成强大的测试集。这是因为正在检查是否会在应用的每个位置或相关位置触发故障。在这种情况下，假设能够揭示变异体的测试也能够揭示其他类型的故障。变异体需要检查测试是否能够将损坏的程序状态传播到可观察的程序输出。这里，通常要求与变异体潜在失效状态有关的现象很有可能被观察到。

根据定义的程序行为，可以有不同的变异体杀死条件。通常，监控的是针对每个正在运行的测试的所有可观察程序输出：程序错误输出或由程序断言的所有内容。如果变异体执行后的程序状态与原始程序对应的程序状态不同，则称变异体被弱杀死。如果原始程序和变异体在其输出中表现出一些可观察到的差异，则变异体将被强杀死。总的来说，对于弱变异和强变异，杀死一个变异体的条件是程序状态必须改变，而改变的状态不一定需要传播到输出（强变异所要求的）。因此，弱变异不如强变异有效。然而，由于错误传播失败，后续计算可能掩盖变异体引入的状态差异，强弱变异之间都没有严格的蕴涵关系。弱变异测试要求仅满足 PIE 模型的第一个和第二个条件，而强变异测试要求满足所有三个条件。

基于耦合效应假设，给定原程序 $\mathcal{P}$ 的一组变异体 $\mathcal{P}'_1,\cdots,\mathcal{P}'_n$ 是变异版本，测试集 T 的杀死率越高，代表 T 的检错能力越强。同时，对于不同的变异体序列 $\mathcal{P}'_1,\cdots,\mathcal{P}'_n$，测试集 T 的杀死率不同。因此，如何定义合理的变异体就显得非常重要。为了合理定义变异体，引出变异算子定义如下。

定义 5.5 变异算子

符合程序语法规则前提下，变异算子定义了生成变异体的转换规则。 ♣

最初的变异分析用于早期的程序语言，如 Fortran。最初定义的变异算子可分为三类：语句分析、谓词分析和偶然正确性。1987 年，针对 Fortran77 定义的 22 种变异算子为随后其他编程语言变异算子的设定提供了重要的指导依据。并为其他程序语言（如 Java、C 等）的变异算子设计提供了基础。

近年来，随着海量计算的兴起，计算机科学界对变异分析的兴趣被再次提起，并且已经开展工作来将变异测试应用于更加复杂的领域，如面向对象的编程语言、非过程语言 XML 格式、区块链，甚至硬件领域。面向对象的类变异算子修改面向对象编程语言特性，如继承、多态、动态绑定和封装。在过往大多数关于变异算子的实证研究中，主要聚焦于语句级运算符。而本研究则针对类级别变异的静态和动态性质运算符提出了一系列问题。研究结果包括各种变异体的统计数据，例如不同类型变异体的占比、等效变异体的数量、新提出的避免产生等效变异体的规则、杀死单个变异体的难易程度，以及针对各种算子产生变异体的杀死情况。智能合约一旦被部署到区块链上就无法修改，所以必须在部署前对其进行彻底的测试。变异测试被认为是评估软件测试充分性的实用测试方法，在智能合约测试领域也具有重要意义。基于此，我们提出了以太坊智能合约的变异测试工具 MuSC，它可以快速生成大量变异体，并支持创建测试网络、部署合约以及执行变异测试等流程的自动化。特别的，MuSC 针对 ESC 编程语言 Solidity 设计了一组全新的变异算子，因此可以在一定程度上更好地暴露智能合约的缺陷。

虽然变异测试能够有效地评估测试集的质量，但它仍然存在若干问题。一个重要的困难是变异分析阐述大量的变异体，使得其执行成本极其昂贵。当然，变异分析还存在测试预言问题和等价变异等问题。测试预言问题是指检查每个测试的原始程序输出。严格来说，这不是变异测试独有的问题，所有形式的测试都有检查输出的挑战。由于不确定性变异体等效，等效变异体的检测通常涉及额外的人工审查成本。虽然不可能彻底解决这些问题，随着变异测试的发展，变异测试的过程可以自动化，并且运行时可以允许合理的可扩展性。变异测试改进技术可以分为两大类：变异体选择优化，在不影响测试效力的前提下，尽可能少地执行变异体，包括选择变异、随机变异、变异体聚类等优化技术；变异体执行优化，通过优化变异体的执行时间来减少变异测试开销。包括变异体检测优化、变异体编译优化和并行执行优化等。本书重点介绍第一类方法。

变异测试的主要计算成本是在针对测试运行变异程序时产生的。分析为程序生成的变异体的数量之后，发现它大致与数据引用数量与数据对象数量的乘积成正比。通常，即使是很小的程序单元，这也是一个很大的数字。由于每个变异体必须针对至少一个甚至可能多个测试执行，因此变异测试需要大量计算。降低变异测试成本的一种方法是减少创建的变异程序的数量，使用最初由 Mathur 提出的近似方法。负责变异程序的句法修改由一组变异算子决定。该集合由被测试程序的语言和用于测试的变异系统决定。

变异运算符的创建有两个目标：根据程序员通常犯的错误进行简单的语法更改或强制执行共同的测试目标。早期主要针对 22 个变异算子进行了系统性研究。Offutt 的实验中采用了以下变异算子选择策略：表达式/语句选择性变异（ES-选择）是仅选择具有表达式和语句运算符的变异（不使用 11 个操作数替换变异运算符）；替换/语句选择性变异（RS-选择）是仅选择替换和语句变异运算符的变异，替换/表达式选择性变异（RE-s 选择）是仅选择替换和表达式变异运算符的变异。还由表达式选择性变异给出结果。表 5.5 总结了这些变异算子。

表 5.5　Offutt 的 5 个基本变异算子

简写	描述	算子示例
ABS	绝对值插入	$\{(e,0), (e, \text{abs}(e)), (e, -\text{abs}(e))\}$
AOR	算术操作符替换	$\{((a \text{ } op \text{ } b), a), ((a \text{ } op \text{ } b), b), (x,y) \mid x,y \in \{+,-,*,/,\%\} \land x \neq y\}$
LCR	逻辑连接符替换	$\{((a \text{ } op \text{ } b), a), ((a \text{ } op \text{ } b), b), ((a \text{ } op \text{ } b), \text{false}), ((a \text{ } op \text{ } b), \text{true}), (x, y) \mid x, y \in \{\&, \mid, \land, \&\&, \mid\mid\} \land x \neq y\}$
ROR	关系运算符替换	$\{((a \text{ } op \text{ } b), \text{false}), ((a \text{ } op \text{ } b), \text{true}), (x,y) \mid x,y \in \{>,>=,<,<=,==,!=\} \land x \neq y\}$
UOI	一元操作符插入	$\{(\text{cond}, !\text{cond}), (v, -v), (v, \sim v), (v, --v), (v, v--), (v, ++v), (v, v++)\}$

可以用变异体替代故障来评估测试的故障检测能力。大多数研究都表明使用更多变异体来评估测试的故障检测能力将提高其结论的有效性。在选择了一个变异体子集后，可以检测到这个子集中所有变异体的测试，然后在这些测试上执行所有非等价变异并计算变异检测率，比率越高，变异体子集越好。实践中，没有令人信服的证据表明这种方法是否值得信赖，因为某些变异体可能对变异分析产生负面影响。某实验研究使用变异算子生成的故障与所有变异体之间的相似性，以及故障与变异体子集之间的相似性。实验结果表明，一部分变异体在评估测试的能力上更类似于实际故障。因此，使用子集而不是所有变异体来评估测试的故障检测能力可能更合适。大多数实验都证实了 Offutt 的 5 个基本变异算子非常实用。大多数时间比所有变异体具有更好的评估测试的能力。

5.1.3　逻辑测试

逻辑故障假设是一种特殊的变异故障假设。软件逻辑故障是指在程序代码中存在的逻辑错误或不当的设计，导致程序无法按照预期执行或出现异常行为。这种故障通常不会导致程序崩溃或停止运行，但会导致程序输出错误的结果或不符合预期的行为。逻辑测试成本昂贵，因为 n 个变量的逻辑公式将需要 2^n 个测试进行枚举。

首先讨论逻辑表达的最简单形式：布尔逻辑。布尔逻辑表达式的计算结果为假（0）或真（1）。条件是最简单的布尔符号，即不带运算符的布尔表达式。一个判定决策是包含零个、一个或多个运算符的布尔表达式。"."" + "和" - "分别用来表示布尔运算符 AND、OR 和 NOT，"."符号通常会被省略。例如，逻辑表达式 a OR (b AND NOT c) 可以简洁

地表示为 $a+b\bar{c}$。逻辑表达式中的条件由字母表示，例如 a、b、c 等，它可以表示基本的逻辑单元：布尔变量。

考虑公式 $a(b\bar{c}+\bar{d})$。在析取范式中，它可以表示为 $abc+a\bar{d}$。在合取范式中，它可以表示为 $(a)(b+\bar{d})(\bar{c}+\bar{d})$。这些表示形式不是唯一的，但存在对于给定布尔公式直至交换律而言唯一的规范表示形式。这样的表示形式称为规范析取范式。上述公式的规范析取范式表示如下：

$$ab\bar{c}d + ab\bar{c}\bar{d} + abc\bar{d} + a\bar{b}c\bar{d} + a\bar{b}\bar{c}\bar{d} \tag{5.4}$$

逻辑表达式中的变量 a 可以作为正文字 a 或负文字 $\bar{a}$ 出现。n 个变量的逻辑表达式 S 的测试是一个向量 $t=(t_1,\cdots,t_n)$，其中 t_i 是分配给第 i 个变量的值且 $t_i \in \mathbb{B}=\{0,1\}$。用 $S(t)$ 表示 S 的变量分别赋值为 $t_1\cdots t_n$ 时的结果。如果对于所有测试 t 均有 $S_1(t)=S_2(t)$，则两个逻辑表达式 S_1 和 S_2 被称为等价的，表示为 $S_1 \equiv S_2$。如果 $S_1(t) \neq S_2(t)$，则测试 t 被认为可以区分两个逻辑表达式 S_1 和 S_2。这种逻辑差分思想是后续故障理论分析的基础。

n 个变量的逻辑表达式 S 可以等价变换成一种析取范式（DNF）作为乘积之和，也可以进一步简化为等价的不冗余析取范式（IDNF）。IDNF 可以被看作一个极简的 DNF，其中没有一个可以省略的文字变量。然而，不幸的是，逻辑公式的 DNF 等价变换是 NP-难的。因此它仅用于理论分析，而非工程实践中。对于 DNF 逻辑表达式 $S=S_1+\cdots+S_m$ 的测试 t，如果 $S(t)=1$ 则 t 被称为真点；如果 $S(t)=0$ 则 t 被称为假点。如果对于每个 $j\neq i$，$S_i(t)=1$ 但 $S_j(t)=0$，则 t 被称为 S 关于第 i 项 S_i 的唯一真点（UTP）。

本节说明逻辑测试策略的基本操作，以 IDNF 形式对布尔规范进行形式化描述。给定布尔逻辑公式和测试集，若测试无法证明对给定文字出现的公式值有意义的影响，则缺陷难以被检测到。

一种基本的逻辑测试思想是要求"每个变量值单独影响结果"。这种思想构建了逻辑故障假设的一系列方法，并证明检测特定逻辑故障类型是有效的。如表 5.6 所示，考虑布尔逻辑公式 $ab(cd+e)$，表中列出了基本有意义的影响策略所需的测试条件。表中的每一行描述了测试要满足的测试条件，以保证文字出现对指定结果具有有意义的影响。例如，第 1 行指定 a 对结果 1 产生有意义测试应满足以下条件：$(a=1, b=1, cd+e=1)$。对于每个这样的条件，测试集必须至少包含一个满足该条件的测试。注意，单个测试可能满足多个测试条件。例如，第 5 行和第

表 5.6　逻辑测试基本思路示例

编号	文字对输出的影响		测试条件			
	文字	输出	a	b	c	d	e
1	a	1	1	1			$cd+e=1$
2	a	0	0	1			$cd+e=1$
3	b	1	1	1			$cd+e=1$
4	b	0	1	0			$cd+e=1$
5	c	1	1	1	1	1	0
6	c	0	1	1	0	1	0
7	d	1	1	1	1	1	0
8	d	0	1	1	1	0	0
9	e	1	1	1	$cd=0$		1
10	e	0	1	1	$cd=0$		0

7 行中的测试条件是相同的。此外，可以选择满足多个不同测试条件的测试。例如，测试（$a=1,b=1,c=0,d=1,e=1$）满足第 1 行、第 3 行和第 9 行的条件。因此，满足这些测试条件的测试集的基数可能小于测试条件本身的数量，达成相同覆盖目标的前提下，极小化测试集是降低成本的另一个目标。因此，在表 5.6 的第 1 行中，对变量 cd 和 e 的任何赋值都会导致表达式 $cd+e$ 计算为 1，这都是可以接受的。

在测试集整体上，可通过设置 $c=0$ 和 $d=0$ 来满足第 9 行中的（$cd=0$）来解决其他测试条件的不确定性。因为 c 和 d 与 e 处于"或"关系。同样，为了在第 1 行强制执行 ($cd+e=1$)，将 ($c=1,d=1,e=1$)，因为它们与 a 处于"和"关系。使用这种方法能够在一定程度上解决不确定性问题。如果 $ab(cd+e)$，将选择测试（$a=1,b=1,c=1,d=1,e=1$）来满足第 1 行。如果程序实现是 $ab(cd+ce+\overline{d}e)$，那么这个测试将导致需求规范和程序实现都评估为 1。但是，事实上还有其他不同的测试满足测试条件。对于 ($a=1,b=1,c=0,d=1,e=1$)，需求规范评估为 1，程序实现评估为 0，从而检测到缺陷。通过对满足给定条件的所有测试进行反复抽样验证，就有可能检测到更多故障类型。可将上述布尔逻辑故障测试思路推广到其他逻辑公式（如一阶谓词），但额外约束可能带来不可行的测试。例如，这里的变量 c 表示条件（高度 >5），变量 e 表示条件（高度 <4），则 c 和 e 在同一个测试中不能都为 1。工程上可能会遗漏一些满足有意义影响策略要求的可行测试，也有可能选择了不可行的测试。

基于上述逻辑测试思路分析，不难构造一个自动化算法，用于生成测试，以满足给定布尔公式规范的测试需求。该策略主要通过增加每组中选择的测试数量来增强逻辑影响。当然，每个这样的集合所需的测试数量也会增加。当从集合中选择点时，选择是使用均匀分布随机完成的。此外一旦选择了一个点，就会从所有其他集合中删除它。早期的逻辑故障假设研究常常采用 Weyuker 从 TCAS Ⅱ规范中构造的逻辑约束规范。它们的大小从 5 到 14 个布尔变量不等。对于每个规范，检查变量之间是否存在任何依赖性。例如，如果变量 X 表示飞机在某个范围内的高度，而不同的变量 Y 表示飞机处于某个不同的、不相交的范围内的高度，那么两者不可能同时为真。因此，反映这一逻辑的子句（$\overline{XY}$）将添加到公式中。TCAS Ⅱ规范中 20 个布尔规格如下所示。

- $\overline{(ab)}(d\overline{e}\,\overline{f}+\overline{d}e\overline{f}+\overline{d}\,\overline{e}\,\overline{f})(ac(d+e)h+a(d+e)\overline{h}+b(e+f))$
- $\overline{(a((c+d+e)g+af+c(f+g+h+i))+(a+b)(c+d+e)i)(ab)(cd)(ce)(de)(fg)(fh)(fi)(gh)}$ $\overline{(hi)}$
- $(a(\overline{d}+\overline{e}+de(\overline{fghi}+\overline{ghi})(\overline{fglk}+\overline{gik}))+\overline{(\overline{fghi}+\overline{ghi})(\overline{fglk}+\overline{gik})(b+c\overline{m}+f))(ab\overline{c}+\overline{a}\,b\overline{c}+\overline{a}\,\overline{b}\,c)}$
- $a(\overline{b}+\overline{c})d+e$
- $a(\overline{b}+\overline{c}+bc\overline{(\overline{fghi}+\overline{ghi})(\overline{fglk}+\overline{gik})})+f$
- $(\overline{ab}+a\overline{b})\overline{(cd)}(f\overline{g}\overline{h}+\overline{f}g\overline{h}+\overline{f}\,\overline{g}h)(jk)((ac+bd)e(f+(i(gj+hk))))$
- $(\overline{ab}+a\overline{b})\overline{(cd)}\dfrac{(gh)}{(jk)}((ac+bd)e(i+\overline{g}\overline{k}+\overline{j}(\overline{h}+\overline{k})))$

- $(\bar{a}b + a\bar{b})(cd)\dfrac{(gh)}{((ac+bd)e(fg+\overline{fh}))}$
- $\overline{(cd)}(\bar{e}f\,\bar{g}\,\bar{a}\,(ba+\bar{b}d))$
- $a\bar{b}\bar{c}d\bar{e}f(g+\bar{g}(h+i))(\overline{jk+\bar{j}l+m})$
- $a\bar{b}\bar{c}(\overline{(f(g+\bar{g}(h+i)))} + f(g+\bar{g}(h+i))\bar{d}\bar{e})(\overline{jk+\bar{j}l\bar{m}})$
- $a\bar{b}\bar{c}(f(g+\bar{g}(h+i))(\bar{e}\,\bar{n}+d)+\bar{n}(jk+\bar{j}l\bar{m})$
- $a+b+c+\bar{c}def\,\bar{g}\bar{h}+i(j+k)\bar{l}$
- $ac(d+e)h+a(d+e)\bar{h}+b(e+f)$
- $a((c+d+e)g+af+c(f+g+h+i))+(a+b)(c+d+e)i$
- $a(\bar{d}+\bar{e}+de(\overline{\bar{f}ghi+\bar{g}hi})(\overline{\bar{f}glk+\bar{g}ik}))+\overline{(\bar{f}ghi+\bar{g}hi)}\overline{(\bar{f}glk+\bar{g}ik)}(b+c\bar{m}+f)$
- $(ac+bd)e(f+(i(gj+hk)))$
- $(ac+bd)e(\bar{i}+\bar{g}\bar{k}+\bar{j}(\bar{h}+\bar{k}))$
- $(ac+bd)e(fg+\overline{fh})$
- $\bar{e}f\,\bar{g}\bar{a}(bc+\bar{b}d)$

与其他测试方法相比,基于故障的测试可以证明不存在假设的故障。变异算子用于对潜在故障进行建模。为便于基于故障的测试方法的发展,将同一变异算子诱发的故障归为同一类别,即同一故障类型。一些研究观察到,某些故障类型通常比其他故障类型更难检测。这促使研究人员对各种故障类型之间的关系进行分析。Kuhn确定了布尔规范中三种类型故障之间的关系,是布尔规范建立逻辑故障结构的第一次理论尝试。这种结构可用于确定应处理故障类型的顺序,以实现更高效的测试。后续研究扩展了多个故障类型。本节讨论10类逻辑故障,分为操作符故障(operator fault,前4种)和操作数故障(operand fault,后6种)两大类。

- 操作符引用故障(Operator Reference Fault,ORF)是指将逻辑连接词 ∨ 替换为 ∧。例如,原表达式 $(x_1 \lor \neg x_2) \lor (x_3 \land x_4)$ 发生了ORF,则故障发生的表达式为 $(x_1 \lor \neg x_2) \land (x_3 \land x_4)$。
- 表达式否定故障(Expression Negation Fault,ENF)是指子表达式被它的否定形式替换而形成的一个变异体。如,原表达式 $\neg (x_1 \lor \neg x_2) \land (x_3 \land x_4)$ 发生 ENF,故障发生之后的表达式为 $(x_1 \lor \neg x_2) \land (x_3 \land x_4)$。
- 变量否定故障(Variable Negation Fault,VNF)是指将表达式的一个条件取反。例如,表达式 $(x_1 \lor \neg x_2) \land (x_3 \land x_4)$ 发生了VNF,则故障发生之后的表达式为 $(\neg x_1 \lor \neg x_2) \land (x_3 \land x_4)$。
- 关联转移故障(Associative Shift Fault,ASF)是指由于对操作符的理解错误而省略了公式中的括号,即部分运算的优先级被改变。例如,表达式 $(x_1 \lor \neg x_2) \land (x_3 \land x_4)$ 发生了 ASF，则故障发生之后的表达式为 $x_1 \vee \neg x_2 \wedge (x_3 \wedge x_4)$。
- 变量丢失故障（Missing Variable Fault，MVF）是指在表达式中条件被省略，需要注意的是 MVF 的条件可以由 ∨ 或者 ∧ 连接。例如，表达式 $(x_1 \vee \neg x_2) \wedge (x_3 \wedge x_4)$ 发生了 MVF，那么故障发生之后的表达式为 $(x_1 \vee \neg x_2) \wedge (x_3)$。
- 变量引用故障（Variable Reference Fault，VRF）是指表达式中的条件被另一个可能的条件所替代，可能的条件则是指它的变量在表达式中出现过。例如，表达式 $(x_1 \vee \neg x_2) \wedge (x_3 \wedge x_4)$ 发生了 VRF 故障，那么故障发生之后的表达式为 $(x_1 \vee \neg x_2) \wedge (\neg x_1 \wedge x_4)$。
- 子句合并故障（Clause Conjunction Fault，CCF）是指表达式中的条件 c 被 $c \wedge c'$ 所取代，其中 c' 是表达式中一种可能的条件。例如，表达式 $(x_1 \vee \neg x_2) \wedge (x_3 \wedge x_4)$ 发生了 CCF，那么故障发生之后的表达式为 $(x_1 \vee \neg x_2) \wedge (x_1 \wedge x_3 \wedge x_4)$。
- 子句析取故障（Clause Disjunction Fault，CDF）是指条件 c 被 $c \wedge c'$ 替换，其中 c' 是表达式中一种可能的条件。例如，表达式 $(x_1 \vee \neg x_2) \wedge (x_3 \wedge x_4)$ 发生了 CDF，那么故障发生之后的表达式为 $(x_1 \vee \neg x_2 \vee x_3) \wedge (x_3 \wedge x_4)$。
- 固化 0 故障（Stuck-At-0 Fault，SA0 故障）是指表达式中的条件被 0 替换。例如，表达式 $(x_1 \vee \neg x_2) \wedge (x_3 \wedge x_4)$ 发生了 SA0 故障，那么故障发生之后的表达式为 $(x_1 \vee 0) \wedge (x_3 \wedge x_4)$。
- 固化 1 故障（Stuck-At-1 Fault，简称 SA1 故障）是指表达中的条件被 1 替换。例如，表达式 $(x_1 \vee \neg x_2) \wedge (x_3 \wedge x_4)$ 发生了 SA1 故障，那么故障发生之后的表达式为 $(x_1 \vee 1) \wedge (x_3 \wedge x_4)$。

谓词 P 的检测条件是对 P 的更改将影响谓词 P 的值的条件，当且仅当包含故障的谓词 P' 的计算结果与正确的谓词 P 不同，即 $\neg (P \leftrightarrow P')$ 或 $P \oplus P'$ 其中 $\oplus$ 是异或。例如，为了确定检测到变量 v 的变量否定错误的条件，只需计算 $P \oplus P_v^{\overline{v}}$，其中 P_e^x 是谓词 P 将所有自由出现的变量 x 替换为表达式 e（P_e^x 也可写成 $P[x:=e]$）。其他类型的故障可以用相似方法分析，让 P' 成为插入故障的谓词 P。针对给定逻辑故障假设，可以计算导致故障的条件，将导致表达式评估为与故障未发生时不同的值的条件。假设 $S = p \wedge \overline{q} \vee r$，可以通过计算布尔差值来计算变量 q 的变量否定故障将导致失效的条件：

$$dS_q^q = (p \wedge \overline{q} \vee r) \oplus (p \wedge q \vee r) = p \wedge \overline{r} \tag{5.5}$$

Weyuker 描述了一种计算测试条件以检测否定故障的算法，并提出策略来为这些条件生成数据。该算法旨在检测否定故障，其思想启发了其他研究人员将这一算法拓展到检测其他类型故障，并根据检测到故障的条件研究故障类型蕴涵结构，用于解释基于逻辑故障假设的测试结果。首先确定不同假设下各种故障类型的检测条件，例如，检测到变量 a 的变量否定故障的条件是 $S \oplus S_{\overline{a}}^a$。而变量引用故障（$S_{\text{VRF}}$）的检测条件如下：

$$d_{\text{VRF}} = S \oplus S_a^b \tag{5.6}$$

其中 b 是替代 a 的另外一个变量,不难看出,变量否定逻辑故障是变量引用故障的特例。表达式否定故障（S_{ENF}）是变量否定故障的一个粗糙表示。不难证明 $d_{VRF} \to d_{VNF} \to d_{ENF}$。

> **定理 5.1**
>
> 如果在 VRF 中替换的变量与在 VNF 中取反的变量相同,则 $d_{VRF} \to d_{VNF}$。如果包含在 VNF 中被否定的变量的表达式在 ENF 中被否定,则 $d_{VNF} \to d_{ENF}$。 ♥

下面将详细介绍 MCDC 逻辑覆盖准则。MCDC 要求程序中的每个进入点和退出点都至少被调用一次,程序逻辑表达式中的每个条件至少对所有可能的结果采用了一次,并且每个条件已被证明通过仅改变它来独立地影响逻辑表达式的结果条件,同时保持所有其他条件不变。可以采用布尔差异分析直接实现 MCDC 的测试生成策略。考虑某个布尔逻辑表达式 P 中的特定条件 x,那么 P 关于 $xdP_x^x = P \oplus P_x^x$,给出了 P 依赖的条件关于 x 的价值。因此,通过选择满足 dP_x^x 的真值分配,然后选择 x 为真然后为假,生成两个满足 MCDC 的测试。对每个条件重复该过程会产生总共 n 个测试。

考虑一个例子,$A \land (B \lor C)$,它使用配对表方法并通过布尔差分开发,如表 5.7 所示。配对表方法首先为变量 A、B 和 C 的所有可能值构建 $A \land (B \lor C)$ 的真值表。标记为 A、B 和 C 的列显示哪些测试（第一列）可用于显示条件的独立性（第二列）。例如,A 的独立性可以通过将测试 1 与测试 5 配对来显示。

表 5.7 $A \land (B \lor C)$ 分析示例

ID	ABC	结果	A	B	C	ID	ABC	结果	A	B	C
1	111	1	5			5	011	0	1		
2	110	1	6	4		6	010	0	2		
3	101	1	7		4	7	001	0	3		
4	100	0		2	3	8	000	0			

布尔差分方法如下。首先,计算关于 A、B 和 C 的布尔差分。针对 A、B、C 三个变量的布尔差分公式分别如下：$dP_A^A = A \land (B \lor C) \oplus \overline{A} \land (B \lor C) = B \lor C$,$dP_B^B = A \land (B \lor C) \oplus A \land (\overline{B} \lor C = A \land \overline{C})$,$dP_C^C = A \land (B \lor C) \oplus A \land (B \lor \overline{C} = A \land \overline{B})$。

测试集生成如下。从 dP_A^A 中,选择 $B \lor C$ 三种可能性和 A 真假,产生三个测试选择（符号表示真值分别分配给 A、B 和 C）：{111,011}、{110,010} 和 {101,001}。T_B：从 dP_B^B 中,选择 $A \land \overline{C}$ 为真和 B 真假,得到 {110,100}。T_C：从 dP_C^C 中,选择 $A \land \overline{B}$ 为真和 C 真假,得到 {101,100}。结合上面生成的测试集,有三种可能的测试合并集合：{111,110,101,100,011}($T_A(a), T_B, T_C$)、{110,101,100,010}($T_A(b), T_B, T_C$) 或者 {110,101,100,001}($T_A(C), T_B, T_C$)。第二种和第三种可能性更可取,因为它们使用最少数量 ($n+1$) 的测试。

逻辑差分方法从逻辑表达式导出各种测试条件，目的是检测不同类型的故障。本节介绍一种计算测试集必须覆盖的条件的方法，以保证检测到特定的故障类型。故障类型蕴涵结构与基于故障的测试的实验结果一致。该方法还被证明对计算 MCDC 充分测试有效。下面，使用 F 来表示布尔表达式，F_δ 表示对故障类型 δ，F 的一个可能的变异体，其故障蕴涵关系定义如下。

> **定义 5.6　故障蕴涵关系 $\geq_f$**
>
> 对任何的布尔表达式 F 与两个故障类型 δ_1 和 δ_2，如果任何测试检测到对 F 的 δ_1 任何可能的错误实现，能够保证该测试能检测到对 F 的 δ_2 任何可能的错误实现，那么 δ_1 则被认为强于 δ_2，表示为 $\delta_1 \geq_f \delta_2$。　♣

Kapoor 等定义：如果存在一些触发故障的测试，那么该程序实现就被认为是错误的。换句话说，当且仅当 F_δ 是 F 的非等价变异体，即 $F_\delta \oplus F$ 是可满足的，F_δ 认为是 F 的错误程序实现。任何满足 $F_\delta \oplus F$ 的赋值都是导致故障的测试。给定 F，使用 $\mathcal{K}(F, \delta)$ 来表示能够杀死 F_δ 所有可能的错误实现的测试集，那么当且仅当对于 F_δ 的每一个错误程序实现，都存在一个诱发故障的测试 $t \in T$，能够杀死 F_δ，那么认为 $T \in \mathcal{K}(F, \delta)$。根据上述定义 $\geq_f$，可以得到以下关系。

$$\delta_1 >_f \delta_2 \iff \forall F : \mathcal{K}(F, \delta_1) \subseteq \mathcal{K}(F, \delta_2) \tag{5.7}$$

Kapoor 等使用上述定义中的故障关系构建了十种故障类型的结构，即 VNF $\geq_f$ ENF、MVF $\geq_f$ VNF、VRF $\geq_f$ VNF、CCF $\geq_f$ VRF、CDF $\geq_f$ VRF、CCF $\geq_f$ SA0 $\geq_f$ VNF 和 CDF $\geq_f$ SA1 $\geq_f$ VNF。$\delta_1 \geq_f \delta_2$ 表示为 $\delta_1 \to \delta_2$。那么由定义 $\geq_f$ 可以得出，这个结构意味着如果一个测试可以检测到 ASF、ORF、MVF、CCF 和 CDF 相关的所有可能的故障，那么这个测试也可以保证能够检测到其余五种类型的所有可能故障。

然而，上述理论分析中忽略了被测布尔规范的变异体可能是等价的。这样直接导致若干故障蕴涵关系不正确。这些不正确的关系分别是 MVF $\geq_f$ VNF、VNF $\geq_f$ ENF、SA0 $\geq_f$ VNF、SA1 $\geq_f$ VNF、CCF $\geq_f$ VRF 以及 CDF $\geq_f$ VRF。不难给出反例来证明这个结论。

逻辑故障 F_δ 能够被检测，当且仅当 $F_\delta \oplus F$ 是可满足的，也只有此时 F_δ 被认为是一个故障。如果 $F_\delta \oplus F$ 是可满足的，那么任何满足 $F_\delta \oplus F$ 的赋值被认为是 F_δ 的一个诱发故障的测试。因此 $F_\delta \oplus F$ 也是 F_δ 的一个检测条件。对于任何布尔表达式 F 和任何故障 F_{δ_2}，如果存在一个故障 F_{δ_1}，使得 $F \oplus F_{\delta_1} \to F \oplus F_{\delta_2}$，那么不难看出 $\delta_1 \geq_f \delta_2$，其中 $F_1 \to F_2$ 是指任何满足 F_1 的赋值也满足 F_2。

给定一个布尔表达式 F 和一个条件 c，考虑 F 的 6 种故障类型 VNF、SA0、SA1、VRF、CCF 和 CDF。这 6 种故障类型的变异体 F_δ 分别是将 c 替换成 $\neg c$、0、1、c'、$(c \wedge c')$ 和 $(c \vee c')$，其中 c' 是与 c 不相同的条件。使用 $F^{c,z}$ 来表示各自的变异体，其中 $Z \neg c$、0、1、c'、$(c \wedge c')$

和 $(c \vee c')$。为了便于讨论，给定一个布尔表达式 F，$dF^{c,z}$ 表示 $F \oplus F^{c,z}$，其中 Z 是 C 的被变异的子表达式，同时 dF^c 表示 $F^{c,0} \oplus F^{c,1}$。如果 $F_1 \rightarrow F_2$ 且 $F_2 \rightarrow F_1$，那么 $F_1 \equiv F_2$，这里 $\equiv$ 表示逻辑等价。

> **定理 5.2　布尔差分模型**
>
> $$dF^{c,z} \equiv (c \oplus z) \wedge dF^c \tag{5.8} ♥$$

基于上述布尔差分模型，VNF、SA0、SA1、VRF、CCF 和 CDF 的检测条件可以仅由 c、c' 和 dF^c 表示，如表 5.8 所示。证明推导过程在此省略。

表 5.8　检测条件

故障类型	检测条件
VNF	$dF^{c,\neg c} \equiv (c \oplus \neg c) \wedge dF^c \equiv dF^c$
SA0	$dF^{c,0} \equiv (c \oplus 0) \wedge dF^c \equiv cF^c$
SA1	$dF^{c,1} \equiv (c \oplus 1) \wedge dF^c \equiv \neg cF^c$
VRF	$dF^{c,c'} \equiv (c \oplus c') \wedge dF^c$
CCF	$dF^{c,(c \wedge c')} \equiv (c \oplus (c \wedge c')) \wedge dF^c \equiv (c \wedge \neg c')F^c$
CDF	$dF^{c,(c \vee c')} \equiv (c \oplus (c \vee c')) \wedge dF^c \equiv (\neg c \wedge c')F^c$

下面进一步讨论逻辑故障的联合蕴涵关系，即两个故障类型总体上比其他单个故障类型更强或者联合更强。逻辑故障的联合蕴涵关系定义如下。

> **定义 5.7　联合蕴涵故障关系**
>
> 对任何的布尔表达式 F 与故障类型 δ_1、δ_2 和 δ_3，如果任何测试检测到对 F 的 δ_1 和 δ_2 任何可能的错误实现，能够保证该测试能检测到对 F 的 δ_3 任何可能的错误实现，那么 δ_1 和 δ_2 则被认为联合强于 $(\delta_1 \cup \delta_2) \geqslant_f \delta_3$。♣

在联合蕴涵关系的增强定义上，能够进一步确定一些更有趣的关系，如以下定理所示。

> **定理 5.3　联合蕴涵定理**
>
> 1. $(\mathrm{CCF} \cup \mathrm{CDF}) \geqslant_f \mathrm{VRF}$
> 2. $(\mathrm{SA0} \cup \mathrm{SA1}) \geqslant_f \mathrm{VRF}$
> 3. $(\mathrm{SA0} \cup \mathrm{VNF}) \geqslant_f \mathrm{VRF}$　♥

综上所述，一个完整的逻辑故障结构如图 5.1 所示。它表明存在五个核心的故障类型，分别是 ASF、ORF、CCF、CDF 和 ENF。这五个核心故障类型的测试集便足以检测到三种故障类型的所有故障。换句话说，非核心故障类型中的测试集是冗余的。同时在这五个核心故障类型中，CCF 和 CDF 应当有优先于 ASF、ORF 和 ENF，这样的排序可以快检测更多的故障。回顾 SA0 和 SA1 的定义，以及 MCDC 中单一变量改变逻辑表达式的确定性概念，不难发现，SA0+SA1 的逻辑故障假设测试等价于 MCDC 逻辑覆盖准则。再看 SA0 和 SA1 两个故障类型，它们处于故障结构中层。这也能在一定程度上说明 MCDC 在逻辑测试中性价比高并被广泛使用的原因。

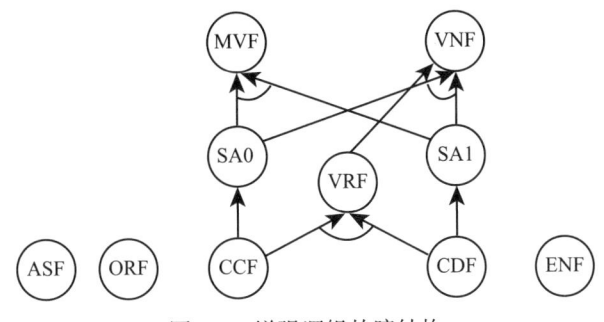

图 5.1　增强逻辑故障结构

5.2　开发者故障假设测试方法

故障假设是一种通用的软件测试方案，当然也能够应用于开发者测试，帮助开发者更好地理解应用程序中可能存在的问题和漏洞。在故障假设思路中，开发者会根据应用程序的特点和使用情况，提出一些可能存在的故障假设，并针对这些假设进行测试和调试。本章首先介绍代码路径分析与边界故障假设结合的基本思路和方法。然后将变异分析应用于程序代码，并详细介绍 PITest 的具体应用。最后将逻辑故障应用于程序代码，介绍代码路径分析与逻辑故障假设的结合，完成更复杂的代码覆盖策略。

5.2.1　边界故障假设

事实上，边界故障假设也常常用于白盒测试中。白盒边界故障假设主要关注代码中的判定决策点，如条件语句、循环语句，也包括更加细致的逻辑操作符。边界值通常包括输入范围的最小值、最大值，以及刚好超出范围的值。当然，这里的值往往是逻辑的真假值。白盒测试需要深入理解代码的逻辑以确定所有的决策点和边界条件。针对每个决策点或边界条件，测试人员需要设计和生成测试来验证系统是否能正确处理这些边界值。在面向代码的白盒边界故障假设中，还需要关注非决策点边界值是否也得到正确处理，如数值和队列的上下边界。全面的故障假设策略有助于确保系统在各种条件下都能正确运行。

以清单 5.2 中的 Triangle 程序为例，阐述白盒边界故障假设的基本思路。针对第 2 行代码的判定条件（省略前面的 not 不影响讨论）"（1＜＝a＜＝100 and 1＜＝b＜＝100 and 1＜＝c＜＝100）"，最简单的边界是整个判定条件的真（true）与假（false），更细致的考虑是"1＜＝a＜＝100""1＜＝b＜＝100""1＜＝c＜＝100"中任意一个的真假边界，再细致的考虑是"1＜＝a＜＝100"中两端的边界，即 a<1 和 a>100 的边界。到这一步，可以发现这与黑盒边界故障假设很相似。再看看第 4 行代码的判定条件（省略前面的 not 不影响讨论）"（a+b>c and b+c>a and c+a>b）"，同样可以考虑整个判定条件的真假边界、每个逻辑条件的真假边界和具体的数值边界。最后的边界故障假设，如 a+b=c，与黑盒的边界故障假设很相似。同理，第 6 行和第 8 行的白盒边界故障假设与"等边三角形"和"等腰三角形"的黑盒边界故障假设相似。事实上，由于传统程序是开发者在理解业务逻辑后通过控制流和数据流进行编程实现的，因此，黑盒边界故障和白盒边界故障总是存在某种一致和相似性，当然由于黑盒测试和白盒测试的视角不同，两者也会有不同的地方。

清单 5.2 Triangle 程序 Python 代码

```
1   def triangle(a, b, c):
2       if not(1＜＝a＜＝100 and 1＜＝b＜＝100 and 1＜＝c＜＝100):
3           print("无效输入值")
4       elif not(a+b>c and b+c>a and c+a>b):
5           print("无效三角形")
6       elif a==b and b==c:
7           print("等边三角形")
8       elif a==b or b==c or c==a:
9           print("等腰三角形")
10      else:
11          print("普通三角形")
```

等价类划分主要关注程序输入数据的划分，而边界值分析则专注于不同分区的边界值。在白盒测试中，边界值分析和等价类划分也可以结合使用。采用执行路径选择策略，认为程序输入空间被划分为若干个子空间，其中所有的每个子空间的输入具有相同的执行路径。程序代码中的路径判定条件、数组范围等常常是白盒测试中边界值分析的对象。边界值分析可被认为是一种基于运行边界故障假设的测试方法。

> **定义 5.8 代码边界故障测试条件**
>
> 代码边界故障测试条件 PBV 定义为路径约束条件 PC 和边界差异条件 BV 的合取，即 PBV 测试需要同时满足 PC 和 BV。
>
> $$PBV: \equiv PC \land BV \tag{5.9}$$

黑盒测试中使用的边界值分析输入选择方法通常不能直接用于白盒测试。这是因为黑盒测试中的边界值分析通常假设输入变量是独立的，因此只需要关注个别变量。而白盒测试中的边界值分析，每个输入子空间都受多个约束。此外，还需要为所有边界约束生成边界输入。只在每个内部生成边界输入子空间，这可能只测试边缘的一侧，但是生成边界的时候会测试其他子空间的输入。此外，在黑盒边界值分析中，一个值通常需要远离边界。选择这些非边界值，测试的数量将增加。在白盒边界值分析中，常常期待覆盖某种路径边界值比较谓词。白盒测试中边界值分析的问题是如何定义执行边界。

在白盒边界值分析中，第一个挑战在于如果变量是整数，边界值与边界的距离可能会呈现不同情况。要测量输入到边界的距离，可通过比较谓词来实现，具体做法是计算谓词左侧和右侧之间的差异。例如，对于约束 $x<2$，边界值为 $x=1$，不等式两边的差为 1；然而对于约束 $2x<2$，边界值为 $x=0$，但使两侧之间的差为 2。看一个更复杂的示例：两个突出显示的子空间，用点和线填充，正在为约束选择边界值 $2x+3y<18$。对于用点填充的子空间，边界值是点 $a=(2,4)$，使得两侧为 2。对于用线填充的子空间，边界值是点 $b=(4,3)$，使得两侧为 1。通常，为了限制边界附近的输入，可以选择一个合适的数字并限制绝对差两侧之间小于或等于该数字。但是，有时很难找到这样的数字，并且得到的解可能不是最接近边界的解。对于整数比较，可将偏差数字固定为 1；对浮点数比较，则可以使用一个非常小的实数。这是合理的，因为大多数边界错误往往是由于在计算过程中使用了一些错误的值，比如比正确的值多 1 或少 1。

尽管某些输入可能接近谓词，它仍然可能不是整体的边界值路径条件。如图 5.2 所示，假设有路径条件 $(a>0) \lor (b>0)$，虽然输入 $(a,b)=(1,5)$ 很接近谓词 $a>0$ 的边缘，但它不是边界值。谓词 $a>0$ 的正确边界值是 $(a,b)=(1,-1)$。两种可能方法：物理边界法和确定边界法。物理边界法中，如一些使路径条件评估为真的输入，如果它向谓词边缘移动一小段距离，则路径条件将评估为假。在处理路径时，如果存在析取条件则物理边界可能有问题。例如，假设有路径条件 $(a>0) \lor (a \le 0)$，则不存在物理边界。确定边界法中，使用输入靠近给定谓词的边缘并使谓词确定路径条件的评估结果作为边界值。这意味着谓词的评估直接影响到判定路径条件。给定路径约束条件 $PC=c_1,c_2,\cdots,c_n$，输入 x 使得谓词 $c_1,c_2,\cdots,c_n$ 的值为 $b^x_{c_1}, b^x_{c_2}, \cdots, b^x_{c_n}$，令 PC 的值为 b^x_{PC}。称谓词 c_i 在输入 x 下确定路径 PC，当且仅当 $b^x_{c_i}$ 替换为 $\neg b^x_{c_i}$ 将改变 PC 的值，即

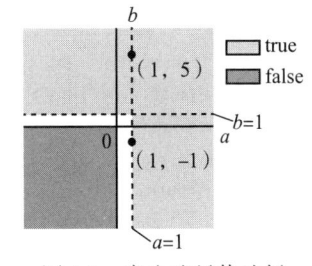

图 5.2 白盒边界值选择

$$b^x_{c_1},\cdots,b^x_{c_i},\cdots,b^x_{c_n} \Rightarrow b^x_{PC}$$
$$b^x_{c_1},\cdots,\neg b^x_{c_i},\cdots,b^x_{c_n} \Rightarrow \neg b^x_{PC}$$

（5.10）

采用 $PC_{a,b}$ 标记用 b 替换 PC 中所有出现的 a，路径边界确定条件定义如下。

> **定义 5.9　边界确定条件**
>
> 在给定输入的情况下，谓词 c_i 确定路径 PC 的条件定义为
>
> $$PC \oplus PC_{c_i, \neg c_i} \qquad (5.11)$$ ♣

上述路径边界确定条件也可以等价为（$PC \wedge \neg PC_{c,c'}$）。为了生成确定的边界值输入，通常使用约束将输入约束在边界上，并使用约束求解器来解决它。这个边界条件约束输入使 PC 的值为真，并且还约束 c 和 c' 为不同的值，这使得输入刚好靠近边界的 c，并让 c 确定 PC。从另一个角度来看，这个条件意味着输入必须遵循当前路径，如果谓词 c 为 c' 将执行不同的路径。

这种白盒边界值分析的基本思路同时保留了原始覆盖标准。普通白盒测试生成技术取程序源码或模型作为输入，尝试探索执行路径以实现一定的覆盖标准，并生成测试每个路径的案例。直接采用每个条件的变异将带来组合爆炸问题，从而导致测试数量太大。需要注意的是，一些边界条件可以同时满足，这意味着一个测试可以同时覆盖多个边界。为了减少边界值分析的测试数量，采用组合测试生成技术，增加了正常选择每条路径后的附加过程白盒测试生成。对于每条路径，建立一个组合测试模型为路径条件，并使用组合测试生成工具生成几组兼容的边界条件。最后，使用约束将集合转换为具体的测试求解器。这样可以在不影响边界值分析的情况下实现结构覆盖的原始路径选择策略标准。

下面通过清单 5.3 来说明如何进行边界值分析。假设在白盒测试中生成一条路径到达第 6 行，则路径条件为 $PC = w \wedge x > 1 \wedge x < 10 \wedge y \geq z$。路径条件产生的谓词集合如下：$\{w, x>1, x<10, y \geq z\}$。进而生成谓词组合如表 5.9 所示。注意，在边界条件下，带下划线的谓词是被变异取代的。

清单 5.3　开发者测试边界故障代码示例

```
1   int function(bool W, int x, int y, int z){
2       if(!w){return 0; }if(x>1){
3       if(x<10){
4           if(y>=z){
5               return 1;
6           }
7       }
8   }
9   return 2;
10  }
```

考虑 6 个目标路径条件组合：

$$\begin{cases} p_{x>2}:1, p_{x<11}:1, p_{y \geq z+1}:1, \\ p_{x>0}:1, p_{x<9}:1, p_{y \geq z-1}:1 \end{cases} \qquad (5.12)$$

{PC} 对应的谓词约束集合为 $\{w \wedge x>1 \wedge x<10 \wedge y \geq z\}$。看第一个例子，$p_{x>2}:1$，$p_{x>0}:0$ 对应的谓词约束集合为：

$$\begin{cases} w \wedge x>1 \wedge x<10 \wedge y \geq z, \\ \neg(w \wedge \underline{x \geq 2} \wedge x<10 \wedge y \geq z) \end{cases} \tag{5.13}$$

表 5.9 路径确定条件分析

c	p_c'	值	$PC_{c,c'}$
w	NA	NA	NA
$x>1$	$p_{x>2}$	{0,1}	$w \wedge x>2 \wedge x<10 \wedge y \geq z$
	$p_{x>0}$	{0,1}	$w \wedge x>0 \wedge x<10 \wedge y \geq z$
$x<10$	$p_{x<11}$	{0,1}	$w \wedge x>1 \wedge x<11 \wedge y \geq z$
	$p_{x<9}$	{0,1}	$w \wedge x>1 \wedge x<9 \wedge y \geq z$
$y \geq z$	$p_{y \geq z+1}$	{0,1}	$w \wedge x>1 \wedge x<10 \wedge y \geq z+1$
	$p_{y \geq z-1}$	{0,1}	$w \wedge x>1 \wedge x<10 \wedge y \geq z-1$

假如下一个尝试 $p_{x<9}:1$，则添加对应的约束谓词并检查可满足性：

$$\begin{cases} w \wedge x>1 \wedge x<10 \wedge y \geq z, \\ \neg(w \wedge x>2 \wedge x<10 \wedge y \geq z), \\ \neg(w \wedge x>1 \wedge \underline{x \leq 9} \wedge y \geq z) \end{cases} \tag{5.14}$$

不难发现，这个谓词约束不可满足，前两个推出 $w \wedge x=2 \wedge x<10 \wedge y \geq z$，进而与第三个谓词约束冲突，所以 $p_{x<9}$ 应该为 0。谓词约束集合计算需要退回去。接下来计算 $p_{x<11}:1$，谓词约束集合不可行，所以 $p_{x<11}:0$；计算 $p_{y \geq z+1}:1$，谓词约束集合可行。计算 $p_{y \geq z-1}:1$，谓词约束集合不可行，所以 $p_{y \geq z-1}:0$。最终求得组合谓词约束集合为：

$$\begin{cases} p_{x>2}:1, \ p_{x<11}:0, \ p_{y \geq z+1}:1 \\ p_{x>0}:0, \ p_{x<9}:0, \ p_{y \geq z-1}:0 \end{cases} \tag{5.15}$$

第一个组合谓词约束集合求解可得

$$\begin{cases} w \wedge x>1 \wedge x<10 \wedge y \geq z, \\ \neg(w \wedge x>2 \wedge x<10 \wedge y \geq z) \\ \neg(w \wedge x>2 \wedge x<10 \wedge y \geq z+1), \\ \Downarrow \\ w \wedge x=2 \wedge y=1 \wedge z=1 \end{cases} \tag{5.16}$$

$p_{x>2}:1$ 和 $p_{y \geq z+1}:1$ 这两个条件已经被上述测试满足，则可从原始集合中删除。进而迭代求解下一个集合及其对应的可行谓词约束集合，进而求解相应测试。

5.2.2 变异故障假设

变异分析是开发者测试中常用的一种故障假设方法。通过对比源程序与变异程序在运行同一测试时的差异来评价测试集的错误检测能力。在变异测试过程中，一般利用与源程序差异极小的简单变异体来模拟程序中可能存在的各种缺陷。变异测试要求测试人员编写或由工具自动生成大量新的测试，来满足对变异体中缺陷的检测。验证程序的运行结果也是一个代价高昂并且需要人工参与的过程，由此也影响了变异测试在生产实践中的应用。程序变异是指基于预先定义的变异操作对程序进行修改，进而得到源程序的变异程序的过程。变异算子应当模拟典型的软件缺陷，用于度量测试对常见错误的检测能力；或是引入一些特殊值，来度量测试在特殊环境下的错误检测能力。当源程序与变异程序存在运行差异时，则认为该测试检测到变异程序中的错误，变异程序被杀死。

首先回忆一下变异分析中的测试差分器 $d: T \times \mathbb{P} \times \mathbb{P} \rightarrow \{0, 1\}$。

$$d(t, P, P') = \begin{cases} 1, & t\text{对于}P\text{和}P'\text{行为不同} \\ 0, & \text{其他} \end{cases} \quad (5.17)$$

这是一个对于所有测试 t（$t \in T$）和程序 P（$P' \in \mathbb{P}$）的函数。为了简化后续讨论，用 M 表示 P 和 P' 的行为差异集合，而 $d(M)$ 表示满足这种行为差异的约束条件或者所有可能输入的集合。变异差分条件 $d(M)$ 结合代码执行路径约束条件 PC，可以得到开发者测试中的代码变异故障测试条件。

> **定义 5.10　代码变异故障测试条件**
>
> 代码变异故障测试条件 PCM 定义为路径约束条件 PC 和变异差分条件 $d(M)$ 的合取，即 PCM 需要同时满足 PC 和 $d(M)$。
>
> $$\text{PCM} = \text{PC} \wedge d(M) \quad (5.18)$$ ♣

程序变异通常需要在变异算子的指导下完成。目前提出多种变异算子，但由于不同程序所属类型、自身特征的不同，在程序变异时可用的变异算子也是不同的。例如，对于面向过程程序，可以通过各种运算符变异、数值变异、方法返回值变异等算子对程序进行变异。然而对于面向对象程序，在利用上述类型变异算子的同时，还需要针对继承、多态、重载等特性设计新的算子，来保证程序特征覆盖的完整性。对于这些变异算子，PITest 等变异测试工具提供了良好的实现和支持。

下面介绍一个简单易用的变异测试工具 PITest[⊖]。PITest 为 Java 提供了标准的测试覆盖率，可快速扩展并与现代测试和构建工具集成。PITest 提供了一些内置的变异算子，其中大多数是默认激活的。通过将所需运算符的名称传递给变异算子参数，可以覆盖默认集并选择不同的变异算子。PITest 的主要功能如下：

⊖ https://pitest.org/。

- 生成变异代码：PITest 会生成各种不同的变异版本的代码，比如删除一些语句、修改一些条件判断等。通过生成各种变异版本的代码，PITest 可以模拟出各种可能的代码错误和缺陷，从而提高测试用例的覆盖率。
- 运行测试用例：PITest 会自动运行现有的测试用例，以检测每个变异版本的代码是否能够通过测试。如果测试用例能够检测到某个变异版本的代码的错误，那么这个变异版本就被视为被杀死的。
- 生成测试报告：PITest 会生成详细的测试报告，包括测试用例的覆盖率、变异体的数量、被杀死的变异体的数量等。通过测试报告，可以了解代码的测试质量和覆盖率，并根据报告中的信息来改进测试和代码。

通过使用 PITest，可以提高现有测试用例的覆盖率，发现更多的缺陷，并提高代码质量。为了使配置更容易，PITest 的一些变异算子被归组。变异是在编译器生成的字节码上执行的，而不是在源文件上执行的。这种方法的优点是通常能更快、更容易地合并到构建中，但有时很难简单地描述变异运算符如何映射到 Java 源文件的等效更改。

例如，PITest 中，增量变异算子（INCREMENTS）将改变局部变量（堆栈变量）的增量、减量以及赋值增量和减量。它将用减量代替增量，反之亦然。常见的例子是，i++ 将变异为 i− −。请注意，增量变元将仅应用于局部变量的增量。成员变量的递增和递减将由数学变异算子（MATH）支持。数学变异算子将整数或浮点算术的二进制算术运算替换为另一种运算，例如 a=b+c 变异为 a=b−c。请注意，尽管存在特殊的增量操作码，但编译器还将使用二进制算术运算来进行非局部变量（成员变量）的增量、减量以及赋值增量和减量。这个特殊的操作码仅限于局部变量（也称为堆栈变量），不能用于成员变量。这意味着数学变异子也会变异。返回值变异算子（RETURN_VALS）将改变方法调用的返回值，例如空返回、假返回、真返回、空返回和基元返回等。返回值变异算子改变方法调用的返回值。根据方法的返回类型，使用另一个变异。内联常量变异算子改变内联常量。内联常量是分配给非最终变量的文字值，例如 int i=3;，根据内联常量的类型，使用另一个变异。由于明显相似的 Java 语句转换为字节代码的方式不同，因此规则有点复杂。面向过程程序的变异算子简要总结如表 5.10 所示。

表 5.10　面向过程程序的变异算子

变异算子	描述
条件变异	对关系运算符 "<" "<=" ">" ">=" 进行替换，如将 "<" 替换为 "<="
数学变异	对自增运算符 "++" 或自减运算符 "−" 进行替换，如将 "++" 替换为 "−"
二元变异	对与数值运算的二元算术运算符进行替换，如将 "+" 替换为 "−"
否定变异	将程序中的条件运算符替换为相反运算符，如将 "==" 替换为 "!="
数值变异	对程序中整数类型、浮点数类型的变量取相反数，如将 "i" 替换为 "−i"
返回值变异	删除程序中返回值类型为 void 的方法；对程序中方法的返回值进行修改，如将 true 修改为 false 等

PITest会生成一个HTML报告,用以说明程序的变异测试情况。报告通过染色方式说明了程序语句覆盖和变异测试结果:浅绿色表示语句被覆盖但没有变异体生成,深绿色表示语句被覆盖且杀死该语句的变异体,浅粉色表示语句未被覆盖,深粉色表示语句存在变异体但该变异体未被杀死。

在面向对象程序中,常用的变异算子可以分为几大类,包括改变方法调用、改变方法参数、改变方法体、改变类继承、改变类成员和改变访问权限。这些变异算子可以被自动化地应用于面向对象程序,以生成变异版本的代码,进而评估程序的测试用例和鲁棒性。

- 改变方法调用是一种常用的变异算子,它可以将方法调用替换为其他方法调用或空调用,也可以删除方法调用。例如,将一个方法调用替换为另一个具有相似功能的方法调用,可以测试程序在不同的输入下是否能够正确地执行。删除方法调用则可以测试程序在缺少某些特定功能的情况下是否能够正常工作。
- 改变方法参数是另一种常见的变异算子,它可以改变方法的参数类型或顺序,或者删除参数。例如,将一个整数参数改为一个浮点数参数,可以测试程序对不同类型的输入数据的处理能力。改变参数顺序可以测试程序在不同的参数组合下是否能够正确地执行,而删除参数则可以测试程序在缺少某些特定信息的情况下是否能够正常工作。
- 改变方法体是一种更加复杂的变异算子,它可以替换方法体中的语句或表达式,或者删除语句。例如,将一个算法实现替换为另一个具有相似功能的算法实现,可以测试程序在不同计算环境下的正确性和鲁棒性。删除语句则可以测试程序在缺少某些特定功能的情况下是否能够正常工作。
- 改变类继承是一种常用的变异算子,它可以改变类的继承关系,或者删除继承。例如,将一个类从一个具有相似功能的类继承而来,可以测试程序在不同的继承层次结构下的正确性和鲁棒性。删除继承则可以测试程序在缺少某些特定功能的情况下是否能够正常工作。
- 改变类成员是另一种常见的变异算子,它可以改变类的字段或方法,或者删除字段或方法。例如,将一个字段的类型改为另一个类型,可以测试程序对不同类型的数据的处理能力。改变方法的实现可以测试程序在不同算法实现下的正确性和鲁棒性,而删除字段或方法则可以测试程序在缺少某些特定信息的情况下是否能够正常工作。
- 改变访问权限是一种较少使用的变异算子,它可以改变类或成员的访问权限。例如,将一个私有成员变量改为公共成员变量,可以测试程序在不同的访问权限下的正确性和鲁棒性。更改成员变量或方法的访问权限可能会导致程序的行为发生变化,因此需要谨慎使用。

5.2.3 逻辑故障假设

开发者测试中,逻辑测试主要针对代码控制条件的逻辑组合进行变异分析,因此可被看作变异分析的一种特例。开发者首先确定程序的逻辑结构和规则,这可能涉及分析程序的源代码、文档和规范，以了解程序的逻辑结构和行为。根据程序的逻辑结构和规则，设计测试用例。测试用例应该涵盖程序的不同执行路径和分支，以检查程序是否正确地处理各种输入和情况。逻辑测试可以帮助开发者评估程序的逻辑正确性，并识别出程序中的逻辑错误和漏洞。通过使用逻辑测试，开发者可以改进程序的设计和实现，并提高程序的质量和可靠性。首先回忆逻辑测试中的布尔差分模型定理。逻辑故障 F_δ 能够被检测当且仅当 $F_\delta \oplus F$ 是可满足的，也只有此时 F_δ 被认为是一个故障。如果 $F_\delta \oplus F$ 是可满足的，那么任何满足 $F_\delta \oplus F$ 的赋值都被认为是 F_δ 的一个诱发故障的测试。这里简记 $dF = F_\delta \oplus F$ 为逻辑差分条件。

> **定义 5.11　逻辑故障测试**
>
> 逻辑故障测试 PLT 等价于路径约束条件 PC 和逻辑差分条件 dF 的合取，即逻辑故障测试 PLT 需要同时可满足 PC 和 dF。
>
> $$\text{PLT：} \equiv PC \wedge dF \qquad (5.19)$$

开发者测试中，以语句覆盖为代表的顶点覆盖对程序的逻辑覆盖只关心判定表达式的值，是很弱的逻辑覆盖标准。语句覆盖是最基本的覆盖，要求程序中的每条可执行的语句都要至少执行一次，但是忽略了语句里的判定和分支等的具体含义。如清单 5.4 和图 5.3 所示，"x>=90 and y>=90" 是可执行语句（语句 2），a:=a+1 也是可执行语句（语句 3/5）。对于语句覆盖，取尽量最少的测试使每个可执行语句都执行一次，即取测试将图中的 1、2、3、4、5 语句都执行一遍。例如测试 "(x=85,y=90,a=1)；" 执行了 ace 路径，将语句 1、2、3、4、5 都执行了一遍，实现了语句覆盖。

清单 5.4　开发者测试逻辑故障假设代码示例

```
1  input x, y, a
2  if (x>=90 and y>=90)
3     if (x=80 and a>=5)
4        output
5     else
6        a=a+1
7  else
8     a=a+1
9  output
```

开发者测试中，判定覆盖比语句覆盖强一些，能发现一些语句覆盖无法发现的问题。每个判断的真假分支至少执行一次，即真要至少取一次，假要至少取一次。但是往往一些判定条件都是由多个逻辑条件组合而成的，进行分支判断时相当于对整个组合的最终结果进行判断，这样就会忽略每个条件的取值情况，导致遗漏部分测试路径。判定覆盖仍是较弱的逻辑覆盖。在图 5.3 所示的程序中，对于判定覆盖，即语句 2 至少要实现一次真（经过 b）、至少要实现一次假（经过 c），语句 4 至少要实现一次真（经过 d）、至少要实现一次假（经过 e）。设计两个测试：（x=85,y=90,a=1）和（x=92,y=90,a=5）。第一个执行了 ace 路径，即路径包含了两个语句的假分支；第二个执行了 abd 路径，即路径包含了两个语句的真分支。

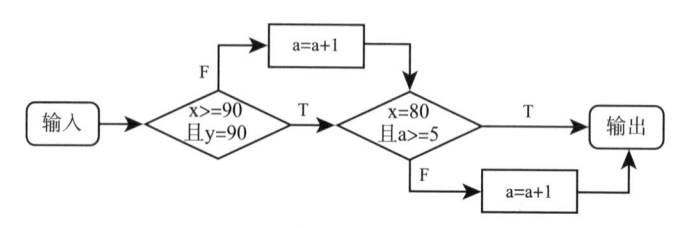

图 5.3　清单 5.4 中程序的流程图

　　条件覆盖和判定覆盖类似，只是把重点从判定移动到条件上来了，每个判定中的每个条件可能至少满足一次，也就是每个条件至少要取一次真的，再取一次假的。但条件覆盖也有缺陷，因为它只能保证每个条件都取到了不同结果，但没有考虑到判定结果，因此有时候条件覆盖并不能保证判定覆盖。在图 5.3 所示的程序中，对于条件覆盖，即测试要覆盖到变量 x、y、a 分别的所有取值情况。x 变量取值：80，81（小于 90 且不等于 80 都可以取），90。y 变量取值：80，90。a 变量取值：4，5。设计 3 个测试：（x=80,y=80,a=4）、（x=81,y=90,a=5）、（x=90,y=80,a=5）。所有变量满足的条件能够被全部满足。

　　判定 / 条件覆盖可以使判断中每个条件所有的可能取值至少执行一次（条件覆盖），同时每个判断本身所有的结果也要至少执行一次（判定覆盖）。不难发现判定条件覆盖同时满足判定覆盖和条件覆盖，弥补了两者各自的不足，但是判定条件覆盖并未考虑条件的组合情况。发现故障的能力强于判定覆盖和条件覆盖。在图 5.3 所示的程序中，对于判定 - 条件覆盖测试，即设计的测试要同时满足判定覆盖测试和条件覆盖测试。设计 3 个测试（x=81,y=90,a=4）、（x=90,y=90,a=5）、（x=80,y=80,a=5）。第一个执行了 ace 路径，即路径包含了两个语句的假分支；第 2 个执行了 abd 路径，即路径包含了两个语句的真分支；这 3 个测试满足了条件覆盖。

　　路径覆盖是指设计的测试可以覆盖程序中所有可能的执行路径。这种覆盖方法可以对程序进行彻底的测试覆盖，其基本思想是要求设计足够多的测试，导致程序中所有的路径都至少执行一次。这种测试方法需要设计大量、复杂的测试，导致工作量呈指数级增长，而且不一定把所有的条件组合都覆盖。在图 5.3 所示的程序中，存在的路径有 abd、abe、acd 和 ace，因此要设计测试实现经过这些路径。需要 4 个测试：（x=90,y=90,a=5）、（x=90,y=90,a=4）、（x=80,y=90,a=5）、（x=81,y=80,a=4）。在实际的操作中，要从代码分析和代码调研入手，可以选择上述方法中的某一种或者好几种方法的结合，设计出高效的测试，尽可能全面地覆盖到代码中的每一个逻辑路径。

根据 DO-178B/C，MCDC 覆盖要求满足以下标准：至少调用程序中的所有入口点和出口点一次。程序中的每个谓词都采用了所有可能的结果至少一次。然而，MCDC 需要特定的组合值谓词判定中的每个条件，并不总是导致在被测程序中执行一个新分支。因此，现有的测试生成方法无法生成测试输入以实现高 MCDC。首先提取目标程序的路径，然后找到合适的测试数据来触发这些路径。在路径提取过程中，提出了一个贪心策略来确定下一个选择分支，可以尽快提高覆盖率。通过对三角形程序 Triangle 的 C 或 Java 程序进行分析。三角形程序有三个整数输入变量，表示三角形三个边的长度。这段代码的目标是找出这个三角形的类型，包括非三角形、等腰三角形、等边三角形等。可找到 14 个测试来实现 MCDC，如表 5.11 所示。

表 5.11 三角形程序 MCDC 示例

测试数据编号	测试数据	测试数据编号	测试数据
#1	(0,1,1)	#8	(1,2,2)
#2	(1,0,1)	#9	(2,1,1)
#3	(1,1,0)	#10	(2,3,2)
#4	(1,3,2)	#11	(1,2,1)
#5	(1,2,3)	#12	(2,2,3)
#6	(2,3,4)	#13	(1,1,2)
#7	(3,1,2)	#14	(1,1,1)

本章练习

1.针对以下程序进行输入边界值分析、计算边界值分析和输出边界值分析，并给出具体测试示例。

```
1    def sin__taylor(x, n):
2        result = 0
3        for i in range(n):
4            sign = (-1)**i
5            term = x**(2*i+1)/math.factorial(2*i+1)
6            result += sign*term
7        return result
```

2.针对均值方差程序 MeanVar 进行输入边界值分析、计算边界值分析和输出边界值分析，并给出具体测试示例。

3.针对三角形程序 Triangle 进行 Offutt 的五类常用变异，针对随机测试进行变异分析评估并记录杀死率评分情况，依据变异理论框架进行变异分析。

4. 针对日期程序 NextDay 进行 Offutt 的五类常用变异，针对随机测试进行变异分析评估并记录杀死率评分情况，依据变异理论框架进行变异分析。

5. 针对均值方差程序 MeanVar 进行 Offutt 的五类常用变异，针对随机测试进行变异分析评估并记录杀死率评分情况，依据变异理论框架进行变异分析。

6. 针对三角形程序 Triangle 实现 10 类常用逻辑变异，针对随机测试进行变异分析评估并记录杀死率评分情况，依据变异理论框架进行变异分析。

7. 安装变异测试工具 PITest，并对 Triangle、NextDay、MeanVar 三个程序进行变异分析和测试。

8. 针对一个开源项目，采用 PITest 进行变异测试分析，补充和完成其中的逻辑故障测试，并结合逻辑故障结构进行实证分析，编写完整的测试报告。

第 6 章
Chapter 6

图分析测试

　　图应该是刻画软件的最常用结构，可以来自各种软件制品，涵盖需求、设计文件、实施、测试各个阶段。6.1 节介绍图应用于软件测试覆盖准则的内容。6.1.1 节简要复习图论的基础概念和常用性质，特别结合软件测试进行了定制。基于图的测试准则首先需要进行图的生成。6.1.2 节和 6.1.3 节分别介绍针对程序源代码的控制流图和数据流图的生成，两者为下一章的内容提供基础。6.1.4 节介绍针对软件图形界面的事件流图生成，为后续的功能测试、性能测试和兼容性测试提供基础。图测试要求测试人员覆盖图的结构或元素，通过遍历图的特定部分完成测试目标。需要注意，图测试理论方法可以来自任何软件抽象图，而不仅仅是控制流图、数据流图和事件流图。

　　6.2 节介绍传统教科书中的结构化测试方法。不同的是，我们根据数学性质分为三大类阐述图结构化测试。6.2.1 节介绍 L- 路径测试，这是一种根据图中路径长度进行简单延伸的策略。其中，$L=0$ 称为顶点覆盖，对应传统的语句覆盖，$L=1$ 称为边覆盖，对应传统的分支覆盖。L 可以为任意非负整数通过延伸进行测试加强。6.2.2 节介绍主路径测试，主要针对循环带来 L- 路径测试的无限问题。定义简单路径进行循环终止，并极大化简单路径完成主路径定义实现大规模测试路径约简。6.2.3 节为基本路径测试，这是另辟蹊径的设计思路。通过线性独立引入独立路径概念，覆盖最大独立路径集合，表征了线性空间的基覆盖，McCabe 证明独立路径数量恰好等于圈复杂度。

　　尽管图结构化测试体现了很多良好的数学性质，但由于忽略了图元素带来的语义变化往往带来测试缺失。主要原因是程序中不同语句之间往往会有依赖关系，使得拓扑结构上语法可行的路径在语义执行上并不可行。6.3 节介绍图元素测试方法，作为图结构化测试方法的补充。6.3.1 节介绍常用数据流测试方法，关注变量的定义和使用元素测试形式。数据流测试关注路径选择对值与变量关联方式的分析，以及这些关联如何影响程序的执行。数据流分析侧重于程序中变量的出现，每个变量出现都被分类为定义出现、计算使用出现或谓词使用出现。6.3.2 节介绍以 DC、CC、CoC、MCDC 为代表的逻辑覆盖准则，通过示例说明各个准则直接的强弱蕴涵关系，强调 MCDC 在工业应用中的价值。本节与前面的逻辑故障假设存在密切联系，不同的是，这里我们以完整的程序结构而非单一表达来看待逻辑测试，为后续的测试生成和优化提供基础。

6.1 图测试基础

图论（graph theory）是离散数学的重要内容。1738 年，数学家欧拉解决了七桥问题并开创了图论。1859 年，哈密顿回路的提出掀起了图论研究热潮。本章将引入一些与测试相关的图论的新术语。图可来自各种类型的软件制品，涵盖需求、设计、实现、测试和运维各个阶段。本节首先简要介绍图的基础概念，并结合软件工程制品特性，采用图刻画软件测试覆盖准则。基于图的测试准则要求测试人员覆盖图的结构或元素，通常要求遍历图的特定部分。然后详细介绍三种常用的软件测试流图：控制流图、数据流图和事件流图。

6.1.1 图的基础概念

$G=(V,E)$ 表示具有顶点集 V 和边集 $E \subseteq V \times V$ 的图。图的顶点，也称为节点，通常在图形中由点或小圆圈表示。图的一条边由两个顶点的连线表示，也可以将边简写为两个顶点 v_iv_j，通常说共享边的顶点是相邻的。软件测试中，默认使用有向图。当然，无向图可被看作特殊的有向图，满足边的对称性，即 $\forall v,v': (v,v') \in E \Rightarrow (v',v) \in E$。一个顶点指向其他顶点的数量称为该顶点的出度，一个顶点被其他顶点指向的数量称为该顶点的入度。为了兼顾软件的输入与输出，引入两类特殊顶点：初始顶点和终结顶点。测试图定义如下。

> **定义 6.1　测试图**
>
> 软件测试中，图 $G=(V,E,v{\downarrow},v{\uparrow})$ 定义为：
> - 一个顶点集合 V；
> - 一个初始顶点 $v{\downarrow} \in V$；
> - 一个终结顶点 $v{\uparrow} \in V$；
> - 一个边集合 $E \subseteq V \times V$。

在软件测试中，$v{\downarrow}$ 和 $v{\uparrow}$ 是必需的，它们表示软件的输入和输出。不失一般性，本章假设软件只有单一输入/输出。假如有多个输入/输出，通过添加哑顶点和关联边实现唯一的输入/输出顶点即可。每个顶点的终结顶点代表一个原型测试的输出结果。大多数测试准则都要求测试以特定的终结顶点结束。在不发生混淆的时候，可以将 $G=(V,E,v{\downarrow},v{\uparrow})$ 简写成 $G=(V,E)$ 或 G。G 的子图 G' 是指 $G'(V',E') \subseteq G(V,E)$，其中 $V' \subseteq V$ 且 $E' \subseteq E$，即 G' 中的每个边和顶点也在 G 中。令 $U \subseteq V$ 是 G 的顶点集的子集。诱导子图 $G[U]$ 是由来自 U 的顶点和来自 G 的边组成的一个子图。图 G 中的一条路径是 G 的一个子图，且满足 $\{v_0,v_1,v_2,\cdots,v_n\}$，其中每对相邻顶点 $(v_i,v_{i+1}) \in E, 1 \leq i < n$。路径的长度定义为它包含的边数，即 n。顶点 x_0 和 x_k 被称为路径 p 的端点。路径 p 的子路径是 p 的子序列，当然 p 也是自身的子路径。

> **定义 6.2　测试路径**
> 若测试图中的路径是从 $v\downarrow$ 开始到 $v\uparrow$ 结束，则称为测试路径。　　♣

图构成了许多测试准则的基础。基于图的测试准则通常要求测试人员以某种方式覆盖图，并遍历图的特定部分。许多测试准则要求输入从一个顶点开始并在另一个顶点结束。这只有在这些顶点通过路径连接时才有可能。当将这些准则应用于特定图时，有时会发现要求的路径由于某种原因无法执行。例如，在程序总是至少执行一次循环的情况下，路径可能要求循环执行零次。这类问题基于图所代表的软件制品的特定语义。首先关注图的语法规则。如果存在从顶点 v 到 v'（或边 e）的路径，称顶点 v'（或边 e）在语法上是从顶点 v 可达的。如果可以使用一些程序输入执行从 v 到 v' 的至少一条路径，则顶点 v'（或边 e）在语义上也是可达的。一些图的顶点或边在语法上无法从初始顶点 $v\downarrow$ 到达。不可达的路径可能导致无法生成测试满足覆盖准则。实践中，需要特别关注语法可行和语义可行的区别，以及它们给测试带来的挑战。

图 6.1 是一个图测试示例。这种特殊的结构称为"双菱形"图，常常对应于程序中两个 if-then-else 语句序列的控制流图。初始顶点 1 用传入箭头指定，记住只有一个初始顶点，最后一个顶点 7 用粗圆圈指定。双菱形图中正好存在四个测试路径：［1,2,4,5,7］、［1,2,4,6,7］、［1,3,5,7］，和［1,3,4,6,7］。如果 v 在 p 中，则称测试路径 p 覆盖顶点 v。如果 e 在 p 中，则称测试路径 p 访问边 e。对于子路径，如果 q 是 p 的子路径，则称测试路径 p 遍历子路径 q。图中的第一个路径［1,2,4,5,7］，覆盖顶点 1 和 2，覆盖边 (1,2) 和 (4,5)，覆盖子路径［2,4,5］。由于子路径关系是自反的，也就是说，任何给定的路径总是会覆盖自身。

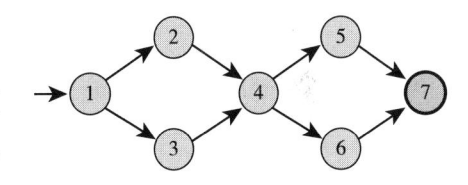

图 6.1　图测试示例

对于一个测试 t，映射路径 path(t) 是图 G 中由 t 执行的测试路径。本章只讨论确定性测试路径的情况，即给定 t 和 G，映射路径 path(t) 唯一。可进一步定义测试集的映射路径集合。对于测试集 T，path(T) = {path(t): $t \in T$}，即 path(T) 是 T 的每个测试 t 执行的测试路径集合。根据测试路径与图的相关概念定义图覆盖准则，但重要的是要认识到测试其实是在某种程度上对图进行覆盖，并且测试路径只是在模型图中抽象映射。为了降低成本，通常希望满足测试要求的测试数量最少。

假如一个路径的第一顶点和最后一个顶点相同，则称之为环。如果有向图没有环，则称其为有向无环图。如果无向图没有环，则连通图称为树，非连通图称为森林。生成树是来自给定图的一个没有环的子图，并要求连接原始图的所有顶点。软件测试的大部分问题可以归结为图的遍历问题。图的遍历是指从图的某一顶点出发，访问图中所有顶点，使每个顶点恰好被访问一次或多次。图的遍历主要有两种算法：深度优先搜索算法所遵循的搜索策略是尽可能深地搜索一个图，广度优先搜索算法类似于二叉树的层序遍历。软件测试的遍历问题略微不同，因为需要限定在测试路径上进行遍历才有实际意义。测试路径必须从 $v\downarrow$ 开始到 $v\uparrow$ 结束。需要注意的是，单个测试路径可能对应于软件上的大量测试 t。如果测试路径不可行，则测试路径也可能对应于零个测试，即 path(t)=∅。

树是一种特殊的图，所以实际上也可以把树的遍历看作一种特殊的图的遍历。由于循环给程序分析和测试带来很多挑战，工程上常常将有环的图生成树来对应分析。最小生成树是指在加权无向图中连接所有顶点的边的子集中总边权重最小的那棵树。更一般地说，任何边加权无向图（不一定是连通的）都有一个最小生成森林，它是其连通分量的最小生成树的并集。如果每条边都有不同的权重，那么将只有唯一的最小生成树。

6.1.2 控制流图

源代码常常将可执行语句和分支映射成控制流图。控制流图是程序或应用程序执行期间控制流或计算行为的抽象图形化表示。控制流图可以准确地表示程序内部的流，因此主要用于支持静态分析和编译器应用。控制流图最初由 Allen 提出并绘制，定义如下。

> **定义 6.3　控制流图（Control Flow Graph，CFG）**
> 程序控制流图 CFG=（$V,E,v\downarrow,v\uparrow$），对于程序中的每个语句 a，都有一个顶点 $v_a \in V$。首先从 $v\downarrow$ 开始，如果语句 a' 在语句 a 之后立即执行，添加一条边 $(v_a, v_{a'})$，为每个与 a 关联的顶点 $v_{a'}$ 添加边之后控制流会因为返回语句或终止函数的右括号而离开函数，最终引向终结顶点 $v\uparrow$。

控制流图能够展示程序执行期间可以遍历的结构和元素。控制流图是一个有向图，其中顶点对应于语句或基本块。大多数程序都使用这三种基本结构：顺序、选择和循环，如图 6.2 所示。这三种基本结构能够支撑 CFG 的生成。例如，while 构造、循环条件仅在循环开始时进行测试，并且因此控制从循环的最后一条语句流向循环的顶部。

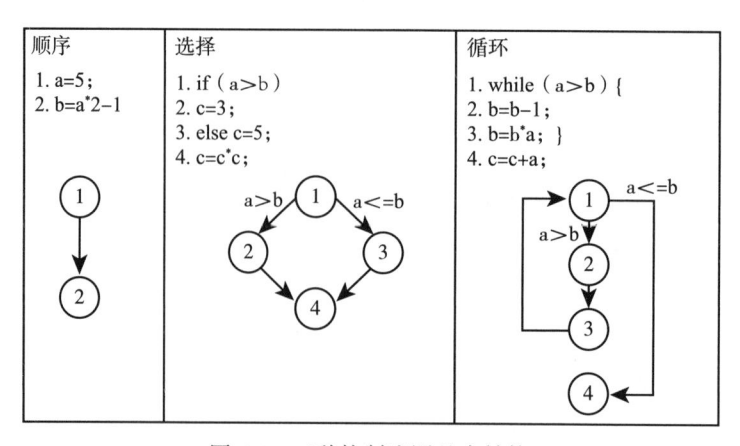

顺序	选择	循环
1. a=5; 2. b=a*2-1 ① ↓ ②	1. if（a>b） 2. c=3; 3. else c=5; 4. c=c*c; ① a>b ↙ ↘ a<=b ② ③ ↘ ↙ ④	1. while（a>b）{ 2. b=b-1; 3. b=b*a; } 4. c=c+a; ① ←a<=b a>b ↓ ② ↓ ③ ↓ ④

图 6.2　三种控制流图基本结构

已有不少工具支持源代码直接生成控制流，进而实现特定覆盖的分析和测。其基本思想是分析支配关系，使用块和边表示支配图。一种构造全局的算法还提出了支配图的概念，其中显示程序间级别的巨型块之间的支配关系。全局支配图是组合块支配图，程序间的跳转语句也可以使用此图进行处理。清单 6.1 是一个简单示例。max 函数确定两个输入中的最大值，首先，生成 CFG 的顶点，将使每个程序语句对应一个顶点。因此，可以用顶点号注释程序如左图所示。源顶点是提供输入的顶点，而汇顶点是携带结果的顶点。接下来按照程序语义，通过顺序依赖关系（如右图所示）来连接顶点，绘制控制流图。

清单 6.1　控制流图示例程序

1　int max (int a, int b) \\ 顶点 1	1　int max (int a, int b) \\1->2
2　if (a>b) \\ 顶点 2	2　if (a>b) \\2->3 和 2->4
3　　r=a; \\ 顶点 3	3　　r=a; \\3->5
4　else	4　else
5　　r=b; \\ 顶点 4	5　　r=b; \\4->5
6　return r; \\ 顶点 5	6　return r;

在控制流图生成过程中，顶点 $v{\downarrow}$ 是控制流图的唯一入口顶点，顶点 $v{\uparrow}$ 是控制流图的唯一出口顶点。请注意，控制流图是一个图，其中每个顶点（除了 $v{\downarrow}$ 和 $v{\uparrow}$）对应于程序中的一个语句。对于顶点 $v \in V$，定义前序集合 $\mathrm{pre}(v) = \{v' | \exists (v',v) \in E\}$ 和后序集合 $\mathrm{post}(n) = \{v' | \exists (v,v') \in E\}$。对于路径 d，集合 $\mathrm{prefix}(d) = \{d' | d' \leq d\}$ 是 d 的前缀集合，对于一个集合 D 的路径，集合 $\mathrm{prefix}(D) = \cup_{d \in D} \mathrm{prefix}(d)$ 是 D 的前缀集合。控制流图的生成基本依赖于前序集合和后序集合的计算。

为了让控制流图表示更加简洁，通常采用语句基本块替代单一语句。块可以是由单个顶点替换的连续顶点集。有向图 $G = (V, E)$ 的顶点的非空集 $B \subseteq V$ 称为块，当且仅当存在 $\langle n_1, n_2, \cdots, n_k \rangle$ 个顶点使得 $\mathrm{post}(n_i) = \{n_{i+1}\}$，$\mathrm{pre}(n_{i+1}) = \{n_i\}$，其中 $i = 1, \cdots, k-1$。如果所有集合 $B' \supset B$ 都不是块，则 B 称为最大块或者基本块。

令 $G = (V, E)$ 为有向图，令 B 和 B' 为 V 的非空子集。首先由 $|B| = 1$ 推出 B 是一个块。设 B 为带 $B' \subseteq B$ 的块，计算 $B = \langle n_1, n_2, \cdots, n_k \rangle$，其中 $\mathrm{post}(n_i) = \{n_{i+1}\}$，$\mathrm{pre}(n_{i+1}) = \{n_i\}$，$i = 1, \cdots, k-1$。然后迭代如下：$B'$ 是块，选择下标 $j, l, 1 \leq j \leq l \leq k$，使得 $B' = \langle n_j, n_{j+1}, \cdots, n_l \rangle$ 或 $B' = \langle n_l, n_{l+1}, \cdots, n_k, n_1, n_2, \cdots, n_j \rangle$ 满足 $\mathrm{post}(n_k) = \{n_1\}$，$\mathrm{pre}(n_1) = \{n_k\}$。重复上述迭代计算，直至 B 为最大。然后 $B' \subseteq B$ 或 $B \cap B' = \emptyset$，完成图分割。

图 6.3 给了 Triangle 程序代码及其控制流图。读者可以尝试控制流图的生成过程，并分析测试路径、思考对应的测试数据。

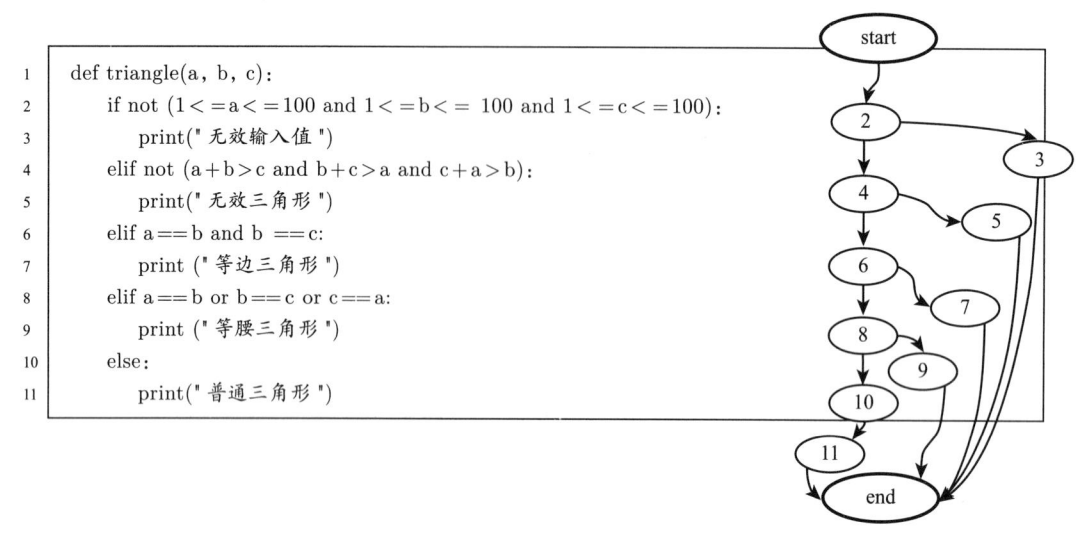

```
1    def triangle(a, b, c):
2        if not (1<=a<=100 and 1<=b<= 100 and 1<=c<=100):
3            print(" 无效输入值 ")
4        elif not (a+b>c and b+c>a and c+a>b):
5            print(" 无效三角形 ")
6        elif a==b and b ==c:
7            print (" 等边三角形 ")
8        elif a==b or b==c or c==a:
9            print (" 等腰三角形 ")
10       else:
11           print(" 普通三角形 ")
```

图 6.3　Triangle 程序代码及其控制流图

6.1.3　数据流图

数据流图的顶点代表计算机程序定义的操作函数，以及应用在数据对象上的谓词；数据流图的边代表一种连接数据对象生产者和数据对象消费者的通道。实践中，程序的控制信息和数据信息常常集成在同一个模型中。每当输入端口上有可用数据对象，且程序的状态满足某些特定条件时，就称这个参数的数据被使用了。由于程序可能采用任意次序、并行地或串行地触发数据流图中的每个变量数据，因此数据流图能够分析和检测程序运算过程中存在的所有可能行为。

数据流图是没有条件的程序模型。在高级编程语言中，没有条件的代码段，只有一个入口和出口点，称为基本块，如清单 6.2 中左图所示。需要稍微修改这段代码，才能够为它绘制数据流图。变量 x 有两个赋值，它在赋值语句的左侧出现了两次。因此，需要以单赋值形式重写代码，其中一个变量只在左侧出现一次。程序代码中，假设语句是按顺序执行的，因此对使用的任何变量都是该变量的最新赋值。在这种情况下，x 没有在这个块中重复使用，推测它在其他地方使用，所以只需要消除对 x 的多重赋值。结果如清单 6.2 中右图所示，其中使用了名称 $x1$ 和 $x2$ 来区分 x 的不同用途。

清单 6.2　数据流图示例程序 1

1	w=a+b;
2	x=a-c;
3	y=x+d;
4	x=a+c;
5	z=y+e;

1	w=a+b;
2	x1=a-c;
3	y=x1+d;
4	x2=a+c;
5	z=y+e;

单一赋值形式很重要，因为它允许在代码中标识一个唯一的位置。单一分配代码的数据流图如清单 6.2 中左图所示。单赋值形式意味着数据流图是非循环的。如果多次赋值给 x，那么第二次赋值将在图中形成一个循环，包括 x 和用于计算 x 的运算符。保持数据流图中没有环路对于图分析很重要。当然，重要的是要知道源代码是否实际多次赋值给一个变量，因为其中一些赋值可能是错误的。数据流图中的变量没有明确地由节点表示，采用边作为变量区分标记。因此，一个变量可以由多个边表示。但是，这里边是有向的，并且变量的所有边必须是单一来源。使用这种形式是出于简单性和紧凑性的考虑。数据流图能够清晰呈现程序代码中执行操作的顺序。因此，使用它可以明确定哪些操作具有重新排序的可行性并进行重新排序。

数据流图定义了基本块中操作的部分排序。必须确保在使用一个值之前对其进行计算，但通常有几种可能的计算顺序满足此要求。数据流最初是为简单通用编程语言定义的，由赋值语句、条件和无条件传输语句以及输入/输出语句组成，并且要求测试数据执行从程序中定义变量的点到随后使用该变量的点的特定路径。实践中，一个程序可以唯一地分解为一组不相交的语句块，如前面控制流生成策略中所阐述的。块是简单语句的最大序列，具有只能通过第一个语句输入的属性并且无论何时执行第一个语句，其余语句都按给定顺序执行。

数据流图常常与控制流图混合使用，称为 CDFG。CDFG 采用数据流图作为元素，添加结构来描述控制。在程序分析中，有两种类型的节点：决策节点和数据流节点。一个数据流节点封装一个完整的数据流图来表示一个基本块，使用一种类型的决策节点来描述顺序程序中的类型控制。跳转和分支用于实现这些控制结构。图 6.4 的左图显示了从清单 6.3 构建的控制流图和数据流图，图中的矩形节点代表基本块，为简单起见，程序代码中的基本块已由函数调用表示，菱形节点代表条件，节点的条件由标签给出，边上标有评估条件的可能结果。

清单 6.3　数据流图示例程序 2

```
1  if (cond1)
2     basic___block___1();
3  else
4     basic___block___2();
5     basic___block___3();
6  switch(test1)
7  case c1: basic___block___4(); break;
8  case c2: basic___block___5(); break;
9  case c3: basic___block___6(); break;
```

为 while 循环构建 CDFG 很简单，如图 6.4 的右图所示。while 循环由测试和循环体组成，大家都知道如何在 CDFG 中表示它们。程序中的 while 循环可表示 for 循环。这个 for

循环对于一个完整的 CDFG 模型，可以使用一个数据流图来对每个数据流节点进行建模。因此，CDFG 是一种分层表示——数据流 CDFG 可以展开以显示完整的数据流图。CDFG 不需要显式声明变量，但假设实现有足够的内存用于所有变量。可以定义一个状态变量来表示程序计数器。CDFG 的执行模型非常类似于它所代表的程序的执行。

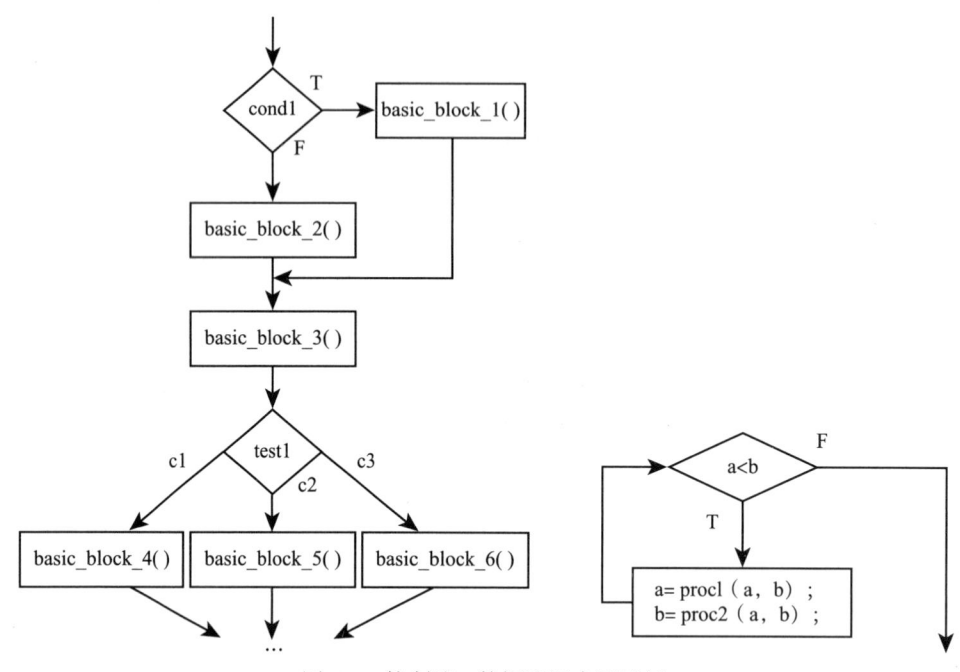

图 6.4　控制流 - 数据流混合图示例

6.1.4　事件流图

　　事件流图是图形用户界面（GUI）建模的主要手段。如今，大多数软件的交互都通过图形用户界面与用户交流。GUI 使用一个或多个对象，如按钮、菜单、桌面、窗口视图等，进行软件用户执行事件交互，实现 GUI 对象操作和后台业务流程执行。例如，拖动一个项目、将一个对象丢弃到垃圾桶中，以及从菜单中选择项目等。这些事件导致软件状态的确定性变化，可能会重新改变一个或多个 GUI 对象的状态。GUI 的重要特征包括它们的图形方向、事件驱动输入、层次结构、它们包含的对象以及这些对象的属性。

　　GUI 是软件系统的分层图形前端，接收来自一组固定事件的用户生成和系统生成的事件作为输入，并产生输出。GUI 包含图形对象，每个对象都有一组固定的属性。在 GUI 执行期间，这些属性被赋予具体的值，值的集合构成了 GUI 对象状态。事件流图中，根据其先决条件和效果来表示事件，用于开发可执行事件序列的正式表示。函数记号 $S_j=e(S_i)$ 用于表示 S_j 是状态 S_i 中事件 e 的执行所产生的状态。

> **定义 6.4 事件序列**
>
> $e_1 \circ e_2 \circ \cdots \circ e_n$ 是状态 S_0 的可执行事件序列，当且仅当存在状态序列 $S_0, S_1, \cdots, S_n$ 使得 $S_i = e_i(S_{i-1})$，其中 $i = 1, \cdots, n$。

图 6.5 显示了微软早期 Word 软件的一个可执行事件序列：从"选择 This 单词"开始，执行"格式""字体""18""确定"，再到"选择 text 单词"，执行"格式""字体""下划线""确定"。这里特别需要注意 GUI 中的可控性问题，要求 GUI 在对其执行事件之前进入有效状态。每个 GUI 都与一组不同的状态相关联，称为有效初始状态。例如，选择 18 号字体，需要前置状态序列"选择单词 - 格式 - 字体"。给定有效初始状态，可以通过对执行事件来获得新状态。这些后续状态称为 GUI 的可达状态。状态 S_j 是一个可达状态，当且仅当存在一个可执行事件序列 $e_x \circ e_y \circ \cdots \circ e_z$ 使得 $S_j = (e_x \circ e_y \circ \cdots \circ e_z)(S_i)$。定义 GUI 事件流图表示所有可能的事件交互。

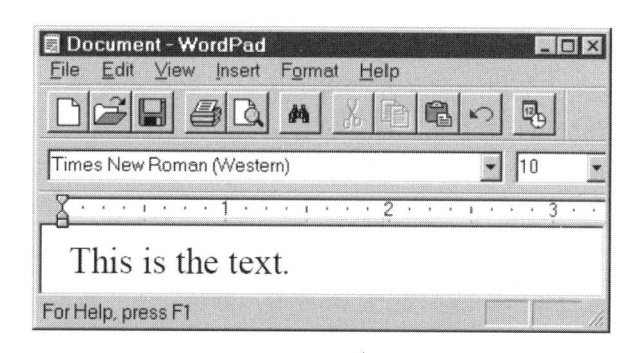

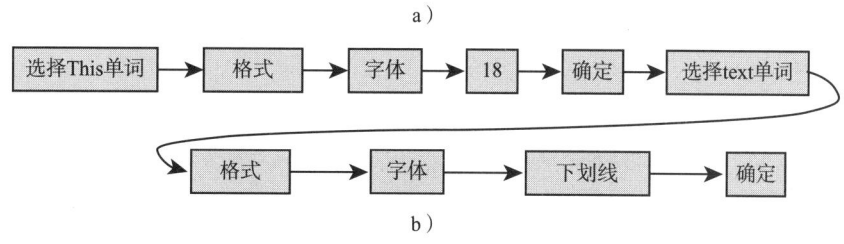

图 6.5 Word 字体处理事件序列

> **定义 6.5 事件流图（Event Flow Graph, EFG）**
>
> 事件流图是一个 4 元组 <V, E, B, I> 其中：
> - V 是事件集合，每个 $v \in V$ 表示一个事件。
> - $E \subseteq v \times v$ 是有向边集合。一条边 $(v, v') \in E$，当且仅当事件 v' 能够跟随事件 v 后立即执行。
> - $B \subseteq V$ 是初始事件集合。
> - $I \subseteq V$ 是受限焦点事件集合。

对于每个顶点 v，可以使用递归遍历算法来生成 v 的跟随集合。算法根据不同事件类型分配 v 的跟随事件。如果事件 v 的类型是菜单打开事件和 $v \in \mathbf{B}$，那么用户可以执行 v 的子菜单选项或 $\mathbf{B}$ 中的任何事件。如果 $v \notin \mathbf{B}$，则用户可以执行 (v, v) 本身所有子菜单选择，或执行后续所有事件父事件；父事件被定义为令 v 可用的其他事件。如果 v 是一个系统交互事件，那么执行 v 之后，将返回到 $\mathbf{B}$ 中的事件。如果 v 是终止事件，即终止组件的事件，则 v 包含调用组件的所有顶级事件。如果 v 的事件类型是不受限制的焦点事件，那么可用事件是被调用组件的所有顶级事件以及调用组件的所有事件。最后，如果 v 是受限焦点事件，则只有被调用组件的事件可用。

下面进一步通过一个项目管理系统（PMS）界面阐述 EFG 的生成与表示。PMS 程序用于创建和管理项目，可以添加、编辑和删除项目成员。图 6.6 中显示了 3 个 PMS 窗口。最左边的 PMS 主窗口有标题视图：默认开始屏幕（未显示）和需要事件序列 <File, Open, Project> 的 "项目一般信息" 屏幕（显示）并显示从中项目选择。在此视图中，用户可以创建新的项目或删除现有项目。单击 Add Member 按钮打开 Add Member 对话框（图 6.6 中间）。PMS 还包含一个用于启动其他成员的显示菜单的菜单例如，<File, Create Project> 打开（右边的）创建项目对话框。GUI 某处为约束成员。最初，在主窗口上，在选择时（行）启用按钮删除成员。在选择时强制执行电子邮件，在项目名称和文本字段输入值之前，添加成员对中有效完成会员按钮保持禁止状。然而，当对 PMS 进行 Remove Member 操作时，会弹出一个新的确认对话框，通过单击 Yes 就可以删除项目成员，删除后，数据字段 Character 将被重命名为 Role，进而更改图 6.6 最左侧窗口中的列表标题和中心对话框中的文本标签。由于改变了在测试脚本中访问字符或字段的方式，因此，上述操作容易导致 GUI 测试脚本失效。

图 6.6　PMS 的界面示例

为了解决上述问题，测试者可以使用开源工具 GUIRipper 为 PMS 构建 EFG 模型，进而支持对 PMS 的自动化测试。图 6.7 展示了 GUIRipper 为 PMS 生成的 EFG 模型，其生成的过程如下：在遍历录制中应用程序被执行；它的主窗口打开，所有事件的列表被提取并存储在一个队列中。单击按钮、选择单选按钮等，从而模仿人类用户。如果遇到文本字段，则输入手动预定值；如果没有提供，则随机生成一个。随着事件的执行，会打开新窗口。

这会导致当前窗口发生变化。前一个队列被压入堆栈，以便在新的当前窗口关闭后使用。最终，GUIRipper 输出事件流图 EFG。特别需要注意，在工程实践中，生成的 EFG 常常是完整模型的子图，即难以保证 EFG 是完备的。

对于如何根据 EFG 自动生成 GUI 测试，后续章节将详细介绍。随机测试生成 GUI 事件序列实现起来很简单，但这种方法可能会产生大量无效且因此不可执行的事件序列。由于测试人员无法控制事件序列的选择，因此难以达到指定的测试覆盖率。结构驱动测试方法通过使用事件流图和相关树结构来生成合法的事件序列。任务驱动测试方法则确定 GUI 常用任务，然后将这些输入到测试生成器。生成器使用 GUI 表示和规范来生成事件序列来完成任务。这种方法背后的动机充分利用测试人员的领域经验知识。任何 GUI 软件的设计都考虑到了某些预期用途，因此测试人员可以描述测试预言。但是，自动化生成测试预言依然存在很大挑战。GUI 测试与代码测试的思路不同，前者根据界面结构测试软件的事件序列，后者检测软件代码是否正确执行业务流程。这两种测试方法都有价值，可用于发现不同类型的缺陷。

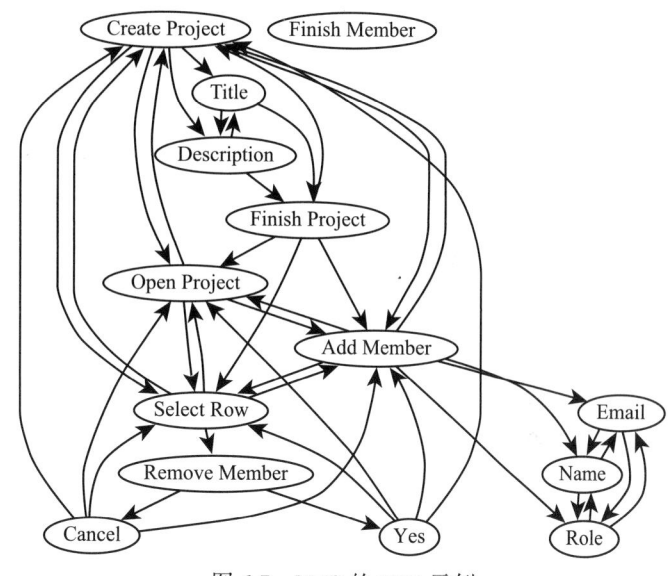

图 6.7　PMS 的 EFG 示例

6.2　图结构的测试方法

图的结构是用来定义测试覆盖准则的常用方法。这些准则中最常见的是控制流覆盖准则，或更一般地称为图结构覆盖准则。一般来说，对于任何基于图的覆盖准则，其思想是根据图中的各种结构来识别测试需求。图结构测试的一个直接关联是代码覆盖测试。代码覆盖率常常被作为衡量测试好坏的指标。代码覆盖率由系统化软件测试所衍生，最早可追溯到 1963 年《ACM 通讯》上的论文。如果测试仅覆盖了代码的一小部分，则不能相信软件质量是有保证的。相反，如果测试覆盖到软件的绝大部分代码，就能对软件的质量有较强的信心。本节介绍图结构测试的通用理论和方法，不限定于特定的图类型。

6.2.1　L-路径测试

根据图 G 中测试路径的属性定义测试需求 TR，通过访问顶点、边或路径来满足测试需求。图结构覆盖准则是给定准则 C 的测试需求集合 TR，当且仅当对于每个测试需求 tr，测试集 T 满足图 G 上的准则 C，路径集合 path（T）中至少有一个测试路径使其满足 tr。实践中，可以通过指定一组测试需求 TR 或者测试需求规则来定义图结构覆盖准则。首先定义访问每个顶点的准则，这个概念也被称为"语句覆盖""状态覆盖"或"事件覆盖"。对于任何基于图结构的覆盖准则，无论是控制流图、数据流图、事件流图，还是其他软件制品的图，都具有很好的通用性。

> **定义 6.6　L-路径覆盖**
>
> 给定图 $G=(V,E,v\downarrow,v\uparrow)$，L-路径覆盖需求 TR 包含 G 中所有长度为 L 的路径，其中 $L=0,1,2,\cdots$。 ♣

顶点是路径的最小单元。L-路径覆盖的定义中，最常用的就是 $L=0$ 时，$TR=V$ 的情况。以此顶点覆盖作为起点来分析 L-路径覆盖是合理的。这种简化能够将图 6.1 中菱形结构测试需求的编写缩短为仅包含顶点：TR={1,2,3,4,5,6,7}。测试路径 [1,2,4,5,7] 满足第 1、第 2、第 4、第 5、第 7 个测试需求，测试路径 [1,3,4,6,7] 满足第 1、第 3、第 4、第 6、第 7 个测试需求。因此，如果测试集 T 包含 $\{t_1,t_2\}$，t_1、t_2 对应了上述两个路径，则称 T 满足 G 上的 0-路径覆盖。假如是控制流图，则 0-路径覆盖被称为语句覆盖；假如是事件流图，则 0-路径覆盖被称为事件覆盖。顶点覆盖率的定义通常省略了明确确定测试要求的中间步骤，如下所述。测试集 T 满足图 G 上的顶点覆盖率，当且仅当对于 V 中的每个句法可达顶点 v，存在一些测试路径由 t 产生并能访问到顶点 v。

再看看 $L=1$ 的情况，$TR=E$，即边覆盖（EC）。TR 包含每条可达的路径，长度最大为 1。这里特别要提出单顶点的平凡图，因为规定至少包含初始顶点和终结顶点。通常，边覆盖测试至少与顶点覆盖具备一样的能力，单分支的判断语句最能说明顶点覆盖和边覆盖之间的区别。用程序语句术语来说，这是一个没有"else"的普通"if-else"结构图。再看看 $L=2$ 的情况，要求每条长度为 2 的路径由某条测试路径遍历。在这种情况下，顶点覆盖率可以被重新定义为包含每条长度为零的路径。显然，这个想法可以扩展到任何长度的路径，尽管边际收益会递减。$L=2$ 的情况也称为边对覆盖（EPC）：在 G 中，TR 包含每条可达的 $L=2$ 路径。对于图 6.1 所示的菱形结构测试示例，[1,2,4,5,7] 和 [1,3,4,6,7] 完成了所有 $L=1$ 的路径覆盖测试。但对于 $L=2$，则需要四条测试路径 [1,2,4,5,7]、[1,3,4,6,7]、[1,3,4,5,7]、[1,2,4,6,7] 才能覆盖所有边对 [(1,2,4)、(1,3,4)、(4,5,7)、(4,6,7)、(2,4,5)、(2,4,6)、(3,4,5)、(3,4,6)]。

读者可以进一步分析三角形程序示例，看看 $L=0,1,2$ 时，L-路径覆盖测试对应的测试需求、测试路径和测试数据。特别注意语义不可行路径给测试数据生成带来的挑战。同时尝试分析 $L\geq 3$ 的情况。L-路径覆盖测试是最常用也是最直观的结构测试方法，可广泛用于不同的图类型。L-路径覆盖测试直观上是将 L-路径看作等价类定义划分依据，

可以根据 L 的不断增加来加强测试强度，但这类方法仅仅关注了长度，而没有关注路径的特殊性质。

6.2.2 主路径测试

在程序分析和测试中，循环构成的环路是一大难题，下面看看如何解决这类问题。首先从图论的角度去消除环路，引入简单路径的概念，一条简单路径是指一条不包含内部回路的路径。

定义 6.7 简单路径

一个路径 $v_0v_1\cdots v_n$ 称为简单路径，满足 $\forall i \neq j: v_i \neq v_j$ 但允许 $v_0 = v_n$。 ♣

显然，$L=0$ 和 $L=1$ 时肯定为简单路径，也就是说所有的点和所有的边都是简单路径。$L=2$ 时除了自身循环的点外也是简单路径。随着 L 的增加，简单路径数量不断增加。图 6.8 列出了从 $L=0$ 到 $L=4$ 的所有简单路径，而且不难通过枚举证明不存在 $L \geq 5$ 的简单路径。

在实际应用中，简单路径实在太多了。选取极大化的简单路径作为测试需求代表是合理的，因为路径覆盖蕴涵子路径覆盖。为此，定义极大化的简单路径为主路径。

定义 6.8 主路径

如果一个简单路径 n 没有任何真包含它的简单路径，则称 n 为主路径。 ♣

根据图的所有主路径进行测试设计称为主路径测试。一条主路径是一条极大大化的简单路径，即该路径一旦增加任意顶点都将不再是一个简单路径，换言之，该路径不是任何其他简单路径的子路径。图 6.8 中，加粗的部分路径是主路径。

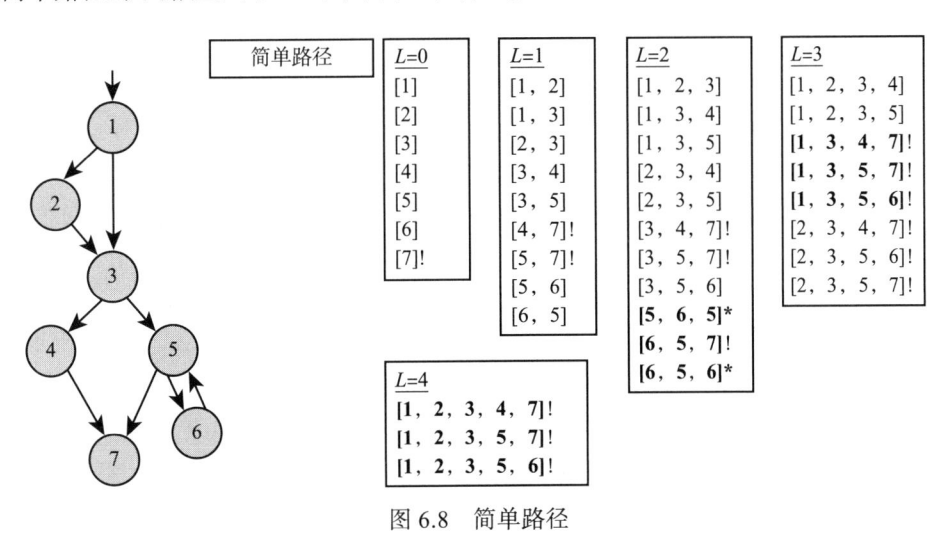

简单路径	$L=0$	$L=1$	$L=2$	$L=3$
	[1]	[1, 2]	[1, 2, 3]	[1, 2, 3, 4]
	[2]	[1, 3]	[1, 3, 4]	[1, 2, 3, 5]
	[3]	[2, 3]	[1, 3, 5]	**[1, 3, 4, 7]**!
	[4]	[3, 4]	[2, 3, 4]	**[1, 3, 5, 7]**!
	[5]	[3, 5]	[2, 3, 5]	**[1, 3, 5, 6]**!
	[6]	[4, 7]!	[3, 4, 7]!	[2, 3, 4, 7]!
	[7]!	[5, 7]!	[3, 5, 7]!	[2, 3, 5, 6]!
		[5, 6]	[3, 5, 6]	[2, 3, 5, 7]!
		[6, 5]	**[5, 6, 5]***	
			[6, 5, 7]!	
			[6, 5, 6]*	

$L=4$
[1, 2, 3, 4, 7]!
[1, 2, 3, 5, 7]!
[1, 2, 3, 5, 6]!

图 6.8 简单路径

在图中搜索所有主路径不算太难，但自动构建用于访问主路径的测试数据就不那么容易了。下面用图 6.9 中的示例来阐述该过程，图中有 7 个顶点和 9 条边，包括一个循环和一个从顶点 5 到它自己的边（称为自循环）。可以从长度为 0 的路径开始，然后延伸到长度为 1 的路径等找到主路径。用这样的算法收集所有简单路径，无论是否为素数，然后可以从该集合中过滤主路径。长度为 0 的路径集就是顶点集，长度为 1 的路径集就是边集。为简单起见，在本示例中列出了顶点编号。

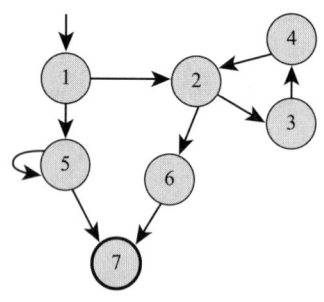

图 6.9 主路径

长度为 0 的 7 个简单路径，即 7 个顶点：[1]、[2]、[3]、[4]、[5]、[6]、[7]!。路径 [7] 上的感叹号表示这条路径无法扩展。具体来说，最终顶点 7 没有出边，因此以 7 结尾的路径不会进一步扩展。

长度为 1 的简单路径是通过为每条边添加后继顶点来计算的，该边以长度为 0 的每条简单路径中的最后一个顶点开始。长度为 1 的 9 个简单路径，即 9 条边：[1,2]、[1,5]、[2,3]、[2,6]、[3,4]、[4,2]、[5,5]*、[5,7]!、[6,7]!。路径 [5,5] 上的星号表示路径不能再继续了，因为第一个顶点与最后一个顶点相同（它已经是一个循环）。

对于长度为 2 的路径，确定每条长度为 1 的路径，这些路径不是循环或终止于没有出边的顶点。然后用路径中最后一个顶点可以到达的每个顶点扩展路径，除非该顶点已经在路径中而不是第一个顶点。长度为 1 的第一条路径 [1,2] 扩展为 [1,2,3] 和 [1,2,6]，第二条路径 [1,5] 扩展为 [1,5,7] 而不是 [1,5,5]，因为顶点 5 已经在路径中（即 [1,5,5] 不简单，因此不是质数）。长度为 2 的 8 个简单路径为：[1,2,3]、[1,2,6]、[1,5,7]!、[2,3,4]、[2,6,7]!、[3,4,2]、[4,2,3]、[4,2,6]。

长度为 3 的路径以类似的方式计算。长度为 3 的 7 个简单路径为：[1,2,3,4]!、[1,2,6,7]!、[2,3,4,2]*、[3,4,2,3]*、[3,4,2,6]、[4,2,3,4]*、[4,2,6,7]!。最后，只有一条长度为 4 的路径存在。三个长度为 3 的路径不能被扩展，因为它们是循环，另外两条路径以顶点 7 结尾，在剩下的两条路径中，以顶点 4 结束的路径无法扩展，因为 [1,2,3,4,2] 不是简单路径，因此不是主路径。长度为 4 的简单路径只有一条：[3,4,2,6,7]!。

可以通过消除作为其他一些简单路径的子路径的任何路径来计算主路径。请注意，每个没有感叹号或星号的简单路径都被删除，因为它可以扩展，因此是其他一些简单路径的适当子路径。图中有 8 条主要路径：[5,5]*、[1,5,7]!、[1,2,3,4]!、[1,2,6,7]!、[2,3,4,2]*、[3,4,2,3]*、[4,2,3,4]*、[3,4,2,6,7]!。

这个过程肯定会终止，因为可能最长的主要路径的长度就是顶点数。尽管图通常有许多条简单路径（本例中为 32 条，其中 8 条是主路径），但可以使用少得多的测试路径来遍历它们。许多可能的算法都可以找到测试路径来遍历主要路径，例如，可以看出 4 条测试路径 [1,2,6,7]、[1,2,3,4,2,3,4,2,6,7]、[1,5,7] 和 [1,5,5,7] 就足够了。然而，这种手动计算方法容易出错。

对于更复杂的图形，需要一种机械的自动化方法。建议从最长的主路径开始并将它们扩展到图中的开始和结束顶点。测试路径 [1,2,3,4,2,6,7] 遍历三个主要路径：25、27 和 32。下一条测试路径是通过延长最长的剩余主要路径之一来构建的，将继续向后计算并选择 30。生成的测试路径是 [1,2,3,4,2,3,4,2,6,7]，它遍历两条主路径 28 和 30，当然，它还遍历路径 25 和 27。下一条测试路径是使用主路径 26[1,2,6,7] 构建的。此测试路径仅遍历最大主路径 26。继续以这种方式产生另外两条测试路径，主要路径 19 的 [1,5,7] 和主要路径 14 的 [1,5,5,7]。最终，完整的测试路径集是：

[1,2,3,4,2,6,7]

[1,2,3,4,2,3,4,2,6,7]

[1,2,6,7]

[1,5,7]

[1,5,5,7]

可以按原样使用，如果需要更小的测试集，也可以对其进行优化。很明显，测试路径 2 遍历了测试路径 1 遍历的主要路径，因此可以删除测试路径 1，留下本节前面非正式标识的四个测试路径。读者可以尝试编写自动枚举生成主路径的算法。

6.2.3 基本路径测试

另一种常用的测试方法是基本路径测试，它是从线性空间的基向量出发实现的。测试过程中存在的问题是，如果一个程序包含具有无限可能路径的循环，那么测试所有路径显然是不切实际的。直观的解决方案是选择有代表性的路径进行覆盖测试。基本路径测试旨在测试程序中的独立路径（也称为基本路径），下面先简单介绍线性独立性。

在线性代数中，向量空间的一组元素中，若没有向量可用有限个其他向量的线性组合表示，则称为线性无关或线性独立，反之称为线性相关。例如在三维空间中的三个向量（1,0,0）、（0,1,0）和（0,0,1）线性无关，但（2,-1,1）、（1,0,1）和（3,-1,2）线性相关，因为第三个向量是前两个向量的和。$A_1, A_2, \cdots, A_n$ 是向量，如果存在非全零的元素 $a_1, a_2, \cdots, a_n$，使得 $\sum_{i=1}^{n} a_i A_i = \mathbf{0}$，称它们线性相关。如果不存在这样的元素，则称 $A_1, A_2, \cdots, A_n$ 线性无关或线性独立。类似地，若存在元素 a_i，使得 $\sum_{i=1}^{n} a_i A_i = B$，则称 B 可被 $A_1, A_2, \cdots, A_n$ 线性表示，否则称 B 对于 $A_1, A_2, \cdots, A_n$ 线性独立。线性相关性是线性代数中的重要概念，因为线性无关的一组向量可以生成一个向量空间，而这组向量则成为这个向量空间的基。

为了方便表示和计算，接下来采用路径的边表示方法。路径的点表示方法和边表示方法是可以等价转换的。设 $\varepsilon = \{e_1, e_2, \cdots, e_m\}$ 是图 G 的边集合 E。那么 G 中的每条路径 A 都可以表示为一个向量 $\boldsymbol{A} = \langle a_1, a_2, \cdots, a_m \rangle$，其中 a_i（$1 \leq i \leq m$）是 e_i 在路径中出现的次数。可以在路径上定义操作。令 $\boldsymbol{A} = \langle a_1, a_2, \cdots, a_m \rangle$，$\boldsymbol{B} = \langle b_1, b_2, \cdots, b_m \rangle$，定义路径向量加法为：

$$\boldsymbol{A} + \boldsymbol{B} = \langle a_1 + b_1, a_2 + b_2, \cdots, a_m + b_m \rangle \tag{6.1}$$

定义路径向量数乘为：

$$\lambda A = \langle \lambda a_1, \lambda a_2, \cdots, \lambda a_m \rangle \tag{6.2}$$

路径 B 被称为路径集 $\mathcal{A}=\{A_1, A_2, \cdots, A_n\}$ 的线性组合，或者说 B 可以通过 $\mathcal{A}$ 线性表示，当且仅当存在系数 $\lambda_1, \lambda_2, \cdots, \lambda_n$ 使得

$$B = \lambda_1 A_1 + \lambda_2 A_2 + \cdots + \lambda_n A_n \tag{6.3}$$

> **定义 6.9　独立路径**
>
> 路径 B 被称为对于路径集 $\mathcal{A}=\{A_1, A_2, \cdots, A_n\}$ 是独立的，当且仅当不存在系数 $\lambda_1, \lambda_2, \cdots, \lambda_n$ 使得
>
> $$B = \lambda_1 A_1 + \lambda_2 A_2 + \cdots + \lambda_n A_n \tag{6.4}$$ ♣

如果一组路径中的每条路径都不能由集合中的其他路径线性表示，则称这组路径是线性独立的。对于非空图 G，任意给定一条路径，相对于空路径集它肯定是独立的。所以独立路径总是存在的。可以再选择一条路径，假如它不能相对于已有路径集合是独立的，则可以继续加进去以扩大独立路径集合中的路径数量。独立路径的数量是有限的，因为它不会超过边的基数 $|E|$ 和全体路径构成的向量矩阵的秩，这个秩肯定也不会超过 $|E|$。所以任意给定一个非空图 G，总能找到一个基，这个基称为基本路径集合。可以给出基本路径集合的定义。

> **定义 6.10　基本路径集合**
>
> 非空图 G 的路径集合的基称为基本路径集合。　　♣

根据基的定义，立即可得程序的任何路径可以用基本路径集合 $\mathcal{B}$ 进行线性表示，则称程序的线性独立路径集 $\mathcal{B}$ 是程序的基本路径集。容易推导出任意一个基路径集 $\mathcal{B}$ 都是 $\mathcal{P}$ 的最大线性独立子集，否则至少存在一条路径 $p \in \mathcal{P} \setminus \mathcal{B}$ 使得 p 与 $\mathcal{B}$ 的路径线性无关，这与基本路径集的定义相矛盾。基本路径测试首先由 McCabe 引入。他还证明了基本路径集的大小对于任何给定的图都是唯一的，称为程序的圈复杂度 $v(G)$，计算公式如下：

$$v(G) = e - n + 2 \tag{6.5}$$

其中 e、n 分别是边数、顶点数。

以图 6.10 的程序为例生成基本路径测试，如表 6.1 所示。其中有 6 条边，程序的圈复杂度为 3。在不考虑路径可行性的情况下，发现以下三个路径是线性独立的：

$$P_1 = e_3 e_6 = \langle 0, 0, 1, 0, 0, 1 \rangle$$
$$P_2 = e_1 e_2 e_6 = \langle 1, 1, 0, 0, 0, 1 \rangle$$
$$P_3 = e_3 e_4 e_5 e_6 = \langle 0, 0, 1, 1, 1, 1 \rangle$$

任意路径都可以用这三个路径线性表示。例如，路径

$$P = e_1 e_2 e_4 e_5 e_4 e_5 e_6 = \langle 1,1,0,2,2,1 \rangle$$

可以表示为 $P = -2P_1 + P_2 + 2P_3$。但是，路径 P_2 和 P_3 都是不可行的，不能用作测试。需要一种方法来找到可行的基本路径，既然可以决定给定路径的可行性，那么生成可行的测试路径自然可以分为两个步骤：生成满足基本路径覆盖准则的有限可行路径集 $\mathcal{F}$，找到集合 $\mathcal{F}$ 的最小子集 S 使得 S 满足测试覆盖率。那么 S 就是测试路径集。然而，这两个步骤效率不高。第一步应该检查所有路径的可行性，可行性检查与其他操作相比非常耗时。可以即时选择基本路径。属于基本路径集的路径应满足两个条件：它应该是可行的，并且它应该与所有其他选定路径线性无关。

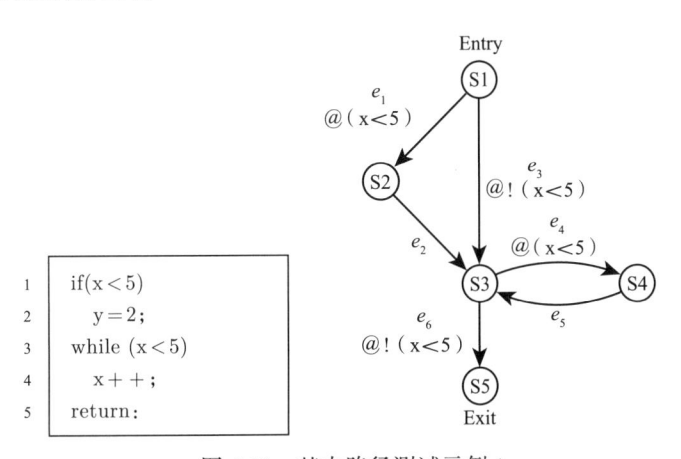

图 6.10　基本路径测试示例 1

表 6.1　基本路径测试生成示例 1

路径编号	基本路径	路径长度	测试数据	路径编号	基本路径	路径长度	测试数据
1	$e_3 e_6$	2	$x=5$	4	$e_1 e_2 e_4 e_5 e_6$	5	$x=4$
2	$e_1 e_2 e_6$	3	不可行	5	$e_3 e_4 e_5 e_4 e_5 e_6$	6	不可行
3	$e_3 e_4 e_5 e_6$	4	不可行	6	$e_1 e_2 e_4 e_5 e_4 e_5 e_6$	7	$x=3$

不难看出，基本路径蕴涵了 $L=1-$ 路径覆盖，即分支测试。基本路径测试的优点是生成程序中呈现的独立路径，并通过执行所有独立路径来检查程序逻辑。它生成分析和任意测试设计。基本路径测试被认为是全路径测试和分支测试方法的折中版本。总结一下，基本路径测试的步骤为：生成图，确定 McCabe 圈复杂度，从程序的环路复杂性可导出程序基本路径集合中的独立路径条数，根据圈复杂度以及程序结构设计用例数据输入和预期结果，确保基本路径集中每一条路径的执行。再看一个例子，重新温习基本路径的计算和求解过程。考虑图 6.11 中左边的 C 程序，它用来确定一个整数是否是素数。

首先生成控制流程图，如图 6.11 右边所示，然后采用 $V(G) = e - n + 2$ 计算圈复杂度，

即 $V(G) = 10 - 8 + 2 = 4$。根据控制流图逐个遍历寻找独立路径，需要注意每次检查其线性独立性，直至满足 4 条独立路径为止，其中一个测试方案如表 6.2 所示。

```
1   int main (){
2      int n, index;
3      cout << "Enter a number:" << > n;
4      index = 2;
5      while (index <= n - 1){
6         if (n % index == 0){
7            cout << "It is not a prime number" << endl;
8            break;
9         }
10        index++;
11     }
12     if (index == n)
13        cout << "It is a prime number" << endl;
14  }
```

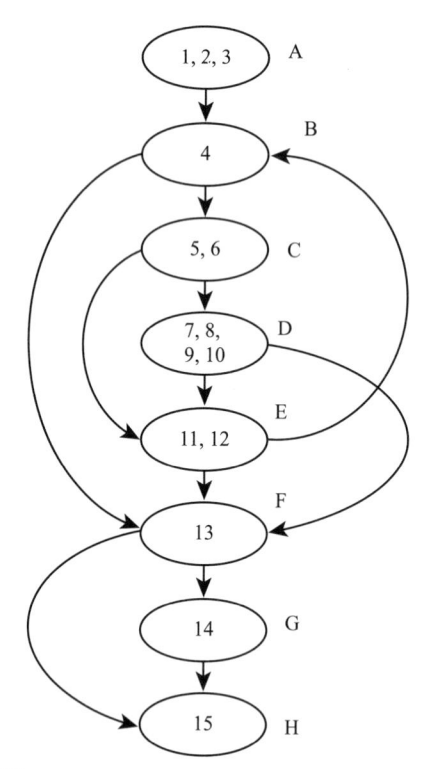

图 6.11 基本路径测试示例 2

表 6.2 基本路径测试生成示例 2

ID	输入	输出	独立路径	ID	输入	输出	独立路径
1	1	无输出	A-B-F-H	3	3	主路径	A-B-C-E-B-F-G-H
2	2	主路径	A-B-F-G-H	4	4	非主路径	A-B-C-D-F-H

6.3 图元素的测试方法

图结构测试将待测软件抽象成一种有向图，根据有向图的拓扑结构结合某些覆盖指标来设计测试。然而程序中不同语句之间往往会有依赖关系，使得拓扑结构上可行的路径在逻辑上并不可行。控制流关注图的结构，还可以通过图的元素来表示软件制品的数据流或者逻辑单元，称为图元素测试方法。本节首先介绍数据流测试。数据流测试是指关注变量的定义和使用元素测试形式。数据流测试用作路径测试的真实性检查，像一种路径测试覆盖，但关心的是数据变量而不是程序结构。关注路径选择对值与变量关联方式的分析，以及这些关联如何影响程序的执行。进一步结合控制流图的逻辑组合影响分析，实现全面的图元素测试方法。逻辑测试关注分支条件上的逻辑单元元素组合和变换，也可以看作图元素测试方法的另外一个表现。

6.3.1 数据流测试

数据流分析侧重于程序中变量的出现情况。每个变量出现都被分类为定义出现、计算使用出现或谓词使用出现。数据流分析最初主要用于优化代码，而数据流测试则用于检测定义-使用（def-use）异常的缺陷。例如，变量被定义但从来没有使用，或者所使用的变量没有被定义，变量在使用之前被多次重复定义等。

顶点 $v \in V$ 是变量 var 的定义顶点，记做 def(var,v)，当且仅当变量 var 的值由对应顶点 n 的语句处被定义。定义顶点的常见语句包含：输入语句、赋值语句、循环语句和过程调用语句等。顶点 $v \in V$ 是变量 var 的使用顶点，记作 use(var,v)，当且仅当变量 var 的值在对应顶点 n 的语句处被使用。使用顶点的常见语句包含：输出语句、赋值语句、条件语句、循环控制语句、过程调用语句等。使用顶点 use(var,v) 是一个谓词使用，记作 p-use，当且仅当语句 n 是谓词语句。否则，use(var,v) 是计算使用，记作 c-use。

对于谓词使用的顶点，其出度大于等于 2；对于计算使用的顶点，其出度大于等于 1。如果某个变量 var 在语句顶点 v 中被定义 def(var,v)，在语句顶点 v' 中被使用 use(var,v')，那么就称顶点 v 和 v' 为变量 var 的一个定义-引用对，记作 du-pair。定义-使用路径，记作 du-path，是一条路径，对某个 var，存在定义和使用顶点 def(var,v) 和 use(var,v')，使得 v 和 v' 是该路径的起始顶点和终止顶点。特别地，定义清晰路径的定义如下。

> **定义 6.11 定义清晰路径**
>
> 一条关于变量 var 的定义-使用路径 $v_0v_1\cdots v_n$（def(var,v_0) 和 use(var,v_n)），若满足 $\forall i \geq 1 : \text{def}(\text{var},v_i)$ 均不成立，则称该路径为变量 var 的定义清晰路径。♣

直观上，定义清晰路径是指变量 var 在该定义-使用路径中没有被重新定义。如果定义-引用路径中存在一条定义清晰路径，那么定义-引用路径是测试的关键部分。数据流测试是针对给定程序中的 du-pair（def(var,v_0) 和 use(var,v_n)）进行测试，即找到一个输入 t 导致执行路径通过 v_0，然后是 v_n，在 v_0 和 v_n 之间没有 var 的中间重新定义，则称测试 t 满足 du-path 覆盖。Weyuker 首先要求覆盖所有 def-use 对至少一次作为所有 def-use 覆盖准则，这意味着至少一个定义清晰路径。特别地，对于 c-use，应该覆盖 v_0 和 v_n；对于 p-use，应该覆盖 v_n 和真边或假边，即分别为（v_n,true）或（v_n,false）。因此，数据流测试覆盖测试准则可分为：全定义（all-defs），全使用（all-uses），全定义-引用对（all-du-paths），全谓词使用（all-p-uses）/部分计算使用（some-c-uses），全计算使用（all-c-uses）/部分谓词使用（some-p-uses），全谓词使用（all-p-uses）。

下面用图 6.12 阐述上述测试准则及其计算方式，为方便阐述，将左图代码转化为右图的 CDFG。针对右边的 CDFG 分别计算 def、c-use 和 p-use。输入语句是变量 def，输出语句是变量 c-use。赋值语句是后面变量的 c-use，是前面变量的 def。条件转移语句是 p-use。如果相应块中的语句包含该变量的 c-use 或 def，则称该顶点包含变量的 c-use 或 def。因为出现在条件转移语句的谓词部分的变量值会影响程序的执行顺序，所以将 p-use 与边而不是顶点相关联。如果顶点 i 对应的块的最后语句是 "if $p(x)$ then goto m"，顶点 i 的两个后继者是顶点 j 和 k，那么会说边 (i,j) 和 (i,k) 包含变量 x 的 p-use。例中，顶点 6 包含变量 z 和 x 的 c-use，后跟 z 的定义，然后是 c-use 和 pow 的定义。而边 (5,6) 和 (5,7) 各包含一个变量 pow 的 p-use。根据上述分析，9 个顶点的变量定义和使用情况如表 6.3 所示。

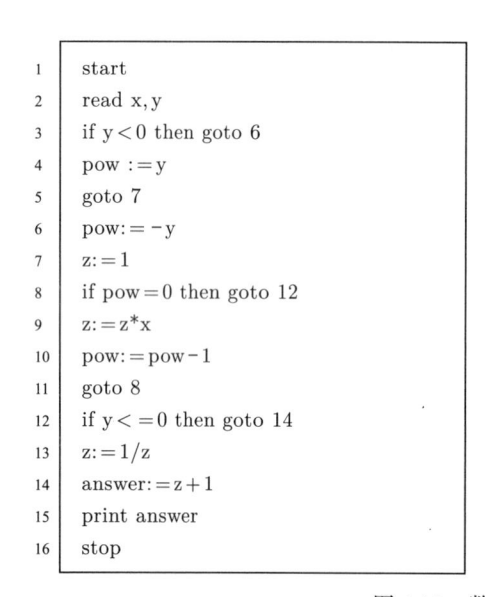

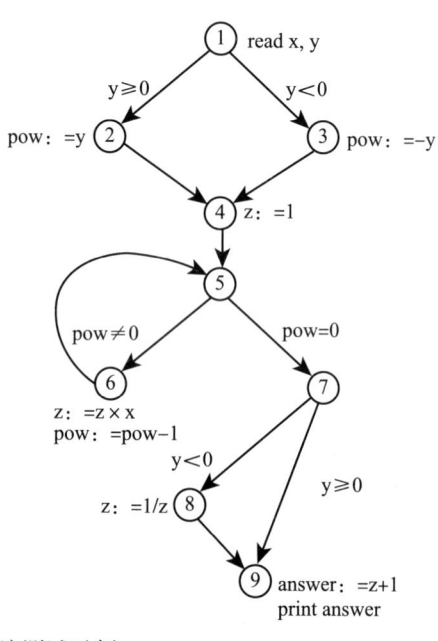

1	start
2	read x, y
3	if y < 0 then goto 6
4	pow := y
5	goto 7
6	pow := −y
7	z := 1
8	if pow = 0 then goto 12
9	z := z*x
10	pow := pow − 1
11	goto 8
12	if y <= 0 then goto 14
13	z := 1/z
14	answer := z + 1
15	print answer
16	stop

图 6.12　数据流测试示例

表 6.3　顶点的变量定义与使用情况

顶点	c-use 变量	def 变量	顶点	c-use 变量	def 变量
1	∅		6	{x,z,pow}	{z,pow}
2	{y}	{x,y}	7	∅	∅
3	{y}	{pow}	8	{z}	{z}
4	∅	{pow}	9	{z}	∅
5	∅	{z}			

变量 x 的 c-use 是全局 c-use，当且仅当在它出现的块内在 c-use 之前没有 x 的定义。也就是说，x 的值必须已分配到某个块中，而不是在使用它的块中。在数据流分析中，全局 c-use 通常被称为局部使用。令 x 为程序中出现的变量，路径 $(i,n_1,\cdots,n_m,j)(m \geq 0)$ 在顶点 $n_1,\cdots,n_m$ 中不包含 x 被称为关于 x 从顶点 i 到顶点 j 的明确路径。路径 $(i,n_1,\cdots,n_m,j,k)$ $(m \geq 0)$ 在定义顶点 $n_1,\cdots,n_m,j$ 中不包含 x 被称为关于 x 从顶点 i 到边 (j,k) 的定义清晰路径。边 (i,j) 是从顶点 i 到边 (i,j) 的定义清晰路径。顶点 i 中变量 x 的定义是全局定义，当且仅当它是 x 的最后一个定义发生在与顶点 i 关联的块中并且存在定义从 i 到包含 x 的全局 c-use 的顶点或包含 x 的 p-use 边的定义清晰路径。因此，全局定义了一个变量，该变量将在定义发生的顶点之外使用。顶点 i 中变量 x 的非全局定义的定义是局部定义，当且仅当在顶点 i 中有 x 的局部 c-use 紧随其后，在 def 和本地 c-use 之间没有出现 x 的其他定义。例中的顶点 9 中 answer 的 def 是局部的。任何既不是全局也不是本地的 def 将永远不会被使用。

从起始顶点到使用 x 的任何定义清晰路径的存在都是潜在缺陷的高发区。由于其中一些路径可能无法执行，因此很可能没有故障。然而，如果这些路径都不包含 x 的定义，并且至少有一个是可执行的，那么将存在缺陷。假设从起始顶点到包含该变量的 def 的每个全局 c-use 或 p-use 都有一些路径。违反此假设的程序应标记为潜在缺陷。通过将每个顶点 i 与两个集合 def 和 c-use 相关联，并将每个边 (i,j) 与集合 p-use 相关联，从程序图创建 def-use 图。$\text{def}(i)$ 是顶点 i 包含全局 def 的变量集，$\text{c-use}(i)$ 是顶点 i 包含全局 c-use 的变量集，$\text{p-use}(i,j)$ 是边 (i,j) 包含 p-use 的变量集。若 $\text{p-use}(i,j)$ 非空，则边 (i,j) 称为标记边；若 $\text{p-use}(i,j)$ 是空集，则边 (i,j) 称为未标记边。因为不允许使用 0 元谓词，所以作为顶点唯一外边的边始终未标记，而作为一对外边之一的边始终标记。

请注意，只有本地 def 和本地 c-use 不会出现在这些集中。边 $(2,4)$、$(3,4)$、$(4,5)$、$(6,5)$ 和 $(8,9)$ 未标记。下面定义构建 def-use 准则所需的几个集合。设 i 是顶点，x 是变量，例如 $x \in \text{def}(i)$。$\text{dcu}(x,i)$ 是所有顶点 j 的集合，使得 $x \in \text{c-use}(j)$ 并且有一条关于 x 从 i 到 j 的定义清晰路径。$\text{dpu}(x,i)$ 是所有边的集合 (j,k)，使得 $x \in \text{p-use}(j,k)$ 并且有一条从 i 到 (j,k) 的定义清晰路径。例子中的 dcu 集和 dpu 集如表 6.4 所示。

表 6.4 数据流的 dcu 集和 dpu 集

变量	顶点	dcu 集	dpu 集	变量	顶点	dcu 集	dpu 集
x	1	{6}	∅	z	4	{6,8,9}	∅
y	1	{2, 3}	{(1,2),(1,3),(7,8),(7,9)}	z	6	{6,8,9}	∅
pow	2	{6}	{(5,6),(5,7)}	pow	6	{6}	{(5,6),(5,7)}
pow	3	{6}	{(5,6),(5,7)}	z	8	{9}	∅

设 G 是待测程序的 CDFG，Path 是 G 的一组完整路径。如果 Path 包含路径 $(n_1,\cdots,n_m)$，

则路径 $(i_1,\cdots,i_k)$ 包含在 Path 中且 $i_1=n_j, i_2=n_{j+1},\cdots,i_k=n_{j+k-1}$ 对于一些 $j, 1 \leqslant j \leqslant m-k+1$。顶点和边包含在路径 Path 中的定义类似。此外，如果测试集 T 执行程序的过程中遍历了 Path 中包含的每条路径，则称测试集 T 执行（覆盖）了 Path。数据流测试准则定义如下。

- 如果对于 G 的每个顶点 i 和每个 $x \in \mathrm{def}(i)$ 都包含一个定义清晰路径在 Path 中，则 Path 满足 some-c-uses 准则 $\mathrm{dcu}(i,x)$。
- 如果对于每个顶点 i 和每个 $x \in \mathrm{def}(i)$ 都包含从 i 到所有元素的定义清晰路径在 Path 中，则 Path 满足 all-p-uses 准则的 $\mathrm{dpu}(x,i)$。
- 如果对于每个顶点 i 和每个 $x \in \mathrm{def}(i)$，Path 包括从 i 到 $\mathrm{dcu}(x,i)$ 中的每个顶点的一些定义清晰路径；如果 $\mathrm{dcu}(x,i)$ 是空的，那么 Path 必须包含一条定义清晰路径从 i 到 $\mathrm{dpu}(x,i)$ 中包含的某个边。该准则要求在顶点 i 中定义的变量 x 的每次 c-use 都必须包含在 Path 的某个路径中。如果没有这样的 c-use，那么 som-p-use 必须包含 i 中 x 的定义。因此，为了满足这个准则，每个曾经使用过的定义都必须在 Path 的路径中包含一些用途，并特别强调 c-uses。
- 如果对于每个节点 i 和每个 $x \in \mathrm{def}(i)$，Path 包括一条从 i 到 $\mathrm{dpu}(x,i)$ 的所有元素的定义清晰路径；如果 $\mathrm{dpu}(x,i)$ 为空，则 Path 必须包含从 i 到 $\mathrm{dcu}(x,i)$。与 all-c-uses 和 some-p-uses 的情况一样，此准则要求每一个曾用于 Path 路径的定义。在这种情况下，重点是 p-uses。如果对于每个节点 i 和每个 $x \in \mathrm{def}(i)$，Path 满足 all-uses 准则，Prd 包含 dcu 从 i 到 x 的定义清晰路径、到 $\mathrm{dcu}(x,i)$ 的所有元素和 $\mathrm{dpu}(x,i)$ 的所有元素。

路径 $(n_1,\cdots,n_k)$ 是无环的，当且仅当 $nt \neq nj$ for $i \neq j$。如果对于每个节点 i 和每个 $x \in \mathrm{def}(i)$，Path 都包含来自 i 的每个无循环定义清晰路径，则 Path 满足所有路径准则到 $\mathrm{dpu}(x,i)$ 的所有元素和 $\mathrm{dcu}(x,i)$ 的所有元素。请注意，包含在 Path 中的完整路径不必是无循环的。如果 Path 包含 G 的每条完整路径，则 Path 满足全路径准则。然而，由于循环，许多图具有无限多条完整路径，因此全路径覆盖是不现实的。

6.3.2 逻辑测试

逻辑表达式遍布各类软件制品。可以把逻辑测试看作图元素测试的一种方法。工程实践中，最著名的是修正条件/决策覆盖准则（MC/DC 或 MCDC），在美国联邦航空管理局的推动下，该准则广泛用于航空电子软件的安全关键测试。在航空电子软件开发指南 DO-178B 和 DO-178C 中对 MCDC 有详细描述，确保对关键软件进行充分测试，该软件被定义为能够为持续安全飞行和飞机降落提供支持。

在介绍 MCDC 之前，首先通过一个逻辑表达式 $((a>b) \vee C) \wedge p(x)$ 介绍常用术语。谓词可能包含布尔变量、与关系运算符比较的非布尔变量，以及返回布尔值的函数调用，所有这三个都可以用逻辑运算符连接。逻辑运算符定义如下：$\neg$ 为否定运算符，$\wedge$ 为与运算符，$\vee$ 为或运算符，$\rightarrow$ 为隐含运算符，$\oplus$ 为异或运算符，$\leftrightarrow$ 为等价运算符。子句是不包含任何逻辑运算符的谓词。谓词 $((a>b) \vee C) \wedge p(x)$ 包含三个子句：一个关系表达式 $(a>b)$、一个布尔变量 C 和一个布尔函数调用 $p(x)$。谓词可以用各种等价方式来编写。例如，谓词 $((a>b) \wedge p(x)) \vee (C \wedge p(x))$ 在逻辑上等价于上一段给出的谓词，但是 $((a>b) \vee p(x)) \wedge (C \vee p(x))$ 不是。

应根据其含义而不是语法来处理逻辑表达式。给定的逻辑表达式对给定的覆盖准则产生相同的测试需求。假设测试覆盖率是根据测试准则评估的，如测试需求所阐明的那样。测试需求是必须满足或涵盖的软件制品的特定元素，可以用各种软件制品来描述。子句和谓词用于引入最简单的逻辑表达式覆盖准则。令 Prd 是一个谓词集合，**C** 是 Prd 中谓词中的子句集。对于每个谓词 $p \in$ Prd，令 $\mathbf{C}_p$ 为 Prd 中的子句集，即 $\mathbf{C}_p = \{c \mid c \in p\}$。通常，**C** 是 Prd 中每个谓词中的子句的并集，即 $\mathbf{C} = \cup_{p \in \text{Prd}} \mathbf{C}_p$。

> **定义 6.12　谓词覆盖（PC 或 DC）**
> 对于每一个 $p \in$ Prd，TR 包含两个测试需求：Prd 为真，Prd 为假。♣

谓词覆盖相当于图结构测试中的 1-路径覆盖，是源代码的分支覆盖，也被称为决策覆盖或判定覆盖。对于上面给出的谓词 $((a>b) \vee C) \wedge p(x)$，满足谓词覆盖的两个测试是 $(a=5, b=4, C=\text{false}, p(x)=\text{true})$ 和 $(a=5, b=6, C=\text{false}, p(x)=\text{true})$。该准则的一个缺点是个别条件并不总是得到执行。上面示例中的谓词覆盖在不改变子句 C 或 $p(x)$ 的情况下得到满足。

> **定义 6.13　子句覆盖（CC）**
> 对于每个 $c \in$ **C**，TR 包含两个测试需求：c 为真，c 为假。♣

谓词 $((a>b) \vee C) \wedge p(x)$ 需要不同的值来满足子句覆盖。子句覆盖要求 $(a>b)=$ 真假、$C=$ 真假、$p(x)=$ 真假。这可以通过两个测试来满足：$((a=5, b=4), (C=$ 真$), p(x)=$ 真$)$ 和 $((a=5, b=6), (C=$ 假$), p(x)=$ 假$)$。子句覆盖也被称为条件覆盖。从句覆盖不蕴涵谓词覆盖，谓词覆盖也不蕴涵子句覆盖。从测试的角度来看，当然想要一个测试单个子句和测试谓词的覆盖准则，可尝试子句组合覆盖。

> **定义 6.14　子句组合覆盖（CoC）**
> 对于每个 $p \in$ Prd，TR 包含 $\mathbf{C}_p$ 中所有子句真假值组合的测试需求。♣

子句组合覆盖也被称为完全条件组合覆盖。对于谓词 $((A \vee B) \wedge C)$，完整的真值表包含 2^3 个元素。对于具有 n 个独立子句的谓词 Prd，有 2^n 个可能的真值赋值，对于具有多个子句的谓词是不切实际的。需要一个准则来捕捉每个条件的效果，但要在合理数量的测试中做到这一点。这就要求应有强大的测试准则集合。

从句覆盖和谓词覆盖之间缺乏包容是不幸的，但存在更深层次的问题。具体来说，当在子句级别引入测试时，还希望对谓词产生影响。如果在第一个故障得到纠正之前无法观察到第二个故障，称一个故障掩盖了第二个故障。在逻辑表达式中类似的概念称为屏蔽。在谓词中 $p = a \land b$，如果 $b =$ 假，b 可以说屏蔽了 a，因为无论 a 有什么值，Prd 仍然是假。如果 a 为假，则 b 甚至不会被执行。为了避免在构造测试时出现屏蔽，希望构造测试使得谓词的值直接依赖于要测试的子句的值。

> **定义 6.15　逻辑独立影响**
>
> 给定谓词 Prd 中的一个子句 c_i，假如保持剩余子句 $c_j \in p$，$j \neq i$ 真值不变，改变子句 c_i 的真值会直接改变 Prd 的真值，则称子句 c_i 此时独立影响 Prd。♣

MCDC 要求程序决策中的每个条件都至少采取了所有可能的结果，并且每个条件都已被证明独立地影响该决策结果。通过仅改变该条件同时保持所有其他可能的条件不变，一个条件被证明可以独立地影响决策的结果。同时满足 CC 和 DC 并不能保证覆盖模块中的所有条件，因为在许多测试中，决策的某些条件被其他条件屏蔽。MCDC 的原始定义通常被解释为次要子句 c_j 的值必须与主要子句 c_i 的值相同，也有的文献允许子句的值不同。但 MCDC 要求每个条件都通过执行来显示独立地影响结果是一致的。

让 $D(C_1, C_2, \cdots, C_n)$ 表示一个谓词判定，其中 C_i（$1 \leq i \leq n$）表示一个条件。设 $BS(c_1, c_2, \cdots, c_n)$ 为判定 D 的布尔逻辑框架，其中 c_i（$1 \leq i \leq n$）表示布尔变量。假设 $tv_1 = \langle v_{11}, v_{12}, \cdots, v_{1n} \rangle$ 和 $tv_2 = \langle v_{21}, v_{22}, \cdots, v_{2n} \rangle$ 表示 D 的两个条件向量，其中 $v_{11}, \cdots, v_{1n}, v_{21}, \cdots, v_{2n}$ 可以是 T 或 F。定义函数 $f_i(tv_1, tv_2)$，f_i 的取值范围为 $\{T, F\}$，（$1 \leq i \leq n$）。如果 $v_{1j} = v_{2j}$（$1 \leq j \leq n, j \neq i$）且 $v_{1i} \oplus v_{2i} = T$，那么 $f_i(tv_1, tv_2) = T$，否则 $f_i(tv_1, tv_2) = F$。f_i 的实际含义是两个条件向量是否仅在第 i 个分量不同。

> **定义 6.16　MCDC 对**
>
> 两个条件向量 tv_1 和 tv_2 MCDC 覆盖条件 C_i（$1 \leq i \leq n$），当且仅当 $f_i(tv_1, tv_2)$ 和 $BS(v_{11}, v_{12}, \cdots, v_{1n}) \oplus BS(v_{21}, v_{22}, \cdots, v_{2n})$ 两者都成立。此外，将这两个向量称为条件 C_i 的 MCDC 对。♣

如果 $BS(v_{11}, v_{12}, \cdots, v_{1n}) \oplus BS(v_{21}, v_{22}, \cdots, v_{2n})$ 和 $v_{1i} \oplus v_{2i}$ 都成立，然后 tv_1 和 tv_2 弱 MCDC 覆盖条件 C_i。考虑以下程序代码，它有三个输入变量 (x, y, z) 和一个局部变量 w，让测试数据 t_1 表示 ($x = F, y = T, z = T$)，t_2 表示 ($x = T, y = T, z = F$)，t_3 表示 ($x = F, y = T, z = F$)，t_4 表示

($x=T, y=F, z=T$)，t_5 表示 ($x=T, y=F, z=F$)。在这些测试数据下判定 $x \wedge (y \vee z)$ 的条件结果如表 6.5 所示。

表 6.5 MCDC 真值表示例

表达式	t_1	t_2	t_3	t_4	t_5
x	F	T	F	T	T
y	T	T	T	F	F
z	T	F	F	T	F
$x \wedge (y \vee z)$	F	T	F	T	F

看第二种和第三种情况，其条件向量分别为〈T,T,F〉和〈F,T,F〉。可以很容易地得到 f_1(〈T,T,F〉,〈F,T,F〉)=T 和 (T∧(T∨F)) ⊕ (F∧(T∨F))=T，因此这两个条件向量可以是条件 x 的 MCDC 对。类似地，t_2 和 t_5 下的条件向量可以是条件 y 的 MCDC 对，t_4 和 t_5 下的条件向量可以是条件 z 的 MCDC 对。请注意，t_1 和 t_2 下的条件向量不能组成条件 x 的 MCDC 对，因为 f_1(〈F,T,T〉,〈T,T,F〉)=F。而 t_1 和 t_2 下的条件向量可以是弱 MCDC 覆盖。这表明满足弱 MCDC 准则的测试集可能不满足 MCDC。

故障分析敏感性通过 MCDC 要求准则来检测软件中是否存在故障。比较正确和故障表达式的真值表可以显示给定的测试集是否可能捕获逻辑表达式中的故障。真值表中的条件是简单条件还是复杂的子表达式并不重要。操作符故障假设 xor 可用于计算 MCDC 的测试集。表 6.6 显示了三个简单逻辑表达式的最低测试要求。

在正确的代码应该包含 A 和 B 的情况下，预期为逻辑 and 运算符提供 MCDC 的最小测试集是（TT,TF,FT）。基于需求的测试预期将向包含 A and B 的语句提供（TT,TF,FT）的测试。在这种情况下，应检测 or 或一个 xor 是否被错误实现为 and。因为实际结果和预期结果不应该匹配 TF 和 FT 的测试。TT 测试还将检测此示例的 xor 的实现。在正确代码应包含 A or B 的情况下，测试应包含（FF,TF,FT）以提供 MC/DC。应该检测是否错误实现 or。因为实际结果和预期结果不应该与 TF 和 FT 测试匹配。当使用 xor 的最小测试集必须包含 TT 测试时，也会检测到使用 xor 的不正确实现。在 xor 没有 TT 测试要求的情况下，如果代码不正确地包含 A xor B，预期结果和实际结果将匹配。

表 6.6 三个简单逻辑表达式的最低测试要求

A	B	A and B	A or B	A xor B
T	T	T		F**
T	F	F	T	T
F	T	F	T	T
F	F		F	F

下面用一个例子说明如何实现语句、分支、条件、分支/条件、条件组合等多种类型的覆盖，如图 6.13 所示。为便于读者更清楚地了解程序的逻辑结构，将待测程序代码（左图）转化为控制流图（右图）进行说明。图中的各条边表明了语句运行的先后次序。

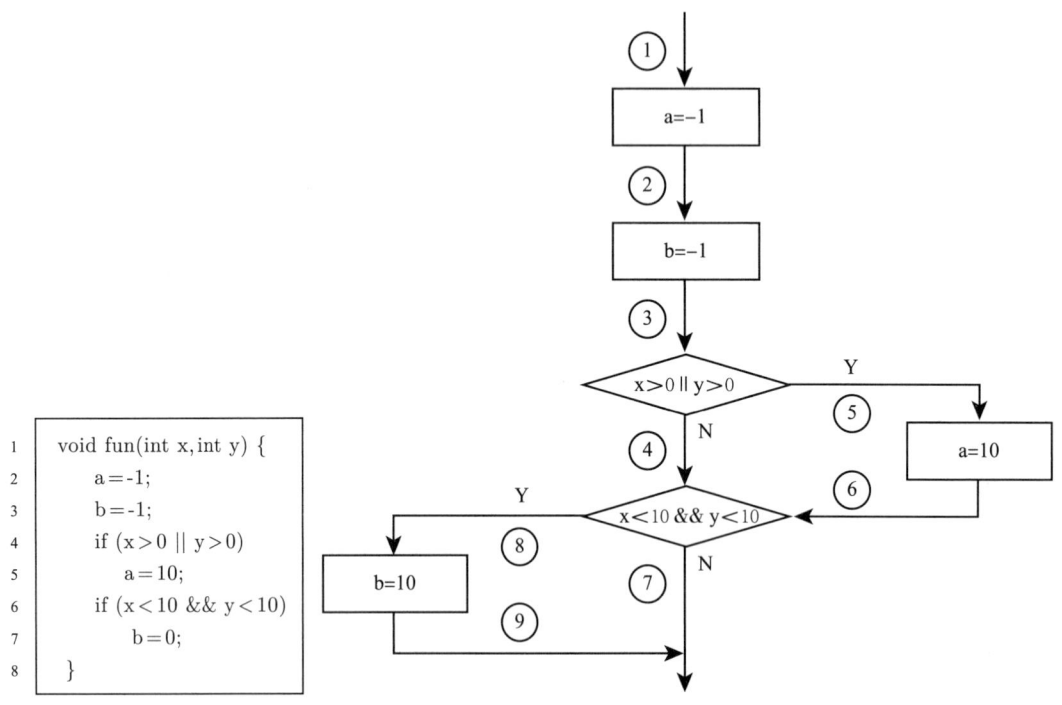

图 6.13　示例程序及其控制流图

这就要求图 6.13 所示程序中的语句都至少被运行一次。图 6.13 的程序总共有 8 行（1～8），在下面的描述中，本书将 2～7 行对应的语句分别标记为 s_1～s_6。由于语句 s_1、s_2、s_3、s_5 不包括控制依赖语句，因此在任何输入下，这些语句都会被运行到。对于语句 s_4 和 s_6，它们分别控制依赖于语句 s_3 和 s_5。因此，需要针对 s_3 和 s_5 所包含的控制条件进行测试设计，以使得 s_4 和 s_6 可以被运行到。一般情况下，可针对语句 s_3 和 s_5 中的控制条件分别设计测试来满足被控制语句的覆盖需求。例如，可首先针对 s_3 中的控制条件"x>0 || y>0"设计测试 t_1=(100,100)，使得语句 s_1、s_2、s_3、s_5 和 s_4 被运行；再针对 s_5 中的控制条件"x<10 && y<10"设计测试 t_2=(-10,-10)，使得语句 s_1、s_2、s_3、s_5 和 s_6 被运行。此时，待测程序中所有的语句均至少被运行一次，满足语句覆盖。然而，从节约测试成本的角度出发，测试人员期望用尽量少的测试完成尽量高的逻辑覆盖。因此在做测试设计时，可以同时考虑控制条件"x>0 || y>0"和"x<10 && y<10"。例如，设计同时满足两个控制条件的测试 t_3=(5,5)。经过分析可知，待测程序在输入 t_3 时覆盖了所有的语句，而在输入 t_1 或 t_2 时并不能覆盖所有的语句。此时，仅运行测试 t_3 即可满足语句覆盖需求。语句覆盖是一种较

弱的覆盖准则，它只关注于程序中语句的覆盖结果，并不考虑分支的覆盖情况，由此造成错误检测能力较低。例如，将程序 P_1 中语句 s_3 的逻辑符号"||"修改为"&&"，将语句 s_5 的逻辑符号"&&"修改为"||"。此时，使用测试 t_3 进行测试，程序流程图没有发生变化，t_3 依然满足语句覆盖需求。然而，程序的运行结果也没有发生变化，测试 t_3 并不能检测到程序中的缺陷，由此表明测试仅仅满足语句覆盖是不够的。

判定覆盖要求程序中每个条件判定语句的真值结果和假值结果都至少出现一次。当判断取真值时程序运行真分支，判断取假值时程序运行假分支。因此，每个判断的真值结果和假值结果都至少出现一次，相当于每个判断的真分支和假分支至少运行一次。图 6.13 中待测程序包含 s_3 和 s_5 等两条条件判定语句，这就要求与 s_3、s_5 相关的真假分支④、⑤、⑦、⑧至少被运行一次。由于 P_1 不存在循环结构，对于其所包含的每一个条件判定语句至少要设计两个测试，以满足真分支和假分支的覆盖需求。同时，为节约测试成本，应尽量使测试覆盖各个条件判定语句的不同分支。例如，可设计测试 $t_4=(20,20)$ 和 $t_5=(-2,-2)$，其分支覆盖情况如表 6.7 所示。可以看到，t_4 覆盖了语句 s_3 的真分支⑤和语句 s_5 的假分支⑦，t_5 覆盖了 s_3 的假分支④和 s_5 的真分支⑧。由此说明，测试 t_4 和 t_5 可以覆盖 P_1 中所有的分支，满足分支覆盖需求。分支覆盖不仅考虑了各个条件判定语句的覆盖需求，还考虑了这些语句分支的覆盖需求，因而较语句覆盖测试强度更高。当某段代码没有包含条件判定语句时，可将其看作一个分支。此时，针对该段代码的分支覆盖测试需求等价于对该段代码的语句覆盖测试需求。

表 6.7 测试 t_4、t_5 的判定覆盖表

测试	x	y	判定覆盖结果	
			x > 0 || y > 0	x < 10 && y < 10
t_4	20	20	⑤	⑦
t_5	-2	-2	④	⑧

条件覆盖要求程序每个条件判定语句中的每个条件至少取一次真值和一次假值。以前面的待测程序为例，该程序包含了 s_3 和 s_5 等两条条件判定语句，每条语句各由两个条件组成，其中 s_3 包含了条件 $s_3:(x>0)$ 和 $s_3:(y>0)$，s_5 包含了条件 $s_5:(x<10)$ 和 $s_5:(y<10)$。条件覆盖要求对上述的每一个条件，都至少取一次真值和一次假值。为节约测试成本，应尽量使条件在每个测试下的取值结果不同。例如，可设计测试 $t_6=(20,-20)$ 和 $t_7=(-20,20)$，此时 P_1 的程序流程图如图 6.13 所示，条件覆盖情况如表 6.7 所示。可以看到，t_6 覆盖了条件 $s_3:(x>0)$、$s_5:(y<10)$ 的真值和条件 $s_3:(y>0)$、$s_5:(x<10)$ 的假值，t_7 覆盖了条件 $s_3:(x>0)$、$s_5:(y<10)$ 的假值和条件 $s_3:(y>0)$、$s_5:(x<10)$ 的真值。由此说明，测试 t_6 和 t_7 可以使程序 P_1 中的每个条件至少取一次真值和一次假值，满足条件覆盖需求。分支覆盖与条件覆盖都关注于条件的取值结果，但两者存在着根本的不同。特别的，每个条件至少取得一次真值和一次假值并不意味着每个条件判断语句也至少取得一次真值和一次假值。例如，测试 t_6 和 t_7 在 P_1 上具有相同的程序流程图结构，均覆盖了语句 s_3 的真分支⑤和语句 s_5 的假分支⑦，并不能满足分支覆盖需求。因此，虽然条件覆盖分析了更小的条件粒度，与分支覆盖相比条件覆盖并不具有更高的测试强度。

修正条件/判定覆盖是测试强度更高的逻辑覆盖准则,也是应用更广泛、测试效果更佳的逻辑覆盖准则。在满足条件覆盖和判定覆盖的基础上,修正条件/判定覆盖要求测试同时满足以下两个条件:①程序中的每个入口点和出口点至少被执行一次;②每个条件都曾独立地影响判定结果,即在其他所有条件不变的情况下,改变该条件的值使得判定结果发生改变。对于一个具有 N 个条件的布尔表达式,满足 MC/DC 准则的测试集至少需要 N+1 个测试。仅包含 N+1 个测试的集合称为最小测试集。用 A 和 B 表示两个单个条件。对于合取式"A and B",给出满足 MC/DC 覆盖的各个条件取值。例如,当条件 A 取值为 True 时,条件 B 取值为 True 则该判定式取值为 True,条件 B 取值为 False 则该判定式取值为 False。对于析取式"A or B",给出满足 MC/DC 覆盖的各个条件取值。例如,当条件 A 取值为 False 时,条件 B 取值为 True 则该判定式取值为 True,条件 B 取值为 False 则该判定式取值为 False。

继续以前面的待测程序为例,该程序包含 s_3 和 s_5 两个条件判定语句,每条语句各由两个条件组成,其中 s_3 包含了条件 s_3: (x>0) 和 s_3: (y>0),s_5 包含了条件 s_5: (x<10) 和 s_5: (y<10),修正条件分支要求与 s_3、s_5 相关的真假分支④、⑤、⑦、⑧至少被运行一次,且每一个条件至少取一次真值和一次假值。同时,修正条件分支要求还要求 P_1 中每个入口节点(语句 s_1)和出口节点(语句 s_5 和 s_6)至少被执行一次,每个条件都可独立地影响判定结果,即条件 s_3: (x>0) 和 s_3: (y>0) 可以影响判定式"x>0 || y>0",条件 s_5: (x<10) 和 s_5: (y<10) 可以影响判定式"x<10 && y<10"。判定式"x>0 || y>0"为析取式,因此可根据 MCDC 要求来设计测试 t_{12} 至 t_{14} 以满足相关需求;判定式"x<10 && y<10"为合取式,因此可根据 MCDC 要求设计测试 t_{15} 至 t_{17} 来满足相关需求。测试 t_{12} 至 t_{17} 的判定覆盖结果和条件覆盖结果如表 6.8 和表 6.9 所示。可以看到,测试 t_{12} 至 t_{17} 覆盖了待测程序中的每条分支、每个条件的真假值以及每个入口节点和出口节点。同时,每个条件都曾独立地影响判定结果。为节约测试成本,应尽量使测试覆盖各个条件判定语句的不同分支,并尽量使条件在每个测试下的取值结果不同。可以看到,测试 t_{12} 与 t_{16} 是相同的,t_{13} 与 t_{15} 是相同的,t_{14} 与 t_{17} 是相同的。此时,只需要 3 个测试即可满足程序 P_1 的 MCDC 覆盖。

表 6.8 测试 $t_{12} \sim t_{17}$ 的判定覆盖结果

测试	x	y	判定覆盖结果	
			x>0 || y>0	x<10 && y<10
t_{12}	15	-5	⑤	⑦
t_{13}	-5	-5	④	⑧
t_{14}	-5	15	⑤	⑦
t_{15}	-5	-5	④	⑧
t_{16}	15	-5	⑤	⑦
t_{17}	-5	15	⑤	⑦

表 6.9 测试 $t_{12} \sim t_{17}$ 的条件覆盖结果

测试	x	y	条件覆盖结果			
			s_3: (x>0)	s_3: (y>0)	s_5: (x<10)	s_5: (y<10)
t_{12}	15	-5	Y	N	N	Y
t_{13}	-5	-5	N	N	Y	Y
t_{14}	-5	15	N	Y	Y	N
t_{15}	-5	-5	N	N	Y	Y
t_{16}	15	-5	Y	N	N	Y
t_{17}	-5	15	N	Y	Y	N

本章练习

1. 尝试构建日期程序 NextDay 的控制流图和数据流图,并分析其 L- 路径测试、主路径测试、基本路径测试、数据流测试和逻辑测试。

2. 编写一个计算斐波那契数列的 Python 代码。定义一个名为 fib 的函数,该函数计算斐波那契数列的第 n 项。程序接收用户输入的一个整数 n,并根据 n 的值输出相应的结果。尝试构建该程序的控制流图和数据流图,并分析其 L- 路径测试、主路径测试、基本路径测试、数据流测试和逻辑测试。

3. 编写一个计算三角形周长和面积的 Python 代码。输入三角形的三边 a、b、c。输出三角形的周长和面积。尝试构建该程序的控制流图和数据流图,并分析其 L- 路径测试、主路径测试、基本路径测试、数据流测试和逻辑测试。

4. 编写一个 Python 程序,输入一组数字,计算其四分之一分位数和四分之三分位数(禁用排序函数)。尝试构建该程序的控制流图和数据流图,并分析其 L- 路径测试、主路径测试、基本路径测试、数据流测试和逻辑测试。

5. 尝试构建一个航空公司的机票预定软件界面的事件流图和功能思维导图,思考并比较分析两者的关联和区别。

6. 编写一个多程机票预定的代码,尝试构建该程序的控制流图和数据流图,并分析其 L- 路径测试、主路径测试、基本路径测试、数据流测试和逻辑测试。

7. 选择一个开源项目的局部程序,尝试构建该程序的控制流图和数据流图,并分析其 L- 路径测试、主路径测试、基本路径测试、数据流测试和逻辑测试。

第 7 章
Chapter 7

单元测试

单元测试针对软件的最小可测试单元，通常是单个函数或方法。在单元测试中，开发者通常会编写测试用例，模拟各种输入和场景，然后对输出进行检查，以确定单元是否按照预期工作。测试用例可以包括正常输入、边缘情况、边界值和异常输入等。单元测试不但可以提高软件质量和降低缺陷风险，还具有提高开发效率和促进团队协作的用途。在敏捷开发过程中，开发团队需要频繁地更新和部署软件，单元测试可以帮助开发者快速发现和修复问题。而对于安全攸关型软件，单元测试可以协助确保每个单元正确，并隔离潜在的缺陷，达成软件的高可靠性。

7.1 节介绍单元测试的基本概念、常用工具和评估方法。7.1.1 节首先介绍单元测试的概述与最佳实践，除了阐述基本概念和常用原则外，还特别强调了自动化测试。自动化单元测试能够快速反馈，使开发过程更加高效和可靠。7.1.2 节介绍模拟单元测试常用方法。为了隔离代码单元，开发者需要降低单元外部依赖而进行模拟，存根和驱动成为必备。模拟对象可以帮助开发者在单元测试中替换实际的依赖对象，从而专注于测试目标单元的逻辑。常用的模拟框架（如 Mockito）提供了丰富的功能，简化了模拟对象的创建和管理。7.1.3 节介绍常用的单元测试评估方法，从覆盖率召回率、覆盖率精度、兼容性、编码效率、错误检测、运行效率和可维护性七个维度进行评估，并阐述了全国大学生软件测试大赛的评估策略 META。META 策略通过多维度的评估方法，确保单元测试全面、准确和高效，为开发者提供了一个科学的评估框架。

7.2 节介绍自动化单元测试三部曲——执行、生成和演化。在软件演化过程中，代码和功能的频繁变更对测试提出了更高的要求，测试也需要不断更新和优化，以适应新的需求和变化。通过结合软件演化的实际需求，单元测试的自动化生成和演化技术从基础上支持软件的长期维护。7.2.1 节介绍最常用也是最简单的部分：单元测试自动化执行。以 JUnit 为例，该节阐述了单元测试执行框架扮演的重要角色。7.2.2 节介绍单元测试自动化生成技术，主要介绍启发式搜索覆盖结合变异分析的生成方法，以常用工具 EvoSuite 为例进行了阐述。7.2.3 节介绍单元测试自动化演化技术。根据软件演化需求，从修复的角度进行测试演化以满足质量保障需求。上述章节初步尝试用大语言模型进行测试生成和测试演化。

7.1 单元测试基础

软件在开发和发布之前，都必须经过一系列的测试，以确保其准确性和功能。一般来说软件会经过四个阶段的测试，首先是单元测试，然后是集成测试和系统测试，最后是验收测试。单元测试构成了构建所有其他测试的基础，是一种将应用程序代码分解为组件的测试技术，验证每个块或单元的相关数据、使用过程和功能，以确保每个块按预期工作。单元测试的准确性和全面性是影响其他测试的执行情况以及软件整体性能的重要因素。

7.1.1 概述与最佳实践

单元测试是对软件基本组成单元的测试，其目的是检测每个程序模块的行为是否与期望一致，程序代码是否符合各种要求和规范。合格的代码应具备正确性、清晰性、规范性、高效性等性质。正确性是指代码逻辑必须正确，能够实现预期的功能；清晰性是指代码必须简明、易懂，注释准确、没有歧义；规范性是指代码必须符合企业或部门所定义的共同规范，如命名规则、代码风格等；高效性是指尽可能降低代码的运行时间。在上述性质中，优先级最高的是正确性。只有先满足正确性，其他特性才具有实际意义。因此，单元测试首先验证正确性。

首先用一个非常简单的计算器类来演示单元测试，如清单 7.1 所示。此例有一个类 Calculator，虽然 Add 方法看起来非常可靠，但仍然需要测试它。为此，添加一个新的项目并为其提供对包含计算器的项目的使用。在测试计算器的主体部分执行以下操作，这就是一个极其简单的单元测试。

清单 7.1 加法计算待测程序及其测试示例

```
public class Calculator{
    public int Add(int x, int y){
        return x + y;
    }
}
```

```
class Program{
    static void Main(string[] args){
        var calculator = new Calculator();
        int result = calculator.Add(12,11);
        if ( result!= 23)
            throw new InvalidOperationException();
    }
}
```

开发者并不想为每个单元测试创建并运行一个新的项目，他们认为为每个测试创建一个方法并从 CalculatorTests 的 main 中调用它比为每个测试创建一个项目更方便。然而，为每个测试添加方法和调用是费力的，并且跟踪输出是笨拙的。实践中，引入单元测试框架以使其变得更容易。通常在各类集成单元测试框架的 IDE 中右键单击解决方案以添加项目，并在选择"测试"后选择"单元测试项目模板"。将项目引用添加到 Calculator 中，然后查看为它创建的类，例如命名为"UnitTest1"，编写第一个真正的单元测试，如清单 7.2 所示。为了更具维护性，首先将类重命名为"CalculatorTests"，表示它将包含计算器类的测试。它获取一个名为"TestClass"的属性来告诉 IDE 的默认测试运行程序和框架该类包含单元测试。创建一个名为"Adding12And11"的方法，这是一种以描述性方式命名测试的方法。考虑断言 Assert.AreEqual，大多数框架都提供了一个包含此 Assert 类的命名空间。断言的通过或失败决定测试是否通过或失败。

清单 7.2　加法计算程序的单元测试示例

```
1   public class CalculatorTests{
2       [TestMethod]
3       public void Adding12And11(){
4           var calculator = new Calculator();
5           int result = calculator.Add(12,11);
6           Assert.AreEqual(23,result);
7       }
8   }
```

单元测试常常需要隔离源文件中的函数或过程，以便独立测试这些小代码单元。为了隔离代码单元，开发者和测试人员执行存根。存根可以模拟现有代码的行为，或作为尚未开发的代码的临时替代品。用户可以监视存根执行以检查是否符合某些预期，例如监视给定存根的调用次数或顺序。用户必须在测试用例中先定义期望，然后在测试用例执行完成后验证它们。函数或单元通常包括各种类型的输入（如字符、整数、指针），并且在调用单元时每个类型的值可能不同。为了测试代码单元，用户操纵其输入值以帮助确保有效输入值的正确功能行为。进行单元测试时必须确保稳健性，因此应使用预期范围之外的值（包括空值）作为输入。当执行单元测试时，可以收集输出值并检查其正确性。

单元测试 3A 模式

开发者在测试时的主要考虑因素之一是可读性。编写测试程序时要考虑的重要事项是测试名称。因为好的测试名称可以提高代码可读性，有一些可以在单元测试中应用的标准命名约定。在编写单元测试时，建议开发者坚持采用 3A 模式。

- Arrange（安排）：计划测试的初始化和设置。
- Act（行动）：针对给定的测试调用设备上的操作。
- Assert（断言）：验证操作的结果以确保其按预期运行。

将这三个操作分开将突出显示调用代码所需的依赖项、代码的调用方式以及尝试断言的内容。在上面的示例中，假设 Add 方法将返回 23，输入为 12 和 11。为了完成这个验证，首先安排运行所需的一切，这里只是实例化一个计算器对象，在其他更复杂的情况下，可能需要为对象提供一些变量值或调用特定的构造函数。然后行动，即调用 Add 方法并捕获结果，Act 代表单元测试的关键。最后断言，可能通过调用某种 Assert 类来完成。单元测试中的断言是不能省略的一般性操作。

自动化单元测试

自动化单元测试可以减少测试失败次数。通过手动创建单元测试来实现高代码覆盖率是一个烦琐的过程。自动化单元测试有助于消除创建多个单元测试时的麻烦，开发者可以将注意力集中在测试复杂代码和代码覆盖率差距上。借助自动化和智能化，单元测试最佳实践对于整个团队来说更容易实现，它使新手单元测试人员更好地了解如何编写良好的单元测试、创建有意义的测试以及提供验证测试代码真实功能的有效断言。

单元测试代码尽可能简单

保持测试代码尽可能简单是维护正确代码的关键。单元测试代码也可能存在错误，尤其是在复杂性较高的情况下。应该为每个测试方法争取一个断言，每个测试都会形成一个假设并便于判定结果。单元测试的测试与断言比例应该尽可能接近 1。

尽早单元测试

单元测试在开发周期中最早进行，位于测试金字塔的底部。因此，将单元测试纳入构建过程是至关重要的，特别是对于自动化测试。单元测试不仅是开发者的基本职责，也是必备的基本能力。单元测试应与软件开发同时进行，而不是在开发结束后才进行。开发者对自己负责的模块最了解，尽早单元测试的测试成本最低、测试效率最高。因此，应该养成良好的单元测试习惯，尽早发现和解决问题。

高质量测试数据

确保测试数据涵盖各种场景的高质量测试数据，应该尽可能考虑使用真实数据。使用代表性数据进行测试时，避免在测试用例中硬编码数据值非常重要。这种方法可能会使测试用例变得脆弱且难以维护。开发者还应该测试边界条件，确保代码稳健并且可以处理意外情况。建议采用本书介绍的多样性测试和故障假设测试，产生高质量的测试数据，并结合辅助工具进行自动化的测试数据生成。

对于一个电子商务应用程序，现在假设有一个函数负责计算购物车中商品的总价。对该函数进行单元测试，将需要提供不同的输入数据集，例如不同的产品价格和数量，并验证该函数是否可正确计算总价。单元测试将检查该函数是否准确处理各种场景，例如折扣、税收计算和舍入错误。在功能测试中，测试人员将模拟现实世界的用户交互，以验证整个过程是否按预期工作。测试人员将浏览网站，将商品添加到购物车，输入运输和付款信息，然后完成购买。结合这两种方法将产生一个高质量且可靠的电子商务网站。单元测试与功能测试的比较如表 7.1 所示。

表 7.1 单元测试与功能测试的比较

比较因素	单元测试	功能测试
范围	单独测试各个代码单元	测试系统的整体功能
目的	确保代码正确性	验证系统行为和用户体验
重点	验证代码的正确性和可靠性	验证用户交互和端到端功能
执行时间	快	慢
测试等级	在代码级别进行	在系统或应用程序级别进行
测试粒度	细粒度	粗粒度
测试人员	主要由开发者进行	由专门的测试人员进行
依赖关系	模拟或存根依赖项	使用真实依赖项进行测试
测试隔离	测试特定功能或方法	测试端到端场景
测试覆盖率	局部代码较高覆盖率	整体代码较低覆盖率
缺陷检测	及早发现代码问题	识别系统的功能问题

单元测试是测试金字塔中最大的部分，是坚实的基础。单元测试很容易创建和运行，因此成本较低。单元测试数量较多，开发者可根据它们使用的编程语言和框架使用不同的单元测试工具来自动化它们。单元测试的目的是隔离最小可测试部分，并验证它们在隔离状态下是否正常运行。单元测试可以验证被测系统（SUT）的不同行为方面，但主要验证 SUT 是否产生正确的结果。从开发者的角度来看，单元测试的目的是以最小的成本创建强大的代码库，更重要的是为高级测试（即集成测试和功能测试）提供文档。

在功能测试中，测试人员不关心实际代码，而是根据给定的用户需求和预期输出来验证输出。功能测试的主要目标是检查系统的功能，它检查从前端界面到后端数据库系统的应用程序、硬件和网络基础设施。与单元测试不同，功能测试不会得出什么被破坏了或者故障在代码库中的位置。单元测试和功能测试有不同的目的：前者让开发者建立信心，后者让客户建立信心。

单元测试的测试覆盖工具只是跟踪代码的哪些部分被执行、哪些部分没有被执行。在单元测试的上下文中，可以将其称为代码覆盖率。高代码覆盖率让开发者相信他们的整个项目得到了良好的开发和维护。人们普遍认为，高代码覆盖率可以提高代码质量。但如果单元测试编写得不好即便测试覆盖率很高，仍无法保证更好的代码质量。对于功能测试，测试覆盖率可以在需求和测试用例之间建立可追溯性。功能测试覆盖率应该表明哪些功能已经完成且满足验收标准，以及哪些功能仍在进行中。对于产品所有者来说，此类信息比所执行的代码行数更容易获取。

7.1.2 模拟单元测试

单元测试需要对系统所具有的依赖项进行隔离。替代依赖项的最常用方法是模拟，模拟框架有助于简化此过程。模拟是单元测试具有集成或依赖外部依赖项的组件的重要组成部分。在测试过程中，模拟使用具有虚假业务逻辑的模拟对象来复制真实对象，从而隔离并专注于正在测试的代码，不受外部依赖项的行为或状态的影响。模拟可以通过减少可能导致测试失败的因素并帮助用户隔离正在测试的类来完成更好的测试。例如，当需要访问数据库等外部资源时，该资源可能由于与测试无关而离线，模拟则可以节省时间并避免访问这些外部资源。

假设正在对一个电商网站进行集成测试。在测试购物车模块时，发现支付模块还未完成，但是又不想因为支付模块没有完成而影响购物车模块的测试。这时，可以使用模拟对象来模拟支付模块，以便购物车模块的测试能够继续进行。在使用模拟对象时，需要注意一些事项。首先，模拟对象应该尽量与真实对象保持一致，这样才能准确地模拟真实的行为和属性。其次，模拟对象应该只用于测试，不应该用于生产环境。最后，模拟对象应该在测试结束后被销毁，以免影响其他的测试。使用模拟对象可以使集成测试更加顺利，避免因为某些组件未完成而影响整个测试的进行。在实际开发中，应该根据具体情况合理地使用模拟对象，以便达到更好的测试效果。

单元测试通常采用 mock 来模拟访问对象。mock 的主要用途是隔离测试。mock 允许测试者在测试一个组件时，不依赖于其他组件或外部系统，从而更容易地控制测试环境。当测试一个组件时，如果它依赖于外部系统（如数据库、网络服务、文件系统等），使用 mock 可以避免这些外部依赖对测试的影响。mock 还可以帮助测试者测试特定条件下（例如在某些异常情况下或特定的输入数据下）组件的行为。mock 也可以帮助测试者测试组件在边界条件下的行为，例如空输入、异常输入等。

开发者通常会使用 mock 对象来替代还未完成或未准备好的模块。mock 对象是一种用于模拟系统组件的对象，它们可以通过模拟一些行为和属性来模仿真实对象。这样在进行集成测试时，就可以在某些组件还未准备好的情况下不影响测试的进行。对于上述电商网站的集成测试，如果不想因为支付模块没有完成而影响购物车模块的测试，可以使用 mock 对象来模拟支付模块，以便购物车模块的测试能够继续进行。可以为 mock 对象设置一些返回值或者属性值，以便模拟真实的支付模块。这样，就可以在支付模块还未完成时，顺利进行购物车模块的测试，确保整个系统的集成和交互正常工作。

清单 7.3 所示的 C 程序示例说明了 mock 对象的使用。假设正在开发一个函数，它的功能是将一个字符串转化为大写字母，并返回转换后的字符串。该示例使用了 toupper 函数来将字符串中的所有字母转化为大写字母。计入 toupper 函数是一个复杂模块，短时间难以实现，可以使用 mock 对象来模拟它的行为。具体来说，可以在测试中定义一个 mock 函数，模拟 toupper 函数的行为。下面定义了一个名为 mock_toupper 的函数，它的行为与 toupper

函数相似，这样，即使 toupper 函数还未完成或者还未准备好，也可以继续进行测试。

清单 7.3　mock 对象的使用

```
1  char *test_uppercase(char *str) {
2      for (int i = 0; i < strlen(str); i++) {
3          str[i] = toupper(str[i]);
4      }
5      return str;
6  }
7  ：
```

```
1  char mock__toupper(char ch) {
2      if (ch >= 'a' && ch <= 'z') {
3          return ch - 'a' + 'A';
4      } else {
5          return ch;
6      }
7  }
```

某种意义上，上述实现更新一个 fake（假）实现来代替 mock。虽然最常用的测试模拟是 mock，但有时候 mock 可能不是最佳选择，应该考虑 fake 对象。使用 fake 的常见示例之一是数据库。通常你希望数据库能够在应用程序运行时在某个位置保存数据，但是在编写单元测试时，如果在数据库 API 的假实现中包含了所有所需数据，则可以直接将它们用于单元测试，而不会破坏抽象性并仍然确保测试快速进行。与 mock 类似，fake 也可促进测试的设计，但与 mock 不同的是，fake 不需要编写任何框架。

在实际开发中，应该尽可能使用真实的函数或对象，而不是使用 mock 对象。mock 对象只在必要时使用，例如某个组件还未完成或者还未准备好时。否则，过度使用 mock 对象可能会导致测试结果的不准确，从而影响代码的正确性。例如，在上面的例子中，使用了自定义的 mock_toupper 函数来模拟真实的 toupper 函数。但是，这个自定义的函数只是简单地将小写字母转化为大写字母，而没有考虑其他可能的情况。如果真实的 toupper 函数具有更复杂的行为，例如处理多字节字符等，那么使用自定义的 mock 函数可能会导致测试的不准确性。

mock 的原理是创建一个对象，该对象的行为可以完全受控。在测试过程中，mock 对象的行为可以通过代码来设置，而不是依赖于真实的外部系统。这样可以确保测试结果的可控性和可重复性。首先创建一个 mock 对象，然后设定 mock 行为（通常使用 mock 框架提供的 API 来设定），例如返回值、抛出异常等。常用的 mock 框架，如 JMock、Mockito 等，提供了丰富的 API 功能。在清单 7.4 所示的示例中，使用 Mockito 创建了一个 mock 对象 myDependency，并设置了一个行为，当调用 doSomethingElse() 方法时，返回一个模拟结果。在测试 MyService 的 doSomething() 方法时，我们使用这个 mock 对象代替了真实的 myDependency 对象。这样，我们可以更容易地控制测试环境，并确保测试结果的可控性和可重复性。

清单 7.4　单元测试 mock 示例

```
1  // 设置 mock 行为
2  when(myDependency.doSomethingElse()).thenReturn("mocked result");
3  // 调用被测试的方法
4  myService.doSomething();
5  // 验证方法是否被调用
6  verify (myDependency).doSomethingElse();
7  // 断言返回值
8  assertEquals("mocked result", myDependency.doSomethingElse());
```

在使用 mock 对象时，需要注意一些事项。mock 对象应该尽量与真实对象保持一致，这样才能准确地模拟真实的行为和属性。mock 对象应该只用于测试，不应该用于生产环境。mock 对象应该在测试结束后被销毁，以免影响其他的测试。使用 mock 对象有助于在集成测试时更加顺利地进行测试，避免因为某些组件未完成而影响整个测试的进行。在实际开发中，应该根据具体情况合理地使用 mock 对象，以便达到更好的测试效果。mock 对象只应该在必要时使用，例如某个组件还未完成或者还未准备好时。mock 对象的使用可能会存在以下常见问题。

- mock 对象与真实对象之间的接口不兼容，导致 mock 对象无法完全模拟真实对象的行为。
- mock 对象的行为可能会随着真实对象的改变而变得不一致。
- mock 对象可能会过度简化真实对象的行为，从而导致测试的不准确性。
- mock 对象可能会在测试过程中产生不必要的复杂性，从而影响测试的进行。

存根（stub）允许使用预先确定的行为来替代真实的行为。依赖项（抽象类或接口）被实现为具有客户端期望的逻辑的存根。当存根的客户端都期望相同的响应集时（例如，使用第三方服务），存根会很有用。这里的关键概念是存根永远不应该在单元测试或集成测试中失败，模拟则可以。存根不需要任何类型的框架来运行，但通常由模拟框架支持以快速构建存根。存根通常与依赖注入框架或库结合使用，其中真实对象被存根实现替换。存根在系统的早期开发过程中尤其有用，但由于几乎每个测试都需要自己的存根（以测试不同的状态），因此这很快就会变得重复并涉及大量样板代码。很少有仅使用存根进行模拟的代码库，它们通常与其他测试替身配对。存根不需要任何类型的框架来运行，但通常由模拟框架支持以快速构建存根。存根和模拟类似，两者的区别简要描述如表 7.2 所示。

表 7.2　存根与模拟对比

存根	模拟
主要用于自上而下的集成测试	主要用于自下而上的集成测试
存根可以理解为开发过程中的软件模块	模拟用于单独调用需要测试的组件
用于测试模块的不同特性和功能	当软件的主模块尚未准备好或尚未开发用于测试时使用
当低级模块不可用时，存根起着至关重要的作用	当高级模块不可用或有时缺乏低级模块时，驱动程序变得至关重要
对于部分开发的低级模块，可以使用存根来测试主模块	对于部分开发的高级模块，可以使用模拟来测试主模块
仅当上层模块完成时才考虑存根	两种情况都可以考虑模拟程序——当上层或下层模块完成时

7.1.3　单元测试评估

软件测试旨在提高软件质量，故障检测是主要的评估依据。不幸的是，对于任何复杂程度稍高的程序而言，检测出所有故障或证实故障全然不存在是无法达成的任务。测试始终是在成本与风险之间进行权衡。开发者迫切需要合理的方法来评估测试检测故障的能力，针对给定的测试集预测它是否能有效地发现故障。使用已发现的缺陷集来预测测试集质量，在实践中也存在很多困难，并非开发和测试期间实用的方法。因此，软件工程师在测试集本身和 SUT 的当前版本上采用这类预测故障检测能力的方法。软件工程中最流行的方法是使用代码覆盖标准。代码覆盖描述了执行测试集和 SUT 时结构层面的情况。例如，语句覆盖表示在程序的源代码被执行时，哪些语句得到了执行分支覆盖指示程序运行过程中采取了哪些分支，路径覆盖通常以稍微复杂的方式呈现程序控制流中探索的路径。

不同的项目常常需要采用不同的测试评估标准。不少研究人员进行了实验分析，其目的是确定哪些测试准则能较好地拟合变异杀死率。实验分析还考虑了项目和测试集的大小以及圈复杂度，以确定这些因素是否会影响覆盖标准的效果。由于覆盖和变异过程导致样本空间大幅减少，我们比较了选择前后代码大小和复杂性的分布情况，以验证程序至少在这些维度方面不会因为样本空间可能存在的偏差而过度扭曲。McCabe 圈复杂度通过计算程序中线性独立的执行路径的数量来衡量程序复杂度。一些实验表明，选择并未在这两个关键维度上并没有使样本产生过度的偏向性。

一些实验分析发现，语句覆盖似乎可以很好地预测开发者准则的变异杀死率。可以使用回归分析和显著性测试来确定不同因素对测试集有效性的贡献，并用相关系数表示模型的有效性，即数据中发现的变化有多少可以由模型参数解释，从包含所有变量的饱和回归模型开始，包括变异分数、项目大小、测试集大小、圈复杂度和语句覆盖率，逐步消除测试集大小以避免与项目大小的多重共线性，因为它与项目大小的相关性非常强，并进一步使用测试集大小代替项目大小执行相同的分析以得到最终结果。早期的一些实验分析中发现，在基于语句覆盖率的模型中，项目规模或程序复杂性对变异覆盖率没有显著影响。与语句覆盖率相比，项目规模对变异覆盖率的影响非常弱。这里对测试集大小的影响更强。目前的实验对这种影响还没有任何解释，因为路径覆盖，如分支覆盖和块覆盖，忽略了代码块的大小。执行更多语句可能会导致产生更多异常执行状态，这会导致更多的覆盖路径，但很难对其进行建模和分析。

开发团队通常根据测试的结果以及代码评审来决定是否进行代码合并或者重构，换句话说，开发团队的生产力一部分取决于测试的质量，因此，对测试代码进行评估对于开发高质量的软件来说是至关重要的。传统代码覆盖率是评估测试代码的最常用指标，无论选择计算哪种覆盖类型，将其作为唯一评估测试代码的指标是不合理的。为了全面、多方位地评估测试代码，应从覆盖评估、变异分析、风格评价以及性能评估四个方面来分别考察测试代码的充分性、有效性、规范性以及高效性。

软件测试教学更应该注重实践。一个实用的软件测试能力综合评价框架对提高测试能力起着至关重要的作用，仅靠代码覆盖率无法全面评估软件测试能力。例如，即使代码覆盖率相同，不同的测试人员会花费不同的时间来生成不同风格和结构的测试代码。下面介绍 META——一种全面的多维能力测评框架。META 将软件测试能力分为七个维度：覆盖率召回率、覆盖率精度、兼容性、编码效率、错误检测、运行效率和可维护性。

META 可用于评估开发者，也可以用于评估 Web 应用程序测试和移动应用程序测试，而且易于扩展来处理其他类型的测试。META 定制了不同的多维评估以满足多样性，并生成雷达图以直观显示每个测试者测试能力的维度，以便教师和学生更直观地分析测试代码。META 实现了学生在在线测试平台上提交测试代码的场景。根据多维软件测试评价，同时对学生的测试行为和测试代码进行评价，完成多维度评估，并将评估结果可视化并提供评估细节。META 流程示意图如图 7.1 所示。

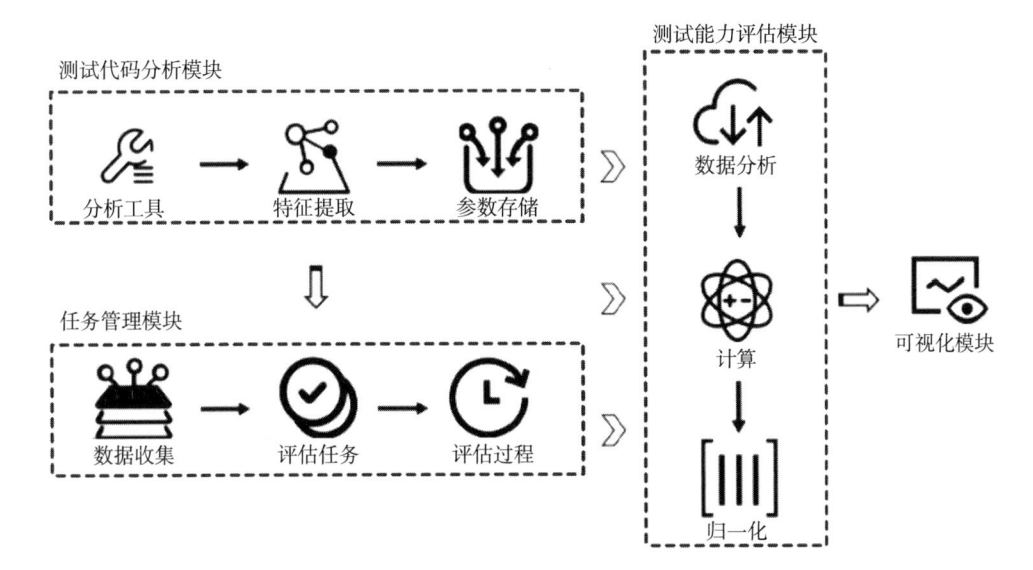

图 7.1　META 流程示意图

从测试代码的角度来看，META 提供了覆盖率召回率和覆盖率精度两个维度的评估。这些是从测试覆盖率转化而来的。覆盖召回率描述了源代码被测试的程度。在应用程序测试中，可围绕覆盖的功能点个数和需要的功能点个数进行计算。覆盖精度评价测试代码实际覆盖元素的精度，验证测试代码的冗余程度。META 在原始代码中引入变异算子，通过变异查杀来评估测试的缺陷检测能力，计算杀死的变异体数量和变异体总数。缺陷检测率评估脚本具有通过预设缺陷检测缺陷的能力。从效率的角度出发，META 选取变异分析的结果作为衡量测试有效性的指标，并用方差分析结果与运行时间的比值作为运行效率的结果。

从可维护性的角度来看，良好的编码风格可以保证可读性。如果测试代码无法保持整洁，修改代码的能力就会受到制约，也就无法改进代码结构。因此，META 将测试代码的编码风格评价为可维护性，这是通过风格检查工具 checkstyle 的编码风格来评价的。从兼容性的角度来说，需要保证测试代码能够在不同的设备和浏览器上运行，尤其是 Web 应用测试和移动应用测试。兼容性评估测试代码在不同软硬件环境下的测试成功率。总的来说，这七个维度是从测试代码、变异、效率、编码效率、可维护性和兼容性等方面综合考虑的。这些维度中的每一个都是对测试能力一个方面的评估。

7.2 自动化单元测试

单元测试的意义在于确保代码中的每个最小可测试单元都能按照预期工作，旨在代码被提交到代码库之前发现和修复缺陷。单元测试可以提高代码的质量和可靠性，减少未来的维护成本，并增强团队对代码的信心。本节首先介绍使用 JUnit 的自动化单元测试执行，自动化工具能够集成到持续集成流程中，确保在每次代码提交时都能自动执行单元测试。然后介绍采用 EvoSuite 实现单元测试生成，以代替人工编写测试数据和测试脚本，同时也初步尝试大模型实现单元测试生成。最后介绍演化迭代的单元测试生成，并协同单元测试执行，实现完全自动化和智能化的单元测试。

7.2.1 单元测试执行

开展快速有效的单元测试离不开单元测试框架的支持。JUnit 自出现后就受到研究人员和工业界的广泛关注，逐步成为 xUnit 家族中最为成功的一个。当前，多数面向 Java 的集成开发环境都提供了对 JUnit 的支持，这也使其生态圈更加良好和完整。本节以 JUnit 为例讲解自动化单元测试执行的基本配置和步骤。JUnit 对测试驱动的软件开发起到了非常重要的推动作用，它催生了"先测试后编码"的软件开发理念，强调首先构建测试代码，然后再构建应用代码。该理念可以减少程序员的压力和他们花费在排错上的时间，有效增加了程序员的产量和程序的稳定性。JUnit 提供了简洁而清晰的测试结构，易于开发者学习和使用。采用 JUnit 进行单元测试，该框架可以实时反馈每一个测试的运行结果：若测试运行成功则显示返回绿色，若测试运行失败则显示返回红色。所有测试运行结束后，该框架自动提供程序在每一个测试上的运行结果，无须通过人工检测生成测试报告。

例如，为了测试清单 7.5 中的待测程序 Calculate，以慕测平台 Eclipse 中的 JUnit 插件来简单说明 JUnit 的用法。在 Eclipse 中新建项目 Calculate，并将该 Calculate 类放到项目中。在项目上单击右键，在 new 中找到并选择 JUnit Test Case，单击 next。此时，进入图 7.2 所示的 JUnit 测试初始设置页面。在该页面，测试者可以选择 JUnit 的版本，以及测试存放的路径和包、测试的类名、父类、方法存根等。根据常用编程规约，待测类对应测试类的命名应当采用"待测类名＋Test"的模式。因此，Calculate 对应的测试类应命名为 CalculateTest，其他内容可采用默认配置。单击 Finish 按钮后，生成测试类 CalculateTest 的基本框架。

图 7.2 JUnit 测试初始设置页面

清单 7.5 单元测试执行的待测程序示例

```
1   package net.mooctest;
2   public class Calculate {
3       public int add(int a, int b) {
4           return a+b;
5       }
6       public int subtract(int a, int b) {
7           return a-b;
8       }
9       public int multiply(int a, int b) {
10          return a*b;
11      }
12      public int divide( int a, int b) {
13          return a/b;
14      }
15  }
```

类 Calculate 包含 add、substract、multiply、divide 4 个方法，可以看作为四个单元模块。测试类 CalculateTest 至少应包含四种测试来分别测试每个方法。根据前面的编程规约，待测方法对应测试的命名应当采用"test＋待测方法名"的模式，其中待测方法名的首字母应大写。对于每一个测试，需要添加断言语句来判断程序的运行结果。类 Calculate 是一个简单的计算程序，因此可通过判断相等性的 assertEquals 方法来验证程序的正确性。清单 7.6 给出了补充测试后的测试类 CalculateTest。

清单 7.6 单元测试执行的测试断言示例

```
1   package net.mooctest;
2   import static org.junit.Assert.*;
3   public class CalculateTest {
4       @Test
5       public void testAdd() {
6           assertEquals(6, new Calculate().add(3,3));
7       }
8       @Test
9       public void testSubstract() {
10          assertEquals(1, new Calculate().subtract(4, 3));
11      }
12      @Test
13      public void testMultiplay() {
14          assertEquals(12, new Calculate().multiply(3, 4));
15      }
16      @Test
17      public void testDivide() {
18          assertEquals(2, new Calculate().divide(6, 3));
19      }
20  }
```

测试编写完成后，就可以通过运行测试类文件来验证程序。在 Eclipse 中使用"JUnitTest"方式来运行测试类，测试结果在 JUnit 输出框中显示。可以看到，源程序通过所有的测试，状态条显示为绿色。当测试运行失败后，JUnit 输出结果则不同。例如，将测试 testMultiply 中的预期结果改为 11，并再次运行测试，此时，状态条变为红色。方法 multiply 在输入为 3 和 4 时实际的返回结果为 12，与预期结果 11 不符，因此测试运行未通过。

TestCase 类是 JUnit 框架中的核心类，同样位于 junit.framework 包中。需要注意的是，TestCase 类继承自 Assert 类，因此可直接使用 Assert 类中的相关方法。在单元测试时，测试者编写的测试类均需直接或间接继承于 TestCase 类，依靠其提供的方法来实现测试的运行与判断。需要注意的是，TestCase 类与测试的含义是不同的。测试通常是指单个测试，用以验证程序某个功能或某个单元模块的正确性。在 JUnit 框架中，测试一般指的是 @Test 所注解的测试方法。测试类继承自 TestCase，包含了多个测试。因此，可以认为 TestCase 是为测试提供服务的类。

与 TestCase 类相同，TestSuite 类也实现了 JUnit 中的 Test 接口，用于管理 JUnit 中的

每一个测试。在单元测试过程中，即便没有显式构建 TestSuite 的子类，在运行 TestCase 子类时也会创建 TestSuite 类，并将每个 TestCase 子类的实例对象添加到 TestSuite 中运行。

JUnit 定义并实现了一系列测试类和测试方法，来帮助测试者更快、更有效地开展单元测试工作。在 JUnit 中，Assert、TestCase、TestResult、TestSuite 等是重要的测试类。检查并判断程序的运行结果是软件测试中的一项重要工作。在测试前测试者通常会在程序中埋入一些断言条件，若程序运行时不能满足这些条件，则表明程序的运行状态（或运行结果）与期望不一致，程序中存在缺陷。JUnit 通过 Assert 类提供了一系列断言方法来帮助测试者判断程序的运行结果，该类位于 junit.framework 包中。一般地，断言方法中的参数包括期望变量 varexpected 和实际变量 varactual 两个部分。在断言语句运行时，若 varexpected 与 varactual 的值相等，则表明程序运行结果与期望相符；若 varexpected 与 varactual 的值不相等，则表明程序运行结果与期望相异，测试运行失败。

TestResult 类收集并记录所有测试的运行结果。测试的运行结果可分为成功、失败、错误三类：成功表示程序在运行时满足断言语句中的各项需求，失败表示程序在运行时不能满足断言语句中的各项需求，错误则是指程序在运行时发生了不可预料的问题。

注解是简化软件控制结构、提高程序自动化水平的重要方法。JUnit 也提供了注解功能，帮助用户更清晰地表达测试程序的逻辑结构和功能。常用的 JUnit 注解包括 @BeforeClass、@AfterClass、@Before、@After、@Test、@Ignore 等，它们规定了每个测试的运行次序，即 @BeforeClass → @Before → @Test → @After → @AfterClass，从而确定了整个测试流程。

7.2.2 单元测试生成

本节介绍单元测试数据生成工具 EvoSuite，它通过分析目标程序的字节码和源代码，采用遗传算法和符号执行，生成具有高覆盖率的和触发异常的测试。使用 EvoSuite，开发团队可以节省大量的时间和精力，自动生成大量高质量的测试，覆盖目标程序的不同情况和异常。这有助于发现潜在的错误和问题，并提高软件的质量和可靠性。基于变异分析的单元测试生成方法 MuTest，通过使用变异而非结构性质作为覆盖准则，不但能够增强测试目的，而且能生成有效的测试预言。基本流程如下：

1）变异分析：在软件中注入人工缺陷，即变异体。
2）单元划分：将软件划分为单元。
3）测试用例生成：生成单元测试以检测变异体。
4）Oracle 生成：生成测试的预期输出。
5）故障揭示测试：执行测试，检测变异体。

变异分析是 MuTest 的核心，它通过注入人工缺陷来评估测试集的质量。单元划分将软件划分为单元，以便于测试的生成和执行。测试用例生成和 Oracle 生成是 MuTest 的两个关键步骤，前者生成测试输入，后者生成测试预期输出。最后，故障揭示测试执行测试，检测变异体。EvoSuite通过分析目标程序的字节码和源代码，自动生成具有高覆盖率的测试。它可以自动发现目标程序中的分支和路径，并生成相应的测试，以尽可能覆盖不同的代码执行路径。EvoSuite生成的测试能够触发各种情况和异常，帮助开发团队评估软件在不同条件下的表现。例如，它可以生成针对边界情况的测试，以测试软件在极端情况下的处理能力。EvoSuite中采用遗传算法生成测试，通过指定覆盖准则，它被认为是面向Java的最先进的搜索性测试生成工具。

EvoSuite有两个主要输入：被测试的类（CUT）和覆盖准则。测试生成过程包括两个主要阶段。

1）初始化程序从CUT中提取遗传算法所需的所有必要信息，例如方法签名（包括名称和参数类型）。基于这些信息和覆盖准则，初始化程序生成初始测试和适应度函数。通常，每个遗传算法需要一个或多个特定的适应度函数。适应度函数评估测试覆盖目标（例如，一个分支）的程度。

2）在调用特定的遗传算法之后，它根据适应度函数返回的分数选择测试。然后，遗传算法使用交叉和变异操作创建新的测试。选择、变异和交叉测试的过程持续进行，直到所有适应度函数达到最佳状态或给定的预算用尽。运行遗传算法后，EvoSuite输出最终的测试结果。

EvoSuite能够自动发现目标程序中的分支和路径，并生成相应的测试，以尽可能覆盖不同的代码执行路径。EvoSuite提供了一系列的启发式搜索算法和优化策略，以优化测试的生成过程，可以采用不同的启发式搜索算法，这些算法在如何使用适应度函数上存在差异。常用的算法和优化策略如下。

- **WS**：直接演化测试集以适应所有覆盖目标。因此，WS可以利用额外代码覆盖，并且不会在不可行的目标上（例如，无效代码）浪费时间。额外代码覆盖意味着为一个目标生成的测试可能隐式覆盖任意数量的其他覆盖目标。因此，WS的适应度函数是所有目标的适应度函数之和。
- **MOSA**：WS将所有覆盖目标的适应度函数求和为一个标量值。然而，这个标量值比单个目标的适应度函数更不单调和连续，这增加了陷入局部最优解的概率。为了克服这个限制，可将采用多目标优化搜索算法MOSA。MOSA为每个测试维护一个适应度向量，其中适应度向量中的每个项表示测试的适应度函数值。
- **DynaMOSA**：基于MOSA，DynaMOSA采用控制依赖图来减少搜索中演化的覆盖目标。只有当它所依赖的分支目标已经被覆盖时，才选择将目标作为演化过程的一部分。因此，DynaMOSA的适应度向量通常比MOSA的适应度向量小。

针对Triangle程序，也可以采用大语言模型自动生成一批JUnit测试脚本，如清单7.7所示。这个测试类包含了多个测试，分别测试了正常输入值的情况、输入值小于1的情况、输入值大于100的情况以及不满足三角形三边关系的情况。在实际应用中，可能需要根据具体需求添加更多的测试，以确保代码的健壮性。

清单 7.7　大语言模型生成的 Triangle 的 JUnit 测试脚本示例

```
1   public class TriangleTest {
2       @Test
3       public void testTriangle () {
4           // 测试正常输入值的情况
5           assertEquals("普通三角形",Triangle. triangle (3, 4, 5)) ;
6           assertEquals("等腰三角形",Triangle. triangle (5, 5, 5)) ;
7           assertEquals("等边三角形",Triangle. triangle (3, 3, 3)) ;
8
9           // 测试输入值小于 1 的情况
10          assertEquals("无效输入值",Triangle. triangle (0, 4, 5)) ;
11          assertEquals("无效输入值",Triangle. triangle (1, 0, 5)) ;
12          assertEquals("无效输入值",Triangle. triangle (1, 4, 0)) ;
13
14          // 测试输入值大于 100 的情况
15          assertEquals("无效输入值",Triangle. triangle (101, 4, 5)) ;
16          assertEquals("无效输入值",Triangle. triangle (1, 101, 5)) ;
17          assertEquals("无效输入值",Triangle. triangle (1, 4, 101));
18
19          // 测试不满足三角形三边关系的情况
20          assertEquals("无效三角形",Triangle. triangle (1, 10, 12));
21          assertEquals("无效三角形",Triangle. triangle (5, 5, 2)) ;
22          assertEquals("无效三角形",Triangle. triangle (10, 20, 30));
23      }
24  }
```

由于大模型在代码理解和生成等能力上的突飞猛进，它被应用到自动化单元测试生成领域。但因为大模型存在幻觉问题以及推理能力不足，基于大模型生成的单元测试存在较高的测试执行失败率和较低的测试覆盖率。为了解决 EvoSuite 存在的测试覆盖率瓶颈的问题，南京大学团队实现了基于搜索的大模型辅助单元测试自动生成工具 Mogul。它借助大模型良好的语义理解和推理以及代码生成能力，为特定代码行生成测试，改善启发式搜索的覆盖高原问题。Mogul 工具在适应度提升的引导下，基于解空间探索理论迭代地使用变异算法对当前处理的测试进行变异。在变异达到上限时，Mogul 构建提示词调用大模型自动化地生成未覆盖分支的测试，定向对解空间进行搜索。同时，Mogul 会动态地调整调用大模型自动化生成测试的策略，从而实现解空间探索与搜索的同步进行，提高了搜索效率和测试覆盖率。

Mogul 以遗传算法为基础，自动化生成单元测试的过程如图 7.3 所示。传统搜索算法的设计思想是在测试生成过程中平衡搜索（随机测试生成）和优化（基于用例池的最佳测试）两个方面，以期达到更高效的测试生成。基于传统搜索算法的启发，Mogul 重新设计了测试生成过程中的搜索策略，避免了算法过早收敛到局部最优解造成覆盖高原现象。总体思路可以分成以下几个阶段。

1）预处理：Mogul 整体的输入为被测代码类。Mogul 通过静态分析获取被测类的类间依赖关系、代码中各个基本块之间的控制流关系、分支条件等信息。根据以上的静态分析结果识别出需要被覆盖的代码行和分支，这些覆盖代表了被测试代码中的不同执行路径。Mogul 从被测代码类里收集函数、类的方法、类的构造函数、类的可修改变量等可调用的代码对象。这些可用代码对象被分为两类：一类是测试对象，这些是被测试代码类中的公共可调用对象，也是需要进行测试的代码，在 Java 语言中通常是访问控制符号为 public 的函数或方法；另一类是依赖调用对象，这些对象用于构造或修改传递给测试对象的参数。在 Java 语言中，一般使用类型签名以确定在测试对象调用过程中使用的依赖调用对象。最终，预处理阶段得到的静态分析结果、可用代码对象和覆盖点，作为接下来主要步骤的输入。

2）变异探索：在基于搜索的算法中，搜索空间是指测试所有可能的输入，而解空间是指满足测试目标的测试的所有可能输入的集合。Mogul 结合了传统遗传算法的变异对解空间进行探索和大模型对解空间进行特定搜索。从起始点开始，Mogul 会迭代地使用变异算法对当前处理的测试进行变异，从而得到测试的变异体，经过适应度评估算法，适应度越高，代表该测试达到的覆盖点越多。优秀的变异体将被加入用例池中，而适应度不足的变异体将被丢弃。变异过程中，当前处理的测试每次只有一个，集中资源对单一测试进行优化，减少了测试上的资源浪费。

3）大模型生成：变异算法对解空间进行探索时，变异的结果是不确定的。尽管下一步的进化阶段使用测试的适应度指导变异的方向，但是正如覆盖高原现象的存在，变异算法往往会忽略一些难以搜索到的覆盖点。因此要使用大模型对特定的解空间进行搜索，这里主要使用大模型生成测试算法来进行。大模型生成测试算法通过静态分析的结果，抽取上下文构建提示词，为被测代码单元生成测试并转换为系统可读的测试对象。

4）迭代进化：Mogul 将优秀的测试加入用例池后，会进入下一次迭代。在每次迭代开始时，如果当前处理的测试为空或者当前处理的测试已达到设定的变异上限，则选择使用动态随机算法按照一定概率调用大模型生成测试或者从当前用例池中选择优秀测试。调用大模型生成测试代表着对解空间的搜索，而从当前用例池中选择优秀的测试则指导变异朝着适应度高的方向进行。随着进化过程的进行，用例池中的优秀测试将逐渐增加，对解空间的搜索也将不断深入，测试覆盖的深度和广度也会增长。当达到整个被测代码类测试生成的终止条件时，进化终止，将用例池中的测试整理为 Java 测试代码输出。

5）调整参数：当优秀的变异体将被加入用例池中之后，将对进化迭代过程中的参数 Pr 和 N 进行调整，然后才开始下一次进化迭代。在 Mogul 中，Pr 将决定调用大模型生成测试或者从当前用例池中选择优秀测试的概率，因此随着进化过程的进行，对解空间的搜索不断深入，将动态调整 Pr 的值使 Mogul 从探索新的测试空间过渡到基于用例池中的最佳测试进行变异。参数 N 代表用例池的大小，因此会根据 N 的值动态保留对应数量的测试。随着进化的进行，Mogul 会减小参数 N 的数值，这有助于集中资源对潜力区域进行深入挖掘。

图 7.3　Mogul 技术框架

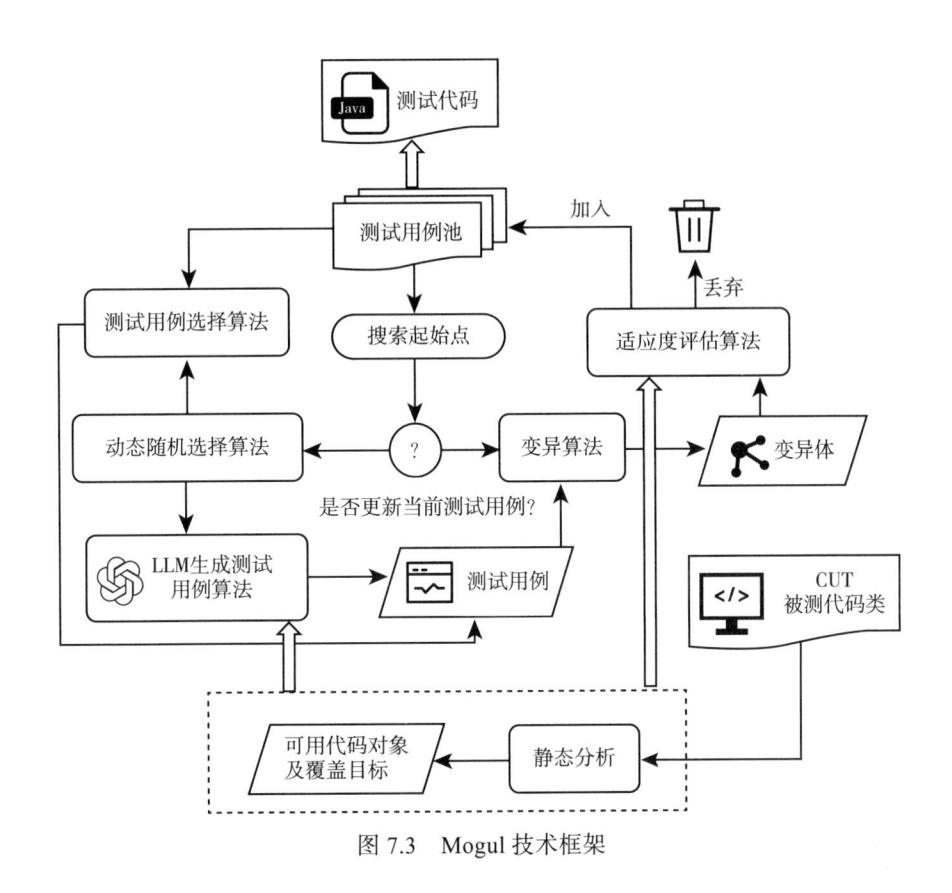

7.2.3　单元测试演化

随着 JUnit 等测试框架以及敏捷方法的流行，编写单元测试已经成为越来越常见的工程实践。开发人员通常会创建包含单元测试的测试集，并定期运行其代码。然而，测试集并非静态不变的，它们会随着所测试的应用程序的变化而不断演变。特别是应用程序的变化可能会破坏测试，在某些情况下，即使是代码的微小变化也可能影响大量测试。对软件新版本测试的失败可能会暴露应用程序缺陷，也可能是测试本身的问题。在观察到失败后，开发人员的首要任务是确定失败的原因、所属范畴并做出区分：要么修复代码中的问题，要么修复损坏的测试。如果一个损坏的测试涵盖了有效的功能，应该进行修复。如果修复过程过于复杂或者测试设计用于涵盖的功能在应用程序中已经不存在，则应将该测试删除。测试修复是测试演化的重要内容，它通常是指针对原有测试进行修改使其在新的待测软件中能够正常运行并达到预期目标。下面介绍若干简单的示例，说明单元测试在待测软件版本演化过程中可能出现的情况。

1）函数参数个数或类型发生变化。假设有一个函数，它接收两个整数参数并返回它们的和。单元测试可能类似：assert add(1,2)=3。如果修改 add 函数，让它接收一个整数和一个浮点数,并返回它们的和,那么原有的单元测试将失效。

2)函数名称或作用域发生变化。如果修改 add 函数,将其名称更改为 sum 或者将其移到一个不同的模块中,那么原有的单元测试将失效,因为它无法找到或解析新的函数名称。

3)函数返回值类型发生变化。假设有一个函数,它接收一个整数参数并返回它的平方。单元测试可能类似:assert square(4)=16。现在,如果修改 square 函数,让它返回一个字符串,表示平方值,那么原有的单元测试将失效。

4)函数内部逻辑发生变化。假设有一个函数,它接收一个整数列表并返回一个包含所有元素和的列表。单元测试可能类似:assert sum_list([1,2,3])==[1,3,6]。如果修改 sum_list 函数,让它返回一个包含所有元素和的整数,而不是列表,那么原有的单元测试将失效。

5)新增函数或方法。假设一个待测程序包含一个名为 calculate_sum 的函数,用于计算两个整数的和。已有单元测试实现了 100% 的代码覆盖率。如果添加一个新的函数 calculate_difference,用于计算两个整数的差,那么原有的单元测试将无法实现 100% 的代码覆盖,因为它没有覆盖新添加的函数。

6)新增异常处理代码。假设一个待测程序包含一个名为 calculate_sum 的函数,用于计算两个整数的和。已有单元测试实现了 100% 的代码覆盖率。如果添加一个新的异常处理代码,以处理在计算过程中可能出现的除以零错误,那么原有的单元测试将无法实现 100% 的代码覆盖,因为它没有覆盖修改后的异常处理代码。

7)修改全局变量或常量。假设一个待测程序包含一个全局变量 global_sum,用于存储计算得到的总和。已有的单元测试实现了 100% 的代码覆盖率。如果修改 global_sum 的定义或值,那么原有的单元测试将无法实现 100% 的代码覆盖,因为它没有覆盖修改后的全局变量或常量。

测试集扩充也是测试演化的重要内容,它是指使用额外的测试数据来增强现有的测试集。

- 添加更多的测试数据:向测试集中添加更多的测试数据,以涵盖更多的情况和输入。这样可以发现未被现有测试覆盖的代码路径和逻辑。
- 生成新的测试:使用测试数据生成工具(如 EvoSuite),自动生成新的测试。这些测试可以覆盖不同的情况和异常,帮助评估软件在各种条件下的表现和稳定性。

通过测试集扩充,可以增强测试的全面性和有效性,提高软件的质量和可靠性。然而,测试集扩充也需要谨慎进行,以避免过度测试和冗余测试。在进行测试集扩充时,需要根据软件的需求和功能进行分析和规划,选择合适的测试数据和测试,以达到最佳的测试效果。测试修复可能涉及更改方法调用的顺序、断言、数据值或控制流。根据经验,对于方法调用顺序的更改,考虑以下五种类型。

- 添加方法调用:添加一个新的方法调用。
- 删除方法调用:删除一个已存在的方法调用。
- 添加方法参数:修改一个方法调用,添加新的参数。

- 删除方法参数：修改一个方法调用，删除已存在的参数。
- 修改方法参数：通过更改实际参数的值来修改一个方法调用。

另外，近年来大模型在代码生成方面表现出色，逐渐应用于自动化单元测试生成领域。相较于基于搜索的单元测试生成方法，大模型生成的测试代码结构清晰、易于理解。然而，大模型在生成高质量测试方面仍然存在一些问题和挑战。首先，大模型训练的数据集中包含了很多手工编写的测试代码，由于幻觉问题的影响，生成的测试代码难免会出现编译错误和运行错误，导致测试无法通过运行。其次，大模型很难通过单次交互一次性生成高覆盖率的代码，也无法自行运行和分析测试以获得测试反馈进行迭代，导致测试代码的覆盖率较低。

南京大学团队实现了覆盖率驱动的自动化单元测试方法 CDTest。该方法针对 Java 语言生成单元测试，并通过代码修复和迭代反馈机制，不断改进测试。CDTest 采用了基于模板的代码修复技术，修复大模型生成测试中的错误，用以降低测试的错误率。CDTest 从通过的测试中提取覆盖信息，将其作为测试反馈，指导大模型生成针对性的增量测试，以提高最终测试的覆盖率。通过这种协同作用，CDTest 不断迭代测试，显著提升了生成测试的质量、效果和可读性，相比以往的方法具有明显优势。CDTest 基于 Prefect 工作流框架设计并实现了基于大模型的单元测试迭代生成系统，将其封装为易于操作、交互性强的单元测试生成工具。该系统能够并行执行批量的单元测试生成任务，同时提供了强大的结果分析功能，能帮助用户分析方法迭代过程中代码修复和模型交互的细节。

图 7.4 展示了 CDTest 的技术框架和工作流程。给定一个 Java 源代码来生成测试，CDTest 首先完成预处理部分并进行系统初始化，然后进入用例生成、代码修复和覆盖信息反馈的大循环中（如图中灰色箭头所示）。循环的第一步是调用 ChatGPT 生成没有语法错误的初始测试 T_i。拿到测试 T_i 后，方法将尝试对其进行编译和执行。如果此时出现编译错误或运行错误，CDTest 将使用模板不断对代码进行修复，并重新对修复后的测试进行编译和执行，直到测试被成功编译且没有运行错误。此时，T_i 将被标记成 T_p。如果在达到设定的最大修复次数后仍无法得到正确的测试，则放弃 T_i，视为本次自动生成任务失败。之后，CDTest 将计算 T_p 在源代码上的覆盖率，并将未覆盖部分的信息转化为覆盖信息反馈，如果 T_p 达到高覆盖率标准，则将其输出为最终结果 T_f。否则，将 T_p 使用提示注入的手段放在上下文中，并将覆盖反馈信息发送给 ChatGPT-3.5 模型，引导其增量输出新的测试，并继续下一个循环。通过这种方式，CDTest 可以逐步迭代测试，在确保每一轮测试均能正确通过运行的同时，让大模型能够针对未覆盖的分支编写增量测试，不断提高覆盖率。

代码执行与修复是 CDTest 迭代循环的第二个环节，该环节的目的是编译并执行测试代码，通过代码修复，得到没有运行错误的测试代码 T_p。代码修复的途径有两个：一是模板修复，它依赖于预设的代码模板来识别各类错误，通过定位并替换错误代码来直接修正；二是大模型修复，即过分析错误信息，构建相应的提示，并将这些信息反馈给大模型，使其能够输出正确的代码，从而实现修复。CDTest 主要采用模板修复，辅以大模型修复，达到对测试代码进行有效修正的目的。这部分主要通过编译与执行、错误代码定位与信息提取、模板修复、大模型修复四个步骤来实现测试代码执行与修复的流程。

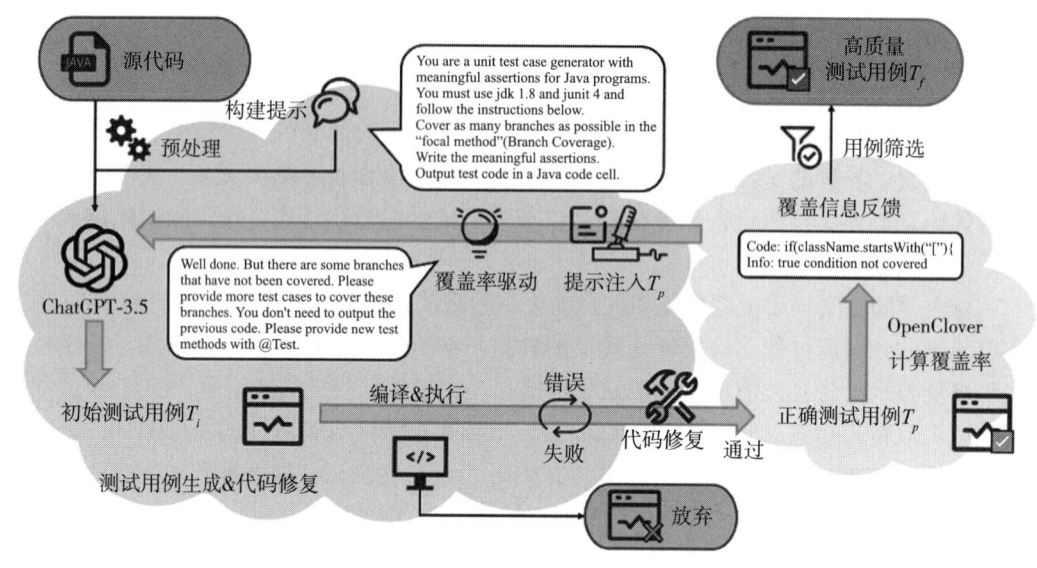

图 7.4　CDTest 技术框架和工作流程

测试代码执行与修复的第三步是通过模板来修复代码。CDTest 专注于修复生成的测试中出现的编译错误、断言错误以及运行时错误。CDTest 的修复过程更注重测试的内部逻辑和预期行为，确保代码的每个部分都能正确运行。接下来，将展示相关的模板，并演示如何通过设计的修复策略来修复有问题的代码。由于拼写错误和范围错误很少出现，因此这两种错误类型并没有特定的修复模板。

- 导包错误修复：发生编译错误后，如果错误原因为未找到符号，且在详细错误信息中是由于找不到类符号引起的，那么就认为是导包错误导致的编译错误。对此，CDTest 首先索引测试项目、JDK 和所有第三方依赖的 JAR 包，以获取在测试期间所有可访问的 Java 类的完全限定类名（例如，java.util.HashMap）。其次，CDTest 从详细错误原因中提取缺失的类名，并从索引中找到该类的完全限定类名，然后进行导入。
- 判空断言修复：当在测试中使用 assertNull 方法进行断言时，如果测试失败，意味着被检查的对象不是 null，与预期相矛盾。在这种情况下，将 assertNull 更正为 assertNotNull 是一种快速修复策略。相反，如果在断言中使用 assertNotNull 并且测试失败，则表示被检查的对象为 null，不符合预期。在这种情况下，应将 assertNotNull 更正为 assertNull。
- 布尔断言修复：当在测试中使用 assertTrue 方法进行断言时，如果测试失败，意味着被检查的表达式为 False，与预期相矛盾。在这种情况下，将 assertTrue 更正为 assertFalse 是一种快速修复策略。相反，如果在断言中使用 assertFalse 并且测试失败，则表示被检查的对象为 True，不符合预期。在这种情况下，应将 assertFalse 更正为 assertTrue。

- 相等断言修复：在测试中使用 assertEquals 方法进行断言时，通常需要比较两个值是否相等。如果测试失败，可能是因为预期值与实际执行结果不匹配。值得说明的是，这里 CDTest 并没有直接将 assertEquals 修改为 assertNotEquals 来达到修复的目的。以 assertTrue 断言为例，测试时断言关注的是表达式的真假取值，预期值只有两个：True 和 False。通过 assertTrue 和 assertFalse 的简单替换，可以明确告诉开发者表达式的实际值是什么，显然是具有意义的。而在 assertEquals 的情况下，测试时关注的是表达式的预期输出，值的比较通常更加具体，且与业务逻辑或数据状态紧密相关。简单地将 assertEquals 修改为 assertNotEquals 会导致测试失去其验证代码正确性的价值。因此，CDTest 采用的修复方法是将预期值替换为表达式的实际值。
- 插入异常处理语句：接下来，CDTest 将针对运行时异常进行模板修复。当测试的某行代码抛出异常时，通过插入异常处理语句，可以捕获这个异常，达到修复的目的。通过使用 try-catch 语句包裹可能抛出异常的代码行，并在 catch 块中处理预期的异常类型，CDTest 能够有效地修复由异常引起的错误。这种修复模板具有简单直观、修复成功率高的特点。
- 增加捕获语句：在某些情况下，现有的异常处理语句可能无法完全覆盖代码执行过程中实际抛出的所有异常类型。为了进一步提高测试的健壮性，CDTest 引入了此模板，即增加捕获语句。当现有的 catch 语句未能捕获实际抛出的异常类型时，CDTest 会为新发现的异常类型添加一个新的 catch 语句。这种添加方式可以确保原有的异常处理逻辑保持完整，同时避免修改引入新的错误，扩大了异常处理的覆盖范围，使测试能够应对更多的错误场景。

测试代码执行与修复的第四步是通过大模型来修复代码。在模板修复失败的情况下，CDTest 采用大模型修复作为补充手段，以进一步提高测试代码的修复成功率。大模型修复的基本思路是：将模板修复失败的错误信息反馈给大模型，让其分析错误原因，并尝试生成修正后的测试代码。

本章练习

1. 完成三角形程序 Triangle 的单元测试脚本，并针对控制流图和数据流图进行分析，完成单元测试评估。

2. 完成日期程序 NextDay 的单元测试脚本，并针对控制流图和数据流图进行分析，完成单元测试评估。

3. 完成均值方差程序 MeanVar 的单元测试脚本，并针对控制流图和数据流图进行分析，完成单元测试评估。

4. 假设第三方应用需要调用三角形程序 Triangle 模块，请编写一个该程序的 mock，并完成该第三方应用相应的单元测试脚本，比较和分析真实程序和 mock 的关联与区别。

5. 假设第三方应用需要调用日期程序 NextDay 模块，请编写一个该程序的 mock，并完成该第三方应用相应的单元测试脚本，比较和分析真实程序和 mock 的关联与区别。

6. 假设第三方应用需要调用方差程序 MeanVar 模块，请编写一个该程序的 mock，并完成该第三方应用相应的单元测试脚本，比较和分析真实程序和 mock 的关联与区别。

7. 编写一个计算斐波那契数列的 Python 代码。定义一个名为 fib 的函数，该函数计算斐波那契数列的第 n 项。程序接收用户输入的一个整数 n，并根据 n 的值输出相应的结果。完成单元测试脚本和单元测试评估。

8. 编写一个计算三角形周长和面积的 Python 代码，输入三角形的三边 a、b、c，输出三角形的周长和面积。完成单元测试脚本和单元测试评估。

9. 编写一个 Python 程序，输入一组数字，计算其四分之一分位数和四分之三分位数（禁用排序函数）。完成单元测试脚本和单元测试评估。

10. 采用单元测试工具 EvoSuite 和大模型，对上述题目完成自动化和智能化的测试脚本生成，并分析潜在问题。

11. 选择一个开源项目的局部程序，采用单元测试工具 EvoSuite 和大模型，完成自动化和智能化的测试脚本生成，并分析潜在问题。

第 8 章
Chapter 8

集成测试

集成测试可以检测组件之间交互的正确性，确保各个组件在组合后能够协同工作。这有助于发现和修复组件间可能存在的接口问题，提高整体系统的可靠性。集成测试可以在早期阶段发现潜在的缺陷，从而降低软件在后期测试和部署阶段的风险。集成测试和持续集成相辅相成。集成测试帮助开发团队检测组件间的交互问题；持续集成支持集成测试自动化执行，确保软件在不断迭代和更新过程中保持高质量。集成测试的目标是验证各个模块或组件在组合后能否正确工作，确保它们之间的接口和交互符合预期。集成测试的基本流程包括确定测试范围、准备测试环境、设计测试用例、执行测试和分析测试结果。通过这些步骤，开发团队可以系统化地检测组件间的交互问题，确保系统的整体功能和性能。

8.1.1 节首先介绍集成测试的目标与基本流程，重点阐述了集成测试对于单元测试和系统测试的承上启下作用。集成测试的目标是确保各个模块或组件在集成后能够正常协同工作，发现和解决模块之间的接口问题和交互问题。基本流程包括测试计划制订、测试用例设计、测试环境搭建、测试执行以及测试结果分析与报告。8.1.2 节介绍集成测试的常用策略，包括一次性和增量式集成、自顶向下和自底向上集成、三明治式集成等策略。8.1.3 节介绍集成测试的分析和评估，除了传统覆盖率的分析和评估，基础测试还需要考虑模块依赖，这种依赖进而分为显式和隐式进行考虑。显式依赖是指模块之间直接调用或数据传递的关系，隐式依赖则包括共享资源、全局变量等间接依赖。分析和评估集成测试时，需要全面考虑这些依赖关系，以确保各个模块在集成后的正确性和稳定性。

8.2 节介绍集成测试的核心内容：接口测试。8.2.1 节首先介绍接口测试的常用方法与最佳实践，重点以 RESTful API 阐述接口测试的应用案例。接口测试的常用方法包括模拟接口请求、验证接口响应、检查接口性能等。8.2.2 节介绍接口测试的常用自动化方法和工具：Postman 用于 API 接口测试，Selenium 用于 Web 接口测试，JMeter 用于性能接口测试。本节强调的是接口测试自动化执行。8.2.3 节介绍采用大语言模型进行智能化接口测试的初步尝试。集成测试还可以结合大语言模型进行智能化接口测试。通过大语言模型，可以自动生成接口测试用例，提高测试的自动化程度和智能化水平。这种方法可以进一步降低测试成本，提高测试的全面性和准确性。

8.1 集成测试概述

集成测试也称为组装测试，是单元测试的逻辑扩展。本节首先介绍集成测试的目标和基本流程。软件的各个组件在开发过程中逐渐集成，继而作为一个统一的组接受测试。这些组件单独运行时通常没有问题，但当与其他组件集成时，可能会出现故障。通过集成测试，测试人员希望发现软件模块在集成时由于代码冲突而出现的缺陷。然后介绍常用的集成测试策略，包括一次性集成、增量式集成、自顶向下集成、自底而上集成等。最后介绍常用的集成测试的评估分析，着重关注组件间的依赖和对单元测试的补充。集成测试通常在单元测试之后和系统测试之前进行，有助于确保各个模块在组合使用时能够正常工作，从而提高整个系统的稳定性和可靠性。

8.1.1 目标与基本流程

集成测试可以确保不同组件或模块之间协调运作。集成测试的目标包括确保组件之间的正确集成和交互、检测和解决可能存在的接口问题和依赖关系等。通过集成测试，可以确保系统的各个组件在协同工作时能够正确地交互和运行，从而提高系统的质量和可靠性。软件通常由许多单独的软件组件或模块构建。这些模块可能会通过单元测试并且单独工作得很好，但由于各种因素，将它们放在一起时，系统会崩溃。集成测试过程中产生缺陷的原因主要有包括以下几种。

- 代码逻辑不一致：模块是由不同的程序员编写的，它们的逻辑和开发方法彼此不同，因此在集成时，模块会导致功能或可用性问题。集成测试确保这些组件代码是一致的，从而生成一个正常运行的应用程序。
- 需求变化：客户经常改变需求。修改一个模块的代码以适应新的需求有时意味着完全改变其代码逻辑，这会影响整个应用程序。这些更改并不总是反映在单元测试中，因此需要进行集成测试来发现缺失的缺陷。
- 错误数据：跨模块传输时，数据可能会发生变化。如果传输时格式不正确，数据将无法被读取和处理，从而导致错误。需要进行集成测试来查明问题所在以进行故障排除。
- 第三方服务和 API 集成：由于数据在传输时可能会发生变化，因此 API 和第三方服务可能会收到错误输入并生成错误响应。集成测试确保各集成部分可以相互良好地通信。
- 异常处理不充分：开发者通常会在代码中考虑异常，但有时他们无法完全看到所有异常场景，直到将模块拼凑在一起。集成测试使他们能够识别并修正那些缺失的异常场景。
- 外部硬件接口：当软件与硬件不兼容时，也可能会出现错误，通过适当的集成测试可以很容易地发现这些错误。

无论采用何种开发模式,软件都需要经过单元开发,再通过组装形成有机的系统整体。单个程序模块虽可通过单元测试验证其是否能够正常工作,但并不能保证与其他模块连接后也能正常工作。在工程实践中,几乎不存在软件单元组装过程中不发生错误的情况。不同的程序模块可能由于采用了不一致的数据类型、数据单位等环境参数,导致在模块合并时出现规格问题。例如,对于成绩管理系统,为便于数据输入,其输入模块可接收不同类型的输入并默认保存为字符型,其统计模块为便于计算将数据默认为数值型。因此,在数据对接时可能存在数据不一致问题。同样的情况还可能发生在计费系统中。例如,称重模块默认单位为克,计费模块默认单位为公斤,当将称重结果传入计费模块后,计费结果可能出现错误。

单元测试关注模块内部的具体实现,往往会忽略模块间接口调用的缺陷。例如,软件包含程序模块 A 和 B,其中 A 包含三个参数 str1、str2 和 str3,功能是将 str1 减去 str2 后的值保存到 str3 中。B 在调用 A 时误将 str1 和 str2 的位置写反了,导致处理结果不正确。各个模块需要协同工作,按照一致的节奏发送、接收、处理数据,否则会导致数据阻塞、丢失等。例如,软件包含程序模块 A 和 B,A 负责发送数据,B 负责接收、处理数据。当 A 发送数据的速度远高于 B 处理数据的速度时,可能会造成数据阻塞或数据丢失,并会大大延长系统整体的工作时间。单个模块内可接受的误差在模块组装后被严重放大,超过系统可接受的范围。例如,软件包含程序模块 A 和 B,A 中包含的变量 v 的预期值 x 与实际值存在正误差 Δx,B 对 v 进行 n 次方运算,运算后误差达到了 Δxn。Δx 将随着 n 变大而不断增大,最终引发缺陷。

对于并发程序,各个模块的处理次序存在不确定性。集成测试时要求各个模块同时运行,若对它们的运行次序考虑不周,则容易出现同步错误、死锁等并发问题。程序模块 A 和 B 运行时均需利用资源 X 和 Y。在进行单元测试时,A 和 B 均可占用资源 X 和 Y,程序可正常运行。然而在进行集成测试时,A 和 B 可同步运行。假设 A 已得到 X,正在等待申请 Y;B 已得到 Y,正在等待申请 X。此时,由于 A 和 B 均在等待对方已占有的资源,两者陷入死锁,导致程序无法正常运行。在进行集成测试时,需要检查模块组装后其功能和业务流程是否符合预定要求。在集成测试开始之前,应确保测试对象所包含的程序模块全部通过单元测试,否则,对于集成测试结果,测试者仍需耗费精力来判断错误是发生在模块内部还是模块之间的交互,这将影响集成测试的效果,同时大幅增加程序模块缺陷修复的代价。

一个完整通常的集成测试过程包括计划、设计、开发、测试、分析和评估等阶段,具体内容如下。

- 计划阶段:项目概要设计评审通过后,就要根据概要设计文档、软件项目计划时间表、需求规格说明书等制订适合本项目的集成测试计划。
- 设计阶段:项目详细设计开始时,即可着手开展集成测试设计工作。概要设计是集成测试的主要依据,此外,需求规格说明书、集成测试计划等也可作为辅助文档,用于设计集成测试方案。
- 开发阶段：在开发阶段，需依据集成测试方案，在集成测试计划、概要设计书、需求规格说明书等文档的指导下，开展测试环境配置、测试脚本创建、测试生成等工作。在配置集成测试环境时，需同时考虑集成测试所需的硬件设备、操作系统、数据库、网络环境、开发环境以及测试工具运行环境等。
- 测试阶段：在集成测试执行阶段，测试者通过运行测试用例和被测软件来实际运行集成测试。在测试过程中，需记录软件的运行时状态和运行结果，记录集成测试日志。
- 分析评估阶段：在集成测试和评估阶段，测试者根据测试日志对测试结果进行分析和评估，用于检测软件中存在的问题。测试者也应根据测试日志检测当前集成测试计划和设计所存在不足，对集成测试的各个阶段进行调整。

首先应了解集成测试与单元测试三方面的不同。
- 封装：单元测试被很好地封装并且不使用外部资源，集成测试使用额外的组件或环境，例如网络、数据库或文件系统。
- 复杂性：单元测试针对的是小而不同的代码部分，因此通常编写起来简单。集成测试更加复杂，通常需要工具和设置不同的外部配置。
- 测试失败：当单元测试失败时，表明代码业务逻辑存在错误，单元测试应该清除该阶段的错误。当集成测试失败时，首先查看组件依赖关系，并考虑环境发生变化等因素。

将单元测试与集成测试的目标混淆会导致效率下降。单元测试的目标是代码的基本正确性，因此应频繁运行它们以尽早检测业务逻辑中的错误，以便引入错误的开发者立即修复。

在软件开发周期的正确时间正确地进行集成测试并非易事，且无固定标准。如果在开发后期才发现高级架构中的缺陷，那么修复成本将大幅攀升。一旦应用程序的详细信息编写完成，如果高级架构不正确，即使所有单元测试都通过了，重新设计的成本也会极为高昂。在持续集成环境中进行集成测试可能是一个挑战，但是人们普遍认为这有益工程实践。集成测试所包含的程序模块通常需要经过单元测试，集成测试开始时间应在单元测试之后。然而在实际中，软件可能包含数量众多的程序模块，完成所有程序模块的单元测试工作耗时很长。因此，可先针对已完成单元测试的程序模块开展集成测试工作，再针对后续完成单元测试的程序模块进行集成测试。集成测试与单元测试有时候也可并行工作。业务逻辑是单元测试的目标。

集成测试需要较长时间来运行，因此不应该包含在每个单元测试运行周期中，而应该包含在频次较低的持续构建中。在代码中处理特定业务逻辑的开发者必须能够运行单元测试并获得即时反馈。如果测试集花费的时间太长，并且无法在提交代码之前等待它完成，那么可能会完全停止运行测试（包括单元测试和集成测试）。这也意味着单元测试没有得到良好的维护。测试集与代码保持同步更新需要付出更多代价，从而导致交付延迟。通过将单元测试和集成测试分开，开发者可以在开发期间和提交任何代码之前执行单元测试。漫长的集成测试应该单独为构建服务保留，通常不会频繁地运行。

单元测试具有特定的范围并测试应用程序的一小部分，因此测试失败时，通常很容易理解失败原因并解决问题。集成测试则不同，其范围可能跨越任何功能流程中的多个软件模块，还可能处于不同的软硬件环境。因此，如果集成测试失败，原因往往更加复杂。详尽的日志记录是分析故障的主要依据。当然，详尽的日志记录可能会对性能和效率产生影响。确保使用一个合格的日志记录框架，该框架具备根据不同的场景灵活调控的能力，在正常生产期间可以高效进行充足的日志记录工作，并且在出现问题时能够从分析记录中抽取更多有关缺陷根源信息。

8.1.2 集成测试策略

分析得到程序模块间的关联和依赖关系后，应制订软件系统的集成测试策略，确定程序模块的测试顺序。存在多种集成测试策略及分类方法，例如，根据集成次数的不同，存在一次性集成和增量式集成方法。而对于增量式集成，又存在自顶向下、自底向上、三明治式等多种集成方法。应当注意的是，并不存在一种集成测试策略适用于所有的软件项目。针对一个软件项目，应根据该项目的实际情况、被测对象的特点，同时结合项目的工程环境，合理地选择集成测试策略。

一次性集成测试是指软件中所有程序模块完成单元测试后，直接按照程序结构图组装起来，作为一个整体进行测试的过程。例如，软件包含 A～F 等 6 个程序模块，它们的程序结构如图 8.1 所示。当 A～F 等 6 个程序模块都完成单元测试后，便可按照图中的程序结构把所有的模块组装起来进行测试，该过程便是一次性集成测试。一次性集成测试具有集成次数少、测试工作量小等优点。同时，一次性集成后的程序包含了软件所有的组件和功能，因此不再需要驱动模块和测试桩模块。然而，一次性集成测试需要等待所有程序模块完成单元测试后才能进行，因此大大延长了测试开始时间和错误发现时间。同时，当测试检测到错误时，在所有模块中定位到缺陷位置也变得更加困难。此外，难以开展充分的、并行的测试也是一次性集成测试的不足。一次性集成测试主要适用于以下三类软件系统：软件规模小并且结构良好的软件系统，只做了少量修改的软件新版本，通过复用可信赖的构件构造的软件系统。

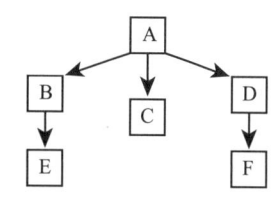

图 8.1 软件结构示意图

增量式集成测试是按照某种关系，先将一部分程序模块组装起来进行测试，然后逐步扩大集成的范围，直到最后将所有程序模块组装起来进行测试的过程。表 8.1 给出了一次性集成测试与增量式集成测试的对比，与一次性集成测试相比，增量式集成测试可以更早地、更充分地开展测试和发现缺陷，也可以更容易地定位到缺陷位置。不可避免地，增量式集成测试所需的成本要超过一次性集成测试,而且增量式集成测试需要测试者编写驱动模块和测试桩模块等额外工作。增量式集成测试适用于大规模复杂的软件系统。在软件测试实践中,增量式集成测试较一次性集成测试更为普遍。其中,自顶向下集成测试和自底向上集成测试是两种典型的增量式集成测试方法。

表 8.1 一次性集成测试和增量式集成测试对比

对比项	一次性集成	增量式集成	对比项	一次性集成	增量式集成
集成次数	少,仅需一次	多	发现错误时间	较晚	早
集成工作量	小	大	错误定位	难	较容易
测试用例	少	多	测试程度	不彻底	较为彻底
驱动模块和桩模块	不需要	需要	并行性	差	较好

自顶向下集成测试:自顶向下集成测试是指依据程序结构图,从顶层开始由上到下逐步增加集成模块到集成测试的过程。在集成路径的选择上,还可选择广度优先和深度优先方法来逐步添加测试模块。自顶向下集成测试的具体步骤如下。

1)以软件结构图的根节点作为起始节点,并根据软件主控模块构建测试驱动模块。

2)根据集成路径,选择添加一个或多个通过单元测试的同级或下级程序模块作为测试对象,并针对相关模块构建测试桩模块。

3)针对测试对象开展测试,验证测试对象是否存在缺陷。

4)重复步骤 2~3,直至测试对象包含软件中的所有程序模块。

以深度优先为例,自顶向下增量式集成的过程如图 8.2 所示。其中,阴影部分为每一轮集成的结果。

自底向上集成测试也是工程实践中的常用集成测试方案。自底向上集成测试是指依据程序结构图,从最底层开始由下到上逐步增加程序模块到集成测试的过程。类似的,在集成路径的选择上,可以选择广度优先和深度优先方法来添加测试模块。自底向上集成测试的具体步骤如下。

1)以软件结构图的叶子节点作为起始节点,并针对起始节点构建驱动模块。

2)根据集成路径,选择添加一个或多个通过单元测试的同级或上级程序模块作为测试

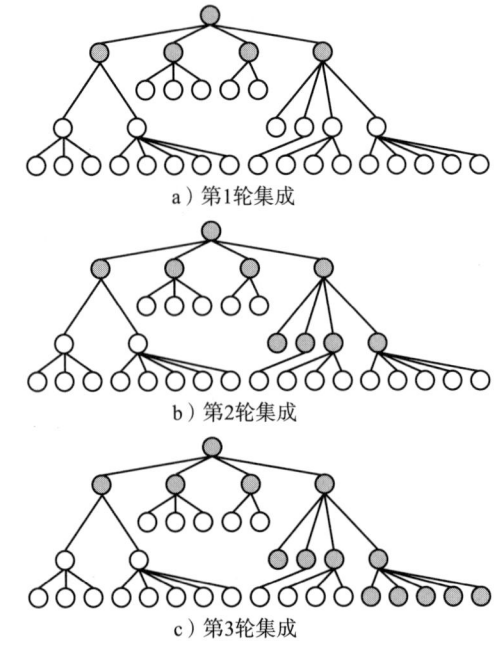

a)第1轮集成

b)第2轮集成

c)第3轮集成

图 8.2 深度优先自顶向下增量式集成的过程

对象，并针对测试对象构建驱动模块。

3）针对测试对象开展测试，验证测试对象是否存在缺陷。

4）重复步骤 2～3，直至测试对象包含软件中的所有程序模块。

以深度优先为例，自底向上增量式集成的过程如图 8.3 所示。其中，阴影部分为每一轮集成的结果。

自顶向下和自底向上是两种最常见的集成测试策略，它们各自适用于不同的应用场景。表 8.2 给出了自顶向下集成与自底向上集成的优缺点对比。当系统的控制逻辑或决策逻辑在高层模块中，自顶向下的策略可以首先验证这些逻辑的正确性。在项目早期，使用自顶向下集成可以快速评估系统的核心功能是否按预期工作，从而尽早发现关键问题。如果高层模块的接口比较稳定，而底层模块接口变动频繁，自顶向下集成可以减少因底层变动导致的重复测试。当底层模块相对稳定，且其接口设计清晰时，底层模块可以独立运行且易于测试，自底向上集成可以确保这些基础模块的正确性。底层模块如果包含复杂的算法或数据处理，自底向上集成可以先验证这些复杂功能的正确性。当可以容易地实现驱动对象来模拟高层模块调用底层模块时，自底向上集成更为合适。在实际应用中，选择哪种集成测试策略往往取决于项目的具体情况，包括系统的架构、开发团队的偏好、项目进度要求等。有时，为了充分利用两种策略的优势，也可以将它们结合起来使用，例如先对关键的高层模块进行自顶向下集成测试，然后再对底层模块进行自底向上集成测试。

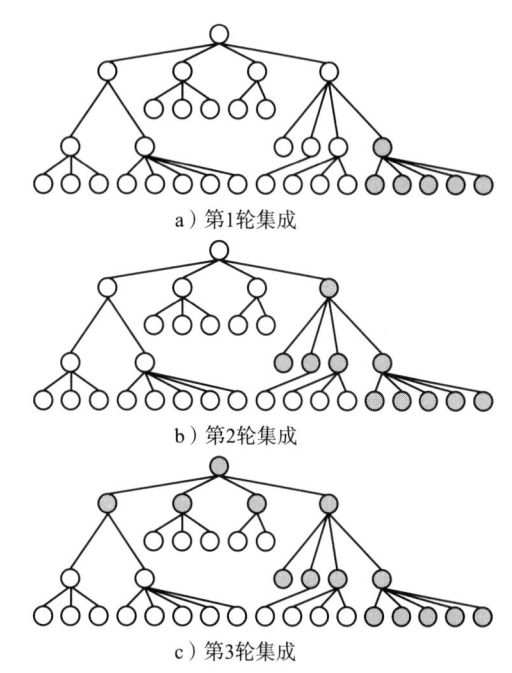

a）第1轮集成

b）第2轮集成

c）第3轮集成

图 8.3 深度优先自底向上增量式集成示例

表 8.2 自顶向下集成与自底向上集成对比

对比项	自顶向下集成	自底向上集成
优点	减轻了驱动模块开发的工作量； 测试者可尽早了解系统的框架； 可以自然做到逐步求精； 若底层接口未定义或可能修改，则可以避免提交不稳定的接口	底层叶节点的测试和集成可并行开展； 底层模块的调用和测试较为充分； 减轻了测试桩模块开发的工作量； 测试者可以较好地锁定缺陷位置； 由于驱动模块模拟了所有的调用参数，即使数据流并未构成有向的非环状图，生成测试数据也没有困难； 适合于关键模块在结构图底部的情况

(续)

对比项	自顶向下集成	自底向上集成
缺点	测试桩模块的开发代价较大； 底层模块无法预料的条件要求会迫使上层模块的修改； 底层模块的调用和测试不够充分； 在输入/输出模块接入系统之前，生成测试数据有一定困难； 测试桩模块不能自动生成数据，若模块间的数据流不能构成有向的非环状图，一些模块的测试数据难于生成； 观察和解释测试输出比较困难	需要驱动模块； 高层模块的可操作性和互操作性测试不够充分； 在某些开发模式（如 XP 开发模式）上并不适用； 测试者不能尽早了解系统的框架； 时序、资源竞争等问题只有到测试后期才能被发现

自底向上集成在采用传统瀑布式开发模式的软件项目中较为常见。与自底向上集成相比，自顶向下集成减轻了驱动模块开发的工作量，因而可以较早开展集成工作。同时，可以避免尚未定义或未来可能修改的底层接口，提高了测试结果的稳定性。不可避免地，自顶向下集成需要开发大量的测试桩模块。由于测试桩模块不能完全模拟底层模块，在某些情况下还需对顶层模块做一定程度的修改才能保证集成测试顺利进行。对于自顶向下集成，顶层模块的测试充分性要高于底层模块。自底向上集成适用于复杂、重要的功能位于底层的软件系统，也适用于子系统迭代和增量开发过程。与自顶向下集成相比，自底向上集成减轻了测试桩模块开发的工作量，测试实现更为方便。同时，由于底层节点较多，可针对多组程序模块同时开展集成测试工作，节约了集成测试的时间。不可避免地，自底向上集成需要持续开发驱动模块，对高层模块的测试充分性也要低于底层模块。此外，对于某些开发模式（如 XP 开发模式，它要求开发者预先完成软件核心模块的开发），自底向上集成并不合适。

为避免自顶向下和自底向上集成测试各自的不足，结合两者的优势，可针对软件系统同时开展自顶向下、自底向上集成测试工作，这种方式称为三明治式集成测试。图 8.4 给出了一个三明治式集成示例，阴影部分表示集成过程中的中间结果。通过三明治式集成，可以减少部分驱动模块和测试桩模块的开发工作。

驱动模块开发和测试桩开发是集成测试过程中的主要工作。如果通过合理的集成策略减少所需的驱动模块和测试桩模块，则可有效地减少集成测试的工作量。基于调用图的集成就是一种用于减少驱动模块和测试桩模块的集成策略。在基于调用图的集成策略中，需预先构建程序调用图，识别各个模块间的程序调用关系。基于调用图的集成策略主要包括成对集成和相邻集成两类。

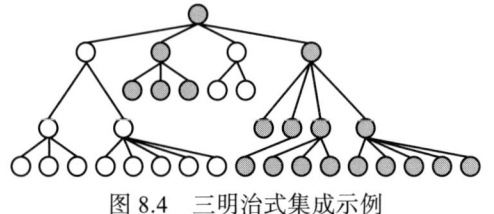

图 8.4 三明治式集成示例

成对集成测试是指把程序调用图中的节点对放在一起进行测试，也可理解为以程序调用图中的边为单位进行测试。其中，节点对是指软件中存在调用关系的一组程序模块。图 8.5 给出了一个成对集成示例，该图表示一个程序调用图，其中阴影部分表示成对集成过程中的一个中间结果，该中间结果包含两个节点对 <2,7> 和 <4,5>。在有向图中，一个节点的邻居包含了该节点的所有直接前驱节点和所有直接后继节点。因此在程序调用图中，一个程序模块的邻居就是调用该程序模块的上层节点和被该程序模块调用的下层节点。

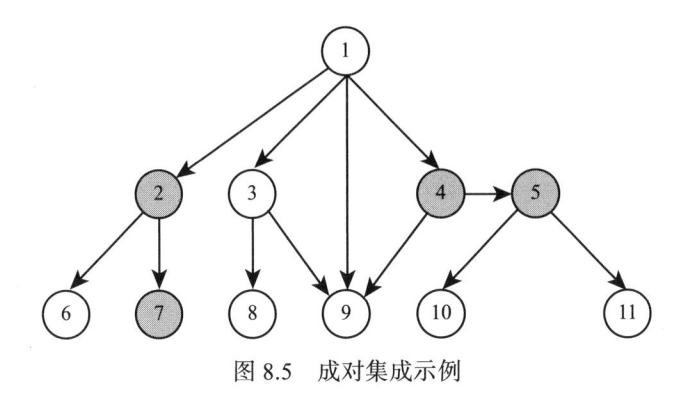

图 8.5 成对集成示例

相邻集成测试是指以程序调用图的某个节点为中心，将所有调用该节点的上层节点和所有被该节点调用的下层节点放在一起进行测试。图 8.6 给出一个相邻集成示例，该图表示一个程序调用图，其中阴影部分表示相邻集成过程中的一个中间结果，该中间结果包含了节点 2 的邻居节点 1、6、7 和节点 5 的邻居节点 4、10、11。

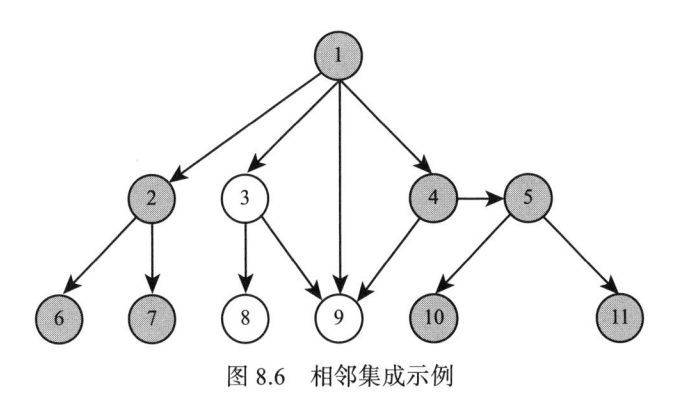

图 8.6 相邻集成示例

基于调用图的集成测试是从调用关系和协作关系出发，对成对节点或者相邻节点进行集成测试。基于调用图的集成测试有效地减轻了驱动模块开发和测试桩开发的工作量，且对模块调用关系以及功能的衔接测试较为充分。由于程序调用图中的每条边都是独立的，可针对每个节点或节点对同步开展多组集成测试。然而，随着软件的结构越来越复杂，程序间的调用关系和协作关系也变得越来越复杂，因此很难开展充分的测试。基于调用图的集成测试适用于以下两种情况：需要尽快验证一个可运行的调用或协作关系，被测系统已清楚定义了构件的调用和协作关系。

8.1.3 集成测试分析

与单元测试关注的代码级控制流图不同，集成测试更关注模块依赖关系调用图。图分析测试、多样性策略和故障假设策略都同样适用于集成测试。集成测试中结合多样性策略可以显著提高测试的全面性和有效性。通过随机组合和等价场景划分生成不同的调用路径，确保测试覆盖了各种可能的调用路径。测试不同模块和组件在各种组合下的相互作用，使用组合测试方法覆盖更多的模块交互情况。通过模拟用户行为，测试系统在真实使用场景下的稳定性和可靠性。考虑不同操作系统、浏览器、网络条件等对系统的影响，在不同的硬件和软件环境下进行测试。在集成测试中，结合故障假设策略可以有效地提高测试的针对性和深度，帮助开发者发现系统中潜在的故障。模拟系统在各种故障条件下的表现，通过故障注入技术（如硬件故障、网络故障、软件异常等）评估系统的容错能力。测试系统在极端条件下的表现，例如最大输入值、最小输入值、边界值等，确保系统能够正确处理各种边界条件。测试系统在异常情况下的处理逻辑，例如异常输入、错误操作、突发事件等，确保系统能够正确处理各种异常情况。通过结合这些多样性策略，集成测试能够更全面地覆盖系统的各种使用场景和潜在问题。

在集成测试中，模块调用图用于描述各个模块之间的调用关系，这与单元测试中使用的控制流图和数据流图有一定的相似性。模块调用图主要关注模块之间的调用关系和交互，它描述了一个模块如何调用其他模块，哪些模块之间存在依赖关系，以及这些依赖关系如何影响系统的整体行为。模块调用图展示了系统各个模块之间的调用路径，模块调用图可以帮助测试人员设计测试用例，确保所有模块间的交互都得到了充分的测试。模块调用图、控制流图和数据流图都是类似的图形化表示，帮助测试人员更好地理解系统的结构和行为。模块调用图在集成测试中的作用与单元测试中控制流图和数据流图的作用有许多相似之处，因此可以采用图结构测试和图元素测试完成系统性的集成测试。它们都帮助测试人员理解系统的结构和行为，设计有效的测试用例，以确保系统的稳定性和可靠性。

软件模块集成过程是集成测试的基础，它对集成测试的效果有直接影响。模块集成的方式和顺序决定了集成测试的范围。例如，如果采用自底向上的集成策略，测试将从最底层的模块开始，逐步向上扩展。测试用例需要根据模块之间的交互和接口来编写，模块的集成过程影响了测试用例的设计。模块的集成方式会影响测试的复杂性。如果模块之间的耦合度高，集成测试可能会更加复杂和困难。合理的模块集成过程可以提高测试效率。例如，如果先集成最稳定的模块，可以减少后续测试中的不确定性。一个良好的模块集成过程可以简化测试、提高缺陷发现率、降低风险，并促进团队之间的协作。

下面简要介绍模块集成过程，并阐述集成过程对集成测试的潜在影响。图8.7展示了一个简单的程序模块组装过程：将两个或多个通过单元测试的程序模块组装为一个组件，并测试它们之间的接口；然后，将通过测试的组件进一步组装生成更大的组件进行测试；重复上述过程直至组装完所有程序模块并完成测试。随着模块的逐步集成，测试的覆盖范围也随之扩大。集成测试需要验证的不仅是单个模块的功能，还包括模块之间的交互和接口。这增加了测试的复杂性和工作量。在集成过程中，模块之间的接口是关键测试点。接口的稳定性直接影响集成组件的功能和性能。如果接口定义发生变化，可能导致模块之间的不兼容，从而引发系统故障。引入自动化测试工具能够减少手动测试的工作量，提高测试效率和准确性。自动化测试可以快速重复执行测试用例，特别适用于回归测试和接口测试。实现持续集成和持续交付，确保每次代码变更后自动进行构建和测试。通过持续集成，可以及时发现和解决集成过程中出现的问题，减少系统集成的风险。

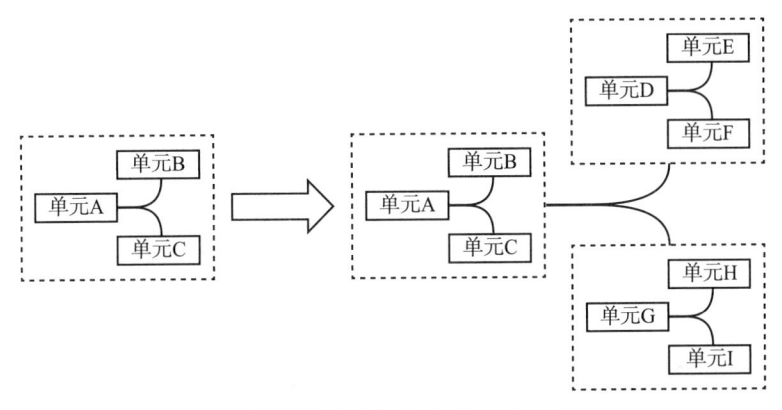

图 8.7　软件模块集成过程示例

集成测试需要特别注意模块之间的依赖关系。某些模块的功能可能依赖于其他模块的输出或状态。在集成过程中，确保正确处理这些依赖关系是集成测试的重点之一。通常，模块之间为了实现分工和协作，不可避免地会产生依赖关系。这种依赖关系可能来源于所要解决的问题，也可能由特定的实现方案、实现算法、实现语言或目标环境所引发。根据模块依赖关系是否显式可见，可分为显式依赖和隐式依赖。显式依赖是直接可见的，如软件中的信息发送模块与信息接收模块；隐式依赖并不直接可见，如模块间的操作权限约束、定时约束等。合理识别和管理这些依赖关系，对于确保集成测试的有效性和全面性至关重要。通过明确模块之间的依赖关系，可以更有针对性地设计测试用例，确保在集成过程中所有潜在的交互和依赖问题都能被充分测试和验证。

根据模块相依性是否依赖于模块内部的实现机制，还可将其分为内在相依性和外在相依性。内在相依性依赖于模块的实现机制，例如模块间的继承关系。如果模块 S 继承于模块 P，那么当 P 发生变化时，S 中继承自 P 的部分也会自然发生变化。外在相依性则与模块内部的实现机制无关，而是通过外部事务产生关联。图 8.8 给出了一个外在相依性的示例，其中模块 A、B 和 C 共享数据 M。当模块 A 修改数据 M 后，模块 B 和 C 也会受到影响。在集成过程中，这两种相依性都会对集成测试产生重要影响。内在相依性可能导致继承结构的变化对多个模块产生连锁反应，需要在集成测试中仔细验证各个模块的继承关系和行为一致性。外在相依性则需要关注共享数据或外部接口的变化对各个模块的影响。在集成测试中，必须确保所有受影响的模块能够正确处理这些变化。

由于相依性在集成测试中的重要作用，在集成测试前应对软件进行分析，获取模块间的关联和依赖。常见的相依性关系包括关联、聚集、消息、调用、全局变量与公共数据等。要获取这些关系，需要对软件开展结构分析、模块分析、接口分析等操作。在结构分析过程中，首先明确系统的单元结构图，这是集成测试的基本依据；其次，对系统各个组件、模块间的依赖关系进行分析；最后，据此确定集成测试的粒度，即集成模块的大小。接口分析主要包括以下内容：确定系统、子系统的边界以及模块的边界，确定模块内部的接口，确定子系统内模块间接口，确定子系统间的接口，确定系统与操作系统的接口，确定系统与硬件的接口，确定系统与第三方软件的接口。模块分析主要包括以下内容：确定本次需要集成的模块，明确这些模块间的关联，分析这些模块所需的驱动模块和测试桩模块。

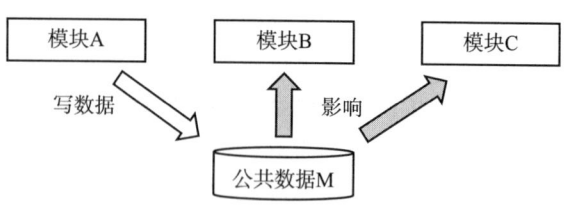

图 8.8 集成测试依赖分析示例

软件开发中，一个良好的集成测试应覆盖所有模块之间的接口和交互，确保每个模块都能在集成环境中正常工作。测试结果应具有一致性和可重复性，确保在相同条件下每次测试都能得到相同的结果，也应在不同的系统环境和配置下进行，以确保软件在各种条件下都能正常运行。集成测试应详细、明确，包含预期结果和实际结果的对比，测试计划、测试用例和测试报告应完整准确，能够有效检测和报告错误，并提供详细的错误信息，便于分析和排查问题。

最简单、直接的方法是通过分析测试用例的覆盖率，确保所有模块之间的交互和接口都得到了充分的测试。覆盖率评估可以使用代码覆盖率工具来实现，这些工具可以帮助识别未被测试的模块调用关系。集成测试充分性度量是用来衡量集成测试覆盖率的一个指标，它反映了测试集合是否能够充分反映软件的整体行为。具体来说，它衡量了测试集合中包含的测试用例是否足够多样化和全面。

- 模块覆盖率：模块覆盖率衡量测试用例是否覆盖了软件的所有模块和组件。为了提高模块覆盖率，需要关注软件的各个模块，并确保测试用例能够覆盖模块内部的各个功能以及模块之间的接口。例如，对于一个电子商务系统，需要测试用户界面、商品管理、订单处理、支付系统等不同模块，以覆盖所有模块的功能和接口。
- 边界覆盖率：边界覆盖率衡量测试用例是否覆盖了软件的各种边界条件和异常情况。为了提高边界覆盖率，需要关注软件在各种异常和边界条件下的行为，并确保测试用例能够覆盖这些情况。例如，对于一个文件处理程序，需要测试文件不存在、文件为空、文件损坏、文件路径无效等边界情况，以覆盖所有可能的异常处理场景。

- 功能覆盖率：功能覆盖率衡量测试用例是否覆盖了软件的所有功能需求。为了提高功能覆盖率，需要确保测试用例能够覆盖软件的各个功能模块，包括各种输入/输出情况以及处理逻辑。例如，对于一个在线购物网站，需要测试不同的商品搜索、浏览、添加到购物车、结算、支付等功能，以覆盖所有用户可能执行的操作。

工程实践中，为了提高模块覆盖率，需要关注软件的各个模块之间的交互和依赖关系。这意味着需要设计测试用例，模拟不同模块之间的协同工作，以确保模块之间的接口正确且高效。结合集成测试，可以对多个模块的联动进行全面评估和分析，确保模块集成后的整体系统行为符合预期。为了提高边界覆盖率，需要根据软件的实际使用场景设计测试用例，包括考虑不同用户角色、操作环境和设备类型等。通过集成测试，可以验证系统在边界条件下的整体表现，确保在各种极端和异常情况下系统仍然稳定可靠。为了提高功能覆盖率，需要设计覆盖软件各个功能、模块和边界条件的测试用例，包括正常情况和异常情况，以及各种输入/输出情况。此外，还需要关注软件的性能指标，例如响应时间、吞吐量和资源使用率，并设计相应的性能测试用例。自动化测试工具可以帮助快速创建和执行大量测试用例，从而提高测试覆盖率。可以编写测试脚本。自动化执行功能测试、性能测试等，确保软件在不同条件下都能正常运行。

8.2 接口测试

接口测试用于验证应用程序的两个独立系统之间的交互，它是组件相互通信的媒介。通常，它可以是 API 等形式，使用特定的命令、消息和数据传输技术充当用户和应用程序之间的连接。接口测试检查两个接口系统是否正确通信以使软件按要求工作。接口代表特定的命令、消息或其他独特的属性，接口还可以充当软件与设备、用户之间的沟通桥梁。本节首先介绍接口测试的常用方法与最佳实践，然后介绍自动化接口测试的常用工具 Postman、Selenium 和 JMeter，并初步探索基于大模型的智能化接口测试现状与挑战。

8.2.1 常用方法与最佳实践

接口测试主要用于测试不同系统或组件之间的交互和通信，其关注点是系统之间的接口，旨在确保数据在不同的系统之间正确传递和处理。接口测试主要针对两个关键部分：Web 服务器和应用程序服务器之间的公共接口，应用程序服务器和数据库服务器之间的公共接口。

接口一般分为程序内部的接口和系统对外的接口。程序内部的接口是方法与方法之间、模块与模块之间的交互，以及程序内部抛出的接口。系统对外的接口用于外部系统获取资源或信息，即程序调用对方提供的接口来使用其方法和数据。通过接口测试，可以全面评估接口的质量，确保其在功能、性能、安全性等方面都能满足需求。接口测试的目标主要包括以下几个方面。

- 验证接口的正确性：确保接口按照设计规范正确实现，包括请求和响应的数据格式、参数、返回值等。通过测试，确认接口的输入/输出与预期一致。
- 验证接口的健壮性：测试接口在异常和边界情况下的表现，如处理非法输入、网络异常等。确保接口在各种异常条件下都能有效处理并返回合理的错误信息。
- 验证接口的兼容性：确保接口在不同的环境、平台和版本下都能正常工作，包括与前端应用、后端服务以及第三方系统的兼容性测试。
- 评估接口的性能：测量接口的响应时间、吞吐量和资源使用情况，确保其在实际使用中能够满足性能要求。通过性能测试，识别和优化接口的瓶颈。
- 测试接口的安全性：检测接口是否存在安全漏洞，如 SQL 注入、越权访问、数据泄露等，确保接口在处理敏感信息时能够提供足够的保护措施。

在当前的软件系统中，最常用两种接口的分类是 Web 服务接口和 API 接口。Web 服务接口遵循 SOAP 协议并借助 HTTP 传输，请求报文和返回报文都是 XML 格式的。API 接口也可以使用 HTTP 协议，通过路径来区分调用的方法，请求报文都是 key-value 形式的，返回报文一般都是 JSON 串，有 get 和 post 等方法。当然，API 也可以使用其他协议和方法。在传输过程中，可以在通用 XML 文件中进行一些随机应用作为输入，并将输出转换为通用 JSON 文件。针对此示例输出运行接口测试非常简单，测试人员只需要 XML 文件格式和 JSON 文件格式携带的规范即可。当完成所有必需的规格说明后，测试人员就可以创建示例环境了。当提供 XML 文件格式输入并以 JSON 文件格式接收输出时，测试人员可以将结果与所需的规范进行匹配。如果匹配结果为正，则接口测试过程成功完成。

基于文档的接口测试是一种测试方法，它根据接口的文档描述来编写测试用例，以验证接口的功能和性能。这种方法适用于接口文档详细且稳定的情况。基于文档的接口测试通常包括以下步骤。

1）分析接口文档：首先，测试人员需要仔细阅读和分析接口文档，了解接口的功能、输入参数、返回值、异常处理等方面的信息。这有助于测试人员了解接口的工作原理，为编写测试用例提供依据。

2）设计测试用例：根据接口文档，测试人员需要设计覆盖接口各种功能、输入/输出参数和异常处理情况的测试用例。测试用例应该包括正常情况、边界情况和异常情况，以确保接口在各种情况下都能正常工作。

例如，对于一个简单的 RESTfulAPI，接口文档描述了以下功能：GET/api/v1/products?category=electronics&page=2。该接口用于获取特定类别（如电子产品）的第二页产品列表。基于文档的接口测试可以包括以下测试用例。

- 正常情况。发送有效的请求，例如上述测试的预期返回值：包含电子产品列表的第二页数据。
- 边界情况。发送无效的请求，例如，请求中缺少 category 参数（GET/api/v1/products?page=2），请求中 category 参数为空字符串（GET/api/v1/products? category=&

page=2），请求中 page 参数为空字符串（GET/api/v1/products?category=electronics & page=）。对于这些测试的预期返回值，服务器应该返回适当的错误响应，如 400 Bad Request 或 404 Not Found。

基于文档的接口测试是一种简单有效的接口测试方法。通过仔细阅读和分析接口文档，设计全面的测试用例，并执行测试用例，可以确保接口在各种情况下都能正常工作。可以采用自动化测试工具或手工测试方法，执行设计的测试用例。根据测试执行的结果，测试人员需要记录测试过程中发现的问题和异常情况。同时，测试人员需要编写测试报告，向项目管理和开发团队汇报接口测试的执行情况、测试结果和存在的问题。

接口测试在工作流测试中起着至关重要的作用，通过验证不同组件或模块之间的交互，确保数据传输的准确性和一致性。在验证用户注册到登录的工作流时，接口测试可以检查注册接口和登录接口之间的数据传递是否正确，确保用户信息在各个模块之间能够正确传递和处理。工作流测试检查确保系统按照用户期望运行，其目的是验证软件工作流程是否符合业务流程，其中包括执行一系列步骤以查看信息/数据工作流程是否正确。例如，验证从注册到使用有效 ID 登录应用程序的转换。此过程使用正确的数据验证两个页面和功能之间的流程。即使是负面数据集也会测试工作流程在这种情况下是否拒绝错误信息。接口测试还可以验证错误信息在接口层面的处理是否符合预期，从而进一步提高工作流测试的覆盖率和准确性。

接口测试是功能验证的重要组成部分，主要用于验证不同软件系统或模块之间的交互是否正确。接口测试检查系统间的数据交换、请求和响应格式、错误处理机制等，以确保各个系统或模块能够无缝协作。例如，在电子商务应用中，接口测试可以验证支付网关接口是否正确处理交易请求和响应，确保用户的支付过程顺利进行。功能测试致力于验证应用程序的所有功能，关注应用程序中具有特定功能的每一个小部分，下拉菜单、图像/视频、注册/登录、搜索等都包含在功能测试范围内。大多数情况下，功能测试属于黑盒测试技术，因为测试人员不访问源代码。例如，功能测试检查退货订单窗口并查看它在电子商务应用程序中是否对用户有效。

8.2.2 自动化接口测试

手工接口测试非常烦琐，需要测试人员投入大量时间和精力进行操作，尤其是当测试数据集和设备数量较多时。手工接口测试依赖于测试人员的准确操作和观察，容易受到人为错误的影响。随着功能的增加，测试工作量也会显著增加，难以保证每次测试的一致性和全面性。而自动化接口测试可以快速执行，节省测试成本，可以在不同环境和数据集上反复运行，并保证每次测试的执行过程和结果一致，减少人为误差的影响。自动化测试工具可以在非工作时间运行，最大限度地利用资源，缩短测试周期。

自动化接口测试通过编写代码或使用测试工具来自动执行接口测试用例，以验证接口的功能和性能。实现自动化接口测试可以提高测试效率、减少人工操作错误和提高测试覆盖率。测试团队需要编写自动化测试脚本，测试脚本应该包括接口的各种输入输出情况、边界条件和异常处理，以确保接口在各种情况下都能正常工作。使用自动化测试工具或集成测试框架，执行自动化测试脚本。本节介绍三个与接口测试相关的常用自动化测试工具：Postman（用于 API 接口测试）、Selenium（用于 Web 接口测试）和 JMeter（用于性能测试）。

Postman[1] 是常用的 API 测试工具，输入端点 URL，它将请求发送到服务器并接收从服务器返回的响应。开发者和自动化工程师经常使用 Postman 来确保服务启动并使 Postman 与部署到该区域的 API 的构建版本一起运行，这有助于根据 API 规范快速创建请求并剖析各种响应参数（例如状态代码、标头和实际响应正文本身）来命中 API 端点。Postman 是一款全面的 API 测试工具，可简化 API 的创建、测试和记录。它提供了直观的用户界面，使开发者能够轻松设计和测试 API 并自动化其测试流程。Postman 还支持团队成员之间的协作，允许他们共享 API 测试和集合并进行版本控制。API 测试是软件开发的重要方面，可确保 Web 应用程序的功能、性能和安全性。要使用 Postman，请重点查阅和学习以下内容。

- **Postman 使用不同的 API 格式**：使用 Postman 测试不同的 API 格式，例如 REST、SOAP 和 GraphQL。
- **Postman 的变量范围和环境文件**：Postman 工具支持的不同类型的变量，应了解在创建和执行 Postman 请求和集合时如何使用它们。
- **Postman 的集合**：导入、导出和生成代码示例，即将集合导入 Postman 和从 Postman 导出集合以及使用现有 Postman 脚本生成各种代码。
- **Postman 的断言**：使用断言自动进行响应验证，了解 Postman 请求中断言的概念。
- **Postman 的脚本**：了解如何以及何时使用 Postman 预请求脚本和后请求脚本或测试。进一步使用 Postman 工具高级脚本使其能够运行复杂的工作流程。
- **Postman 的报告**：报告模板可与 Newman 命令行运行程序一起使用来生成 Postman 测试执行的模板化报告。

用户界面（UI）为应用程序得以启动提供了必要的功能。为了确保所有用户都能看到排列完全相同的元素，需要执行 UI 测试。UI 涵盖很多需要评估的元素。例如，视觉测试检查所有元素在视觉上是否位于正确的位置，它应该处理诸如元素离开视口或相互重叠等问题。还有针对各种屏幕尺寸对 UI 进行检查，当屏幕尺寸缩小或扩大时，元素也会随之缩放。当网页中有很多元素时，可能会产生一些问题。当检查完所有这些元素并得出结论后，表示 UI 测试已经完成，可以继续进行其他测试。Selenium 是常用的 Web 应用用户界面接口测试工具，可以编写测试脚本以执行自动化的 Web 应用交互，以在 Web 应用程序和用户界面上执行各种用户活动。Selenium 也是跨浏览器脚本测试的理想选择，因为它可以根据需求在不同的浏览器和版本上运行相同的测试。

Selenium[2] 是一个自动化测试框架，封装了一系列支持 Web 浏览器自动化的工具和库。

---

[1] https://www.postman.com/。
[2] https://www.Selenium.dev/。

该工具提供了 HTML 元素的简单交互和操作，允许按照用户想要的编写测试的方式调整和自定义测试。Selenium 还通过为团队提供测试环境来简化基础设施管理。Selenium 通过桌面和移动浏览器与应用程序交互，允许执行 JavaScript 代码，从而更轻松地测试 DOM 的动态组件。除了 JavaScript 之外，Selenium 还可以使用多种编程语言，例如 C#、Python、Ruby 和 Java。因此，具有相关编程知识的开发者都可以使用该工具。

Selenium 是多种不同工具的组合，包括 Selenium WebDriver、Selenium IDE 和 Selenium Grid。可以根据其功能使用这些工具来测试 Web 应用程序。Selenium 还提供了客户端 - 服务器结构，其中包括服务器和客户端组件。客户端组件包括 WebDriver API 和 RemoteWebdriver，WebDriver API 用于创建测试脚本以与应用程序元素交互，RemoteWebdriver 用于与远程 Selenium 服务器进行通信。Selenium 服务器还包括用于接收请求的服务器组件。WebDriver API 针对 SeleniumGrid 和 Selenium WebDriver 运行测试，以测试浏览器的功能。如果想创建健壮的、基于浏览器的回归自动化套件和测试，在多个环境中扩展和分发脚本，那么需要使用 Selenium WebDriver。它以本机方式驱动浏览器，就像用户在本地或使用 Selenium 服务器在远程计算机上操作一样，这是浏览器自动化方面的飞跃。Selenium WebDriver 涵盖了语言绑定和各个浏览器控制代码的实现。

JMeter[一] 是一种常用的性能测试工具，其全称是 Apache JMeter，旨在对功能行为进行负载测试并评估应用程序的性能。使用 JMeter 进行性能测试有很多好处。JMeter 能够测试不同类型应用程序的功能，支持对 Web 应用程序、Web 服务、Shell 脚本、数据库等的性能测试。JMeter 具有平台独立性，完全基于 Java，可以在多个平台上运行，而且 JMeter 是开源的，开发者不但可以零成本使用，还可以结合业务流程进行定制和二次开发。

JMeter 很容易入手，但要达到最佳实践并不容易。进阶的第一步是学习如何配置具有大量用户的测试。我们需要了解如何使用 JMeter 测试并发用户，同时利用你的资源来执行此操作达到 JMeter 的最大并发用户数。此外，执行 JMeter 参数化主要有三种方式：外部文件、数据库和参数化控制器插件。实践中，不要拘泥于 JMeter GUI 组件。我们可以直接在 GUI 模式下使用 JMeter Java 类代码扩展其功能，或者直接进入 JMeter 非 GUI 模式。最重要的是，结合软件工程和业务知识使用 JMeter 性能指标分析测试结果，以识别瓶颈和服务器运行状况等问题。JMeter 因其核心和插件而成为一个强大的解决方案，JMeter 拥有超过 100 个插件来完成更多测试，这些插件的功能范围从支持更多用例到扩展现有核心功能到高级报告。

JMeter 作为一款强大的性能测试工具，广泛应用于各种应用的性能测试、负载测试和压力测试。通过合理配置和使用 JMeter，测试人员可以全面评估系统在不同负载条件下的性能和稳定性，从而为系统优化提供有力的数据支持。JMeter 的常用方法和步骤如下。

1）创建测试计划：在 JMeter 中，测试计划是所有性能测试的基础。测试人员可以在测试计划中定义线程组（模拟用户）、采样器（请求类型）、监听器（结果报告）等。

⊖ https://jmeter.apache.org/。

2）配置线程组：线程组用于定义模拟用户的数量、启动时间和循环次数等。通过配置线程组，测试人员可以设置不同的负载条件，以进行各种类型的性能测试。

3）添加采样器：采样器用于定义具体的请求类型，例如 HTTP 请求、FTP 请求、JDBC 请求等。在测试计划中添加采样器后，JMeter 会根据线程组的配置发送相应的请求。

4）设置定时器和控制器：定时器用于控制请求之间的时间间隔，控制器用于定义请求的执行逻辑。通过设置定时器和控制器，测试人员可以更精确地控制测试过程。

5）使用监听器：监听器用于收集和展示测试结果，例如响应时间、吞吐量、错误率等。常用的监听器包括图形结果、汇总报告、查看结果树等。

6）执行测试和分析结果：在完成测试计划的配置后，测试人员可以执行测试，并通过监听器查看和分析测试结果。根据测试结果，开发团队可以发现系统的性能问题并进行优化。

8.2.3　智能化接口测试

大语言模型（简称大模型）具有强大的自然语言处理和生成能力，可以用于实现智能化的接口测试。以下是采用大语言模型实现智能化的接口测试的步骤。

1）生成测试用例：利用大语言模型的生成能力，根据接口文档或需求描述自动生成测试用例。生成的测试用例可以包括各种输入/输出情况、边界条件和异常处理，以确保接口在各种情况下都能正常工作。

2）生成测试报告：利用大语言模型的自然语言生成能力，根据测试执行的结果自动生成测试报告。生成的测试报告可以包括测试的覆盖率、执行过程、测试发现的问题以及建议的解决方案等内容。

3）测试报告分析：大型语言模型在分析接口测试结果方面发挥着重要作用。它可以帮助测试人员识别和解释测试结果中的异常情况，并提供相关的建议和解决方案。

利用大模型的自然语言处理和生成能力，可以实现智能化的接口测试。通过自动生成测试用例、测试报告和智能调试，可以提高测试效率、减少人工操作错误和提高测试覆盖率，从而提高软件的质量和用户体验。自动生成测试用例是通过使用大语言模型来根据接口的描述或示例自动创建测试用例的过程。这种方法可以理解接口的语义，并根据输入和输出的要求生成测试数据，以加快测试用例的编写过程。例如，假设有一个接口函数 addNumbers(a,b)，它接收两个数字作为输入并返回它们的和。使用自动生成测试用例的方法，可以描述这个接口函数的输入和输出要求，并通过大语言模型生成相应的测试用例。对于这个例子，可以规定输入参数 a 和 b 应该是数字类型，并且返回值应该是两个输入数字的和。

模拟用户行为是指使用大语言模型来模拟真实用户在应用程序或网站上的行为。这种模拟可以包括输入数据、点击操作和页面导航等各种行为。通过模拟用户行为，测试人员可以模拟各种使用场景，并发现潜在的问题。例如，在一个电子商务网站的测试中，测试人员可以使用大语言模型来模拟生成用户的搜索关键词、浏览商品、添加商品到购物车以及进行结账等操作。这样可以模拟真实用户在网站上的行为，并检查是否存在搜索功能的问题、商品展示的错误或结账过程中的漏洞等。另外，在一个社交媒体应用程序的测试中，测试人员可以使用大语言模型生成模拟用户的帖子、评论、点赞和分享等操作。这样可以检查应用程序在处理用户生成内容和社交互动时的性能和稳定性。

语义分析是一种通过分析接口的返回结果来检测可能存在的错误或异常情况的方法。它可以识别不符合预期的输出，并提供相关的建议和修复方案。例如，假设有一个函数，它接收两个整数作为输入并返回它们的和。如果使用语义分析来测试这个函数，它可能会检测到以下问题。

- 输入类型错误：如果错误地将一个字符串传递给函数而不是一个整数，语义分析可以识别这个问题，并建议将输入更正为整数类型。
- 溢出错误：如果两个输入的和超过了整数类型的最大值，语义分析可以检测到这个问题，并建议采取适当的措施来处理溢出，例如使用更大的数据类型或添加溢出检查。
- 异常情况：如果函数在执行过程中发生异常，例如除以零或无效的内存访问，语义分析可以识别这些异常情况，并建议添加适当的错误处理代码或异常处理机制。

假设有一个简单的接口，它接收一个用户名和一个密码，然后返回一个布尔值，表示用户是否有效。可以使用大语言模型自动生成 Postman 接口测试脚本，如下面的步骤所示。

1) 安装 Postman 并打开它。

2) 创建一个新的请求，选择 GET 方法，并输入接口的 URL。在本例中，假设接口的 URL 是 https://api.example.com/user/validate。

3) 添加请求头。在本例中，假设接口需要一个名为 Content-Type 的请求头，其值为 application/json。可以使用 Postman 的 Headers 选项卡来添加请求头。

4) 添加请求体。在本例中，假设接口需要一个名为 username 的字段和一个名为 password 的字段。可以使用 Postman 的 Body 选项卡来添加请求体。

5) 添加断言来验证接口的响应。在本例中，假设接口应该返回一个布尔值表示用户是否有效。可以使用 Postman 的 Script 选项卡来添加断言。

6) 保存请求并将其添加到一个集合中，以便稍后运行。使用 Postman 运行集合，查看测试结果。

利用大模型生成接口测试脚本，与自动化测试框架集成，帮助测试人员编写测试脚本和断言。大模型能够在一定程度上理解测试框架的语法和 API，并提供代码片段和建议，以提高测试脚本的质量和可维护性。利用大模型生成 Postman 测试脚本需要明确 API 的功能、测试目标和预期结果，准备 API 的文档，包括请求的 URL、方法、参数、预期响应等。根据测试需求，编写大模型提示词，提供 API 的具体信息，如请求体、请求头等。将准备好的提示输入大模型中，请求生成 Postman 测试脚本，通常需要进一步的调整和优化。例如，当测试人员使用一个自动化测试框架编写测试脚本时，自动化测试辅助可以提供语法错误的提示和纠正建议。它还可以根据测试目标和测试环境，生成适当的测试代码片段，以减少测试人员的工作量。清单 8.1 是一个使用大模型生成的 Postman 接口测试脚本。

清单 8.1　利用大模型生成的 Postman 接口测试脚本

```
{
"name": "用户验证接口测试",
"request": {
   "method": "GET",
   "url": "https :// api. example.com/user/ validate"
},
"headers": {
   "Content-Type": "application /json"
},
"body": {
   "username": "testuser ",
   "password": "testpassword "
},
"script": {
   "post": function() {
     var response = JSON.parse(this.responseText);
     assert (response. isValid === true, "用户验证失败");
} } }
```

该脚本包括请求方法、URL、请求头、请求体和断言。可以根据需要修改该脚本，以满足具体需求。大语言模型在自动生成 Postman 接口测试脚本时可能会遇到以下难点。

- 参数化：Postman 支持参数化，这意味着你可以使用占位符来表示变量，并在运行测试脚本时动态替换这些变量。大语言模型可能会在自动生成测试脚本时难以处理复杂的参数化。
- 断言：Postman 支持多种断言，包括基本断言（如"响应状态码应为 200"）、JSON 断言（如"响应 JSON 中 status 字段的值应为 success"）和 XML 断言（如"响应 XML 中 status 元素的值应为 success"）。大语言模型可能会在自动生成测试脚本时难以处理复杂的断言。
- 异常处理：在 Postman 中，你可以使用 try-catch 语句来处理异常。大语言模型可能会在自动生成测试脚本时难以处理复杂的异常处理逻辑。
- 环境变量：Postman 支持使用环境变量来存储和管理敏感信息（如 API 密钥、数据库凭据等）。大语言模型可能会在自动生成测试脚本时难以处理环境变量。
- 数据驱动：Postman 支持数据驱动，这意味着你可以使用 JSON 文件或其他数据源来驱动测试脚本的执行。大语言模型可能会在自动生成测试脚本时难以处理复杂的数据驱动逻辑。
- 文件上传和下载：Postman 支持文件上传和下载，包括二进制文件和表单数据。大语言模型可能会在自动生成测试脚本时难以处理文件上传和下载操作。

- 动态请求和响应：Postman 支持动态请求和响应，这意味着你可以根据运行时条件动态生成请求和响应。大语言模型可能会在自动生成测试脚本时难以处理动态请求和响应。

利用大模型生成 Selenium 测试脚本，首先要明确你要测试的功能点、用户流程以及预期结果，并提供详细的测试场景描述，以便模型理解测试需求。根据测试目标，编写清晰的提示词，告诉模型你需要生成什么样的 Selenium 脚本，包括具体的操作步骤、元素定位器、条件判断和验证点。将准备好的提示词输入大模型中，请求生成 Selenium 测试脚本，大模型会提供一个初步的脚本，但通常需要进一步的调整和优化。假设有一个简单的网页应用程序，它有一个登录表单，用户可以输入用户名和密码来登录。可以使用大语言模型自动生成一个 Selenium WebDriver 的 UI 测试脚本，步骤如下。

1）安装 Selenium 和 WebDriver，并设置环境变量。
2）创建一个新的 Python 文件，例如 login_test.py，并导入所需的库。
3）设置 WebDriver 的 URL 和浏览器类型。在本例中，使用 Chrome 浏览器。
4）定位登录表单的元素。在本例中，假设登录表单有一个名为 username 的输入框和一个名为 password 的输入框，以及一个名为 submit 的提交按钮。
5）输入测试数据，然后单击"提交"按钮。
6）添加断言来验证登录是否成功。在本例中，我们假设登录成功后，网页顶部应该显示一个欢迎消息。
7）运行测试脚本，查看测试结果。

清单 8.2 是一个使用大语言模型自动生成的 Selenium WebDriver UI 测试脚本。

清单 8.2 利用大语言模型生成的 Selenium 接口测试脚本

```
1   url = "https://example.com/login"
2   driver = webdriver.Chrome()
3   driver.get(url)
4   username_input = driver.find_element_by_name("username")
5   password_input = driver.find_element_by_name("password")
6   submit_button = driver.find_element_by_name("submit")
7   username_input.send_keys("testuser")
8   password_input.send_keys("testpassword")
9   submit_button.click()
10  welcome_message = driver.find_element_by_xpath("//h1[contains(text(),'欢迎')]")
11  assert welcome_message is not None,"登录失败"
12  driver.quit()
```

大语言模型在自动生成 Selenium WebDriver UI 测试脚本时可能会遇到一些难点。
- 定位元素：Selenium 依赖于浏览器驱动程序来定位和操作网页元素。不同的浏览器驱动程序可能有不同的 API 和实现方式。大语言模型可能会在自动生成测试脚本时难以处理复杂的元素定位。

- 元素交互：Selenium 支持多种元素交互操作，如单击、输入、选择、拖拽等。大语言模型可能会在自动生成测试脚本时难以处理复杂的元素交互操作。
- 等待和延迟：在 Selenium 中，你可以使用 WebDriverWait 和 Timeout 类来等待元素出现或操作完成。大语言模型可能会在自动生成测试脚本时难以处理等待和延迟逻辑。
- 异常处理：Selenium 支持使用 try-except 语句来处理异常。大语言模型可能会在自动生成测试脚本时难以处理复杂的异常处理逻辑。
- 页面加载和渲染：Selenium 需要等待页面加载和渲染完成才能进行元素定位和操作。大语言模型可能会在自动生成测试脚本时难以处理页面加载和渲染等待。
- 浏览器兼容性：Selenium 支持多种浏览器，如 Chrome、Firefox、Edge 等。大语言模型可能会在自动生成测试脚本时难以处理浏览器兼容性问题。
- 测试数据驱动：Selenium 支持使用 JSON 文件或其他数据源来驱动测试脚本的执行。大语言模型可能会在自动生成测试脚本时难以处理复杂的数据驱动逻辑。
- 截图和日志：Selenium 支持在测试过程中截图和记录日志。大语言模型可能会在自动生成测试脚本时难以处理截图和日志记录操作。

利用大模型生成 JMeter 性能测试脚本是一种高效的方法，可以快速搭建性能测试框架。同样，首先需要明确性能测试的目标，如并发用户数、请求速率、响应时间等，确定要测试的 API 端点或 Web 页面。根据测试目标，编写大模型提示词提示，包括测试的类型（如 HTTP 请求）、参数、循环次数、线程组设置等。将准备好的提示词输入大模型中，请求生成 JMeter 测试脚本。大模型输出一个 XML 测试脚本。仔细审查生成的脚本，检查配置是否正确，逻辑是否符合测试需求。根据实际情况调整线程组、循环控制器、定时器等元素。将生成的 XML 脚本导入 JMeter 中，在 JMeter 中检查和配置测试计划。在 JMeter 中执行测试脚本，同时监控测试结果，使用 JMeter 的监听器组件来收集和查看测试数据。

本章练习

1. 针对一个开源项目，完成应用接口分析和模块集成训练，实施不同的集成测试策略，对比不同集成测试策略的区别，撰写项目报告。

2. 针对一个开源项目，完成应用接口和应用分析，手工编写 Postman 测试脚本、Selenium 测试脚本和 JMeter 测试脚本，撰写项目报告。

3. 针对一个开源项目，完成应用接口和应用分析，采用大模型自动生成 Postman 测试脚本、Selenium 测试脚本和 JMeter 测试脚本，分析潜在问题，并撰写项目报告。

4. 针对上述项目，分析单元测试、接口测试、集成测试三者的关联和区别，并撰写项目报告。

5. 将上述项目的单元测试、接口测试和集成测试，融入一个持续集成工具链和项目过程中。

第 9 章
Chapter 9

回归测试

回归测试可以验证在修改或添加新功能后，原有的功能仍然能够正常运行，不会受到负面影响。这对于确保软件质量至关重要，因为新功能的开发可能会引入新的问题或破坏现有功能的稳定性。回归测试可以帮助开发人员及时发现和修复代码修改可能导致的潜在问题。这些问题可能包括编译错误、运行时错误、性能下降等，回归测试可以确保这些问题在修改代码后得到解决。回归测试还有助于降低软件维护成本，因为它可以确保在修改代码时不会引入新的错误，从而减少修复问题的成本和时间。

9.1 节介绍回归测试的概念、定义和若干理论性质。9.1.1 节首先介绍回归测试的目标，形式化定义了回归测试和回归测选择两个基本概念，引入修改揭示测试和修改遍历测试，为后续的分析提供基础。9.1.2 节介绍回归测试的一个评估分析框架，定义了回归测试的四个重要性质，即包容性、准确性、效率和泛化，并对常用回归测试方法进行了分析和讨论。9.1.3 节介绍回归测试的另一个重要内容：测试优先级。可以将测试优先级看作测试集约简的拓展，本节重点介绍测试优先级的评估指标 APFD 的定义及含义，并讨论了基于不同覆盖类型的测试优先级方法及应用。

9.2 节介绍回归测试的常用类型。9.2.1 节介绍回归测试的最常用程序分析辅助手段：程序切片。结合数据流图分析介绍了向后和向前切片两种基本方法，并讨论如何基于程序切片实现回归测试。9.2.2 节介绍回归测试的一个重要内容：测试集约简。这类最优化问题是 NP-难的，工程上常用近似求解。本节重点介绍一种退化的整数线性规划进行求解。9.2.3 节介绍采用程序切片和执行剖面聚类分析的混合回归测试方法。测试执行剖面结合合适的距离度量实现测试聚类，采用程序切片进行修改目标影响过滤，进一步实现高效的回归测试选择。

9.3 节详细介绍聚类抽样回归测试，记录特定的执行剖面进行聚类测试选择，可应用于大规模复杂系统难以获取详细覆盖信息的场景。在该类技术中，聚类抽样策略是关键。9.3.1 节介绍一种动态聚类抽样策略 ESBS，从每个测试类簇中反复选择最大可疑度测试进行审查。测试的可疑性采用同一聚类中的执行频谱信息进行迭代计算。9.3.2 节介绍一种加权聚类抽样策略 WAS，通过软件缺陷定位计算出包含 Bug 可能性来使用加权执行剖面进行一次以上的迭代抽样。9.3.3 节介绍一种半监督聚类抽样策略，采用半监督聚类方法 SSKM 的成对约束 Must-link 和 Cannot-link 实现测试距离空间向领域经验知识和已知测试结果的逼近。

9.1 回归测试概述

回归测试（regression testing）主要用于验证软件在经过修改或更新后，原有的功是否仍然正常运行，同时检测是否有新的缺陷引入。首先介绍回归测试的目标和基本概念。识别最新代码更改的影响和风险是构建稳定回归测试的关键。代码人工审查用于确定已更改的组件或模块以及它们对现有功能的影响，也可以利用版本控制系统和相关程序分析工具来比较旧代码和新代码之间的差异来实现自动化影响分析。然后介绍回归测试的四种评估方法，包括完备性、准确性、效率和通用性。最后介绍回归测试的定理度量方法优先级 APFD。

9.1.1 目标与定义

回归测试的主要目的是确保软件在修改过程中不会破坏原有的功能和性能。每当代码发生更改并且需要确定修改后的代码是否会影响软件应用的其他部分时，就需要进行回归测试。当向软件应用添加新功能时，也需要进行回归测试。这是为了检查这些变化是否影响了其他功能。开发者在修复任何功能的错误问题后也会执行回归测试。这是为了确定在修复问题时所做的更改是否影响了其他相关功能。

回归测试可以全量执行原有测试集。实践中为了提高效率，常常选择一部分测试进行回归，称为回归测试选择。回归测试选择从测试集中执行一些选择的测试，以测试修改的代码是否影响了待测软件。程序变更后的影响分析是指在软件开发过程中，对代码进行修改或更新后，分析这些变更对软件系统其他部分可能产生的影响。首先需要分析变更的内容，了解修改了哪些代码或变更了哪些功能。例如，在一个电子商务网站中，开发团队更新了购物车模块的代码，以实现新的促销活动。这个变更涉及购物车模块的计算逻辑和数据存储。根据变更内容，评估变更对其他模块或组件的影响范围。在更新购物车模块的代码后，开发团队发现订单处理模块需要与购物车模块进行交互，以获取最新的商品信息和优惠计算。因此，更新购物车模块可能会对订单处理模块产生影响。

程序变更后的影响分析是回归测试的重要一环。可以采用人工或者自动化工具进行影响分析，也可以采用代码分析工具和测试覆盖分析工具进行代码修改影响分析，进而为回归测试做准备。有时在开发过程开始后，客户提出的需求也可能发生变化。这时开发者已经编写了一些代码，由于需求的变化，需要修改代码，而且开发过程中可能涉及多个开发者。在某些情况下，由于多个开发者提交代码，跟踪不同模块中的更改影响非常困难。

为了严格讨论后续各类回归测试技术，本节采用以下常用记号：原始规格 S、原始程序 P 和原始测试集 T，以及修改规格 S'、修改程序 P' 和修改测试集 T'。不失一般性，对于 S 来说，假设 T 在 P 上都是能 Pass 的测试用例。假如存在原始失效测试，可以暂且移除另做其他讨论。在这些假设前提下，回归测试定义如下。

> **定义 9.1　回归测试**
> 给定 S、P、S'、P' 和 T，尽可能低成本构造 T' 满足回归测试需求集 R。　♣

定义中的回归测试需求集通常是为了尽可能多地检测缺陷，在分析中往往难以直接获得缺陷信息，因此常常采用某种覆盖准则代替。定义中尽可能低成本构造 T' 意味着尽可能复用 T 中的原有测试。$T'-T$ 是新增的测试，在回归测试中称为测试集扩增。$T-T'$ 是丢弃的测试，这些测试可能是冗余的，也可能已经无法使用。对于无法使用的测试进行修复也是回归测试的一个重要内容。由于上述定义过于宽泛，实践中限定若干场景进行讨论。$S \neq S'$ 且 $P=P'$，此时程序不变，但规格需求发生了变化，回归测试验证原有程序是否依然能满足新的规格需求。然而，更多的场景是 $S=S'$ 且 $P \neq P'$，此时规格需求不变，对程序进行了修改（如缺陷修复），回归测试验证是否修复了缺陷并且没有引入新的缺陷。本节重点讨论的场景是 $S=S'$ 且 $P \neq P'$。特别地，定义回归测试选择如下。

> **定义 9.2　回归测试选择**
> 给定 $S=S'$、$P \neq P'$ 和 T，低成本构造 $T' \subseteq T$ 满足回归测试需求集 R。　♣

对于原始程序 P 和修改程序 P'，回归测试选择都试图从原始测试集 T 中选择一个子集 T'，该测试子集对于确保修改程序 P' 的验证是有帮助的。实践中，回归测试选择都关注于在 T 中选择能够发现 P' 中缺陷的那些测试。

> **定义 9.3　故障发现测试**
> 对于 $t \in T$，如果 $S(t) \neq P'(t)$，则称 t 对于 P' 来说是故障发现测试。　♣

如果一个测试 t 导致 P' 失效，那么称 t 可以检测到 P' 的缺陷。回归测试选择 T 中所有的故障发现测试，因此尽可能检测 P' 缺陷。但这在资源有限的工程应用中，往往是不现实的。

> **定义 9.4　修改发现测试**
> 对于 $t \in T$，如果 $P(t) \neq P'(t)$，则称 t 对于 P' 来说是修改发现测试。　♣

如果一个测试 t 导致 P 和 P' 的输出不同，那么 t 对于 P 和 P' 来说是修改发现的。通过满足以下两个假设，可以找到 T 中对于 P' 来说具有检测缺陷的测试，即找到对于 P 和 P' 来说具有修改发现的测试。回归测试的定义中，隐含了 T 中的每个测试 t 对于 P 都是通过的

（即正确的）。而且实践中，通常删除 T 中在 P' 无法运行的那些测试。因此，剩余的测试对于 P'，修改发现等同于缺陷检测。

上述假设成立也不能保证精确地识别 T 中对于 P 和 P' 具有发现修改的测试。考虑 T 中这样的子集：修改遍历测试。

> **定义 9.5 修改遍历测试**
>
> 对于 P 和 P'，如果一个测试 $t \in T$ 在 P' 中执行新的或修改过的代码，或者以前执行的代码已从 P 中删除，则称 t 是 P' 的修改遍历测试。 ♣

修改遍历测试在实践中是有用的，根据 PIE 模型，只有当它对于 P 和 P' 是修改遍历时，它才可能对于 P 和 P' 具有修改发现作用。一个受控的回归测试通常假设，当使用 t 测试 P' 时，将除了 P' 中的代码之外可能影响 P' 输出的所有因素保持恒定，这些因素处于使用 t 测试 P 时的状态。

不幸的是，精确识别对 P 和 P' 具有修改遍历的测试 t 的算法的最坏情况运行时间是指数级的。此外，除非 $P=NP$，否则不能期望找到一个高效的算法来精确识别对 P 和 P' 的修改遍历的测试。然而，即使在一般情况下精确识别对 P 和 P' 修改遍历的测试也是不可行的。工程实践中通常采用近似方法。

完美的回归测试并不总是实际可行的。例如，如果将 P 移植到另一个系统上创建 P'，此时难以保证除了代码以外的其他因素保持不变。回归测试的外部因素不变假设动摇后，选择修改遍历测试就可能会遗漏修改发现测试。例如，如果新系统可用于动态分配的内存比旧系统少，P' 可能会在对不具有修改遍历能力的测试上失效。还有其他影响此假设在实践中可行性的因素，例如程序的非确定性、时间依赖性以及与外部环境的交互等。然而，即使无法使用完美的回归测试，修改遍历测试仍可能构成一个有用的测试集。必须选择 T 的子集时，执行更改代码的测试比不具有修改遍历能力的测试更适合回归测试。

本书采用 $T=\{t_1,\cdots,t_n\}$ 表示测试集，T' 类似。采用 $R=\{r_1,\cdots,r_m\}$ 来表示测试需求集。R 中的需求可以是功能需求、代码覆盖需求或者是缺陷检测需求等。当然，这里假设 R 中的每个测试需求都是可行的。测试和测试需求之间的关系可以表示为一个二分图 (T,R,E)，其中 T 和 R 是两个不相交的顶点集合，E 是连接 T 和 R 的边的集合。给定 $T=\{t_1,\cdots,t_n\}$ 和 $R=\{r_1,\cdots,r_m\}$，两者的满足关系也可以用二维表格或矩阵表示。例如，图 9.1 所示的二分图也可以表示为表 9.1。

表 9.1 测试与测试需求表

	r_1	r_2	r_3	r_4	r_5	r_6	r_7	r_8	r_9
t_1	0	0	1	0	0	0	0	1	0
t_2	0	0	0	1	0	0	0	1	1

（续）

	r_1	r_2	r_3	r_4	r_5	r_6	r_7	r_8	r_9
t_3	1	0	1	0	0	0	0	0	1
t_4	0	1	0	1	0	0	0	0	1
t_5	1	1	0	0	0	0	1	0	0
t_6	1	1	0	0	0	1	0	0	0
t_7	0	0	0	0	1	0	1	0	0
t_8	1	0	0	0	0	1	0	0	0

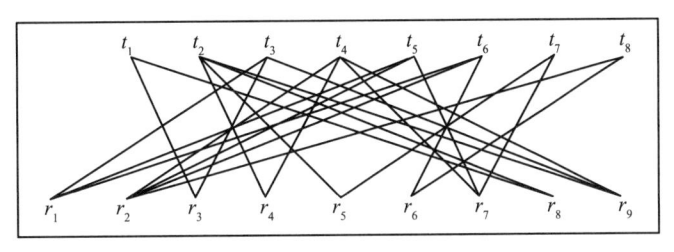

图 9.1 测试与测试需求示意图

为了后续讨论方便，将 r_i 表示为 T 的一个子集，即满足这个需求的所有测试的集合。例如，$r_1 = \{t_3, t_5, t_8\}$。如果存在一个测试满足测试需求 r，则称 r 是可行的。不失一般性，假设所有测试需求都是可行的，因为删除不可行的测试需求即可。同理，将 t_i 表示为 R 的一个子集，即这个测试能够满足的需求的集合。例如，$t_1 = \{r_3, r_8\}$。回归测试选择可以简化为这个模型。读者可以尝试选择一个 T 的子集 T'，T' 满足测试需求集 R，并进一步思考如何计算和判断 T' 是最小子集。

回归测试中，开发者与测试人员之间的沟通非常重要。有时，测试人员不会收到有关需求变更的通知，他们将在没有任何有关变更信息的情况下继续测试过程。这是一种浪费时间和资源的行为。进行影响分析后，测试人员将根据需求的变化或系统中添加的新功能开始创建或修改测试。此分析将帮助测试人员决定要重点测试的区域，并可以优先考虑测试，从而提高测试效率。读者可以参考一些回归测试最佳实践来指导工程应用。

- **减少回归影响**：小规模和频繁的发布。由于对现有应用程序代码进行更改可能会出现回归问题，因此，版本中代码更改越多，回归影响增加的可能性就越大。鼓励开发团队小步快跑进行代码更新。
- **理解待测软件**：质量保障人员应深入理解待测软件，了解哪些区域更容易因新的变化而出现问题。可以通过为模块构建故事卡并将它们连接起来以描述相关模块，从而理解这一点。
- **QA 参与代码审查**：QA 参与代码审查总是有益的。尽管他们没有必要深入研究代码，但这有助于理解代码更改区域，也有助于找出回归问题可能受影响的区域。

- **使用缺陷跟踪系统**：重点关注更频繁的发布，跟踪所有未按预期工作的内容以形成回归测试计划。采用缺陷跟踪系统并尽可能进行详细记录，为后续自动化回归测试提供基础。
- **自动化回归测试**：回归测试是一项持续性工作。建议部署一个自动化工具框架来管理和运行回归测试，并快速识别和修复问题，提高测试效率和质量。

9.1.2 回归测试评估

对于大型软件系统，测试集是功能性的，测试的目标不是单纯为了代码覆盖，而是具备明确的功能行为。当测试集具备功能性时，不应该从 T' 中省略可能在 P' 中检测缺陷的测试，即使它们可能已经由其他测试执行了相同的代码。尽管许多回归测试选择技术旨在选择满足某些测试充分性度量的测试，但在缺陷检测能力方面，全面评估这些方法是重要的。本节介绍一个回归测试评估体系，它包括四个方面：完备性、准确性、效率和通用性。

所有基于代码的回归测试都试图从 T 中选择一个子集 T'，该子集有助于建立对 P' 被正确修改且 P' 的功能被保留的某种信心。从这个意义上说，所有基于代码的回归测试都关注在 T 中能够暴露 P' 中故障的那些测试。因此，评估回归测试选择检测故障的能力是合理的。前面已经讨论过，尽管存在工程假设的瑕疵，回归测试中选择修改遍历测试依然是有用的。根据 PIE 模型，触发缺陷代码是检测到缺陷的基本前提。

首先从修改发现测试度量回归测试能力。假设 RTS 是一种回归测试选择方法，完备性衡量 RTS 从 T 中选择发现修改的测试并包含在 T' 中的程度。

> **定义 9.6　回归测试完备性**
>
> 假设 T 包含 n 个对 P' 的发现修改测试，且 RTS 从 T 中选择了 m 个测试作为 T'，则该方法 RTS 的完备性为 $\frac{m}{n}*100\%$（如果 $n=0$，则为 100%）。　♣

例如，如果 T 包含 50 个测试，其中有 8 个对 P' 修改发现测试，RTS 选择了其中的 2 个测试，则 RTS 的完备性为 25%。如果 T 不包含发现修改的测试，则任何回归测试选择都是 100% 包容的。如果 RTS 始终选择所有发现修改的测试，称 RTS 是安全的。也就是说，如果 RTS 的完备性是 100%，则 RTS 对于 P、P' 和 T 是安全的。

对于任意的 P、P' 和 T，直接计算 RTS 对于 P、P' 和 T 的完备性是困难的。然而，仍然可以就回归测试完备性得出有用的结论。可以通过证明 RTS 选择的是已知的修改发现测试的超集来证明 RTS 是安全的。如果 RTS 选择了所有遍历修改的测试，那么 RTS 是安全的。还可以通过实验来近似计算 RTS 相对于特定选择的 P、P' 和 T 的完备性，包括在 P、P' 和 T 上运行 RTS 以生成集合 T'，然后在 T 的每个测试上运行 P'，以确定哪些测试是修改发现测试。

完备性和安全性是重要的衡量指标。如果 RTS 是安全的，则 RTS 选择了在 T 中发现 P'

的有效测试，如果 RTS 不是安全的，则可能会忽略发现缺陷的测试。此外，如果 RTS1 和 RTS2 是两个回归测试选择方法，并且 RTS1 比 RTS2 更具完备性，则 RTS1 比 RTS2 更有能力发现缺陷。

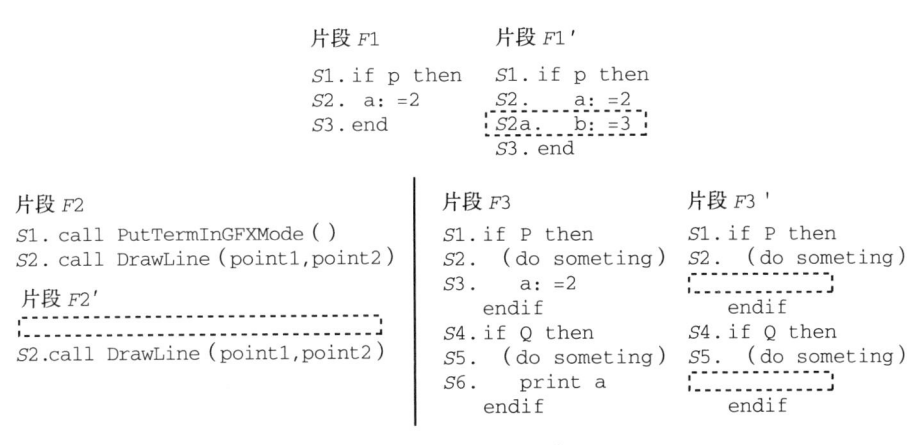

回归测试选择技术考虑了修改代码的影响。然而，为了评估一种技术的全面性，还必须考虑新代码和删除代码的影响。当将新代码添加到 P 中创建 P′ 时，T 中可能已经包含由于该代码而能够发现修改的测试。例如，考虑图 9.2 中的代码片段。在没有其他修改的情况下，任何执行片段 F1 中语句 S2 的测试必然会执行片段 F1′ 中的语句 S2a，并且根据其随后遇到的语句可能会发现修改。类似地，当将删除代码从 P 中删除以创建 P′ 时，T 中可能包含由于这些删除代码而能够发现修改的测试。例如，考虑图 9.2 中显示的代码片段。在左侧的示例中，片段 F2 中的语句 S1 被删除，从而得到片段 F2′。在没有其他修改的情况下，任何执行 F2 中的 S1 的测试都可能会在 F2′ 中产生不同的输出。在右侧的示例中，从片段 F3 中删除了两个语句，从而得到片段 F3′。在没有其他修改的情况下，任何同时 P 和 Q 都为真的测试可能会在 F3′ 中产生不同的输出。如果 RTS 没有考虑新代码和删除代码的影响，可以找到添加或删除代码的示例，证明 RTS 不是安全的。

```
片段 F1              片段 F1′
S1.if p then        S1.if p then
S2.  a: =2          S2.   a: =2
S3.end              S2a.  b: =3
                    S3.end

片段 F2                              片段 F3                片段 F3′
S1.call PutTermInGFXMode( )          S1.if P then          S1.if P then
S2.call DrawLine(point1,point2)      S2. (do someting)     S2. (do someting)
片段 F2′                              S3.   a: =2
                                     endif                 endif
S2.call DrawLine(point1,point2)      S4.if Q then          S4.if Q then
                                     S5. (do someting)     S5. (do someting)
                                     S6.   print a
                                     endif                 endif
```

图 9.2　回归测试示例

回归测试选择准确性衡量了一个 RTS 方法忽略了哪些非修改发现测试的程度。

> **定义 9.7　回归测试准确性**
>
> 假设 T 包含了 P 和 P′ 的 n 个非修改发现测试，RTS 的回归测试集剔除了其中 m 个非修改发现测试，则 RTS 的准确性为 $\frac{m}{n}*100\%$（如果 n=0，则为 100%）。♣

例如，如果 T 包含了 50 个测试，其中有 44 个是非修改发现测试，一个回归测试选择方法 RTS 剔除（不包含）其中的 33 个测试，RTS 的准确性是 75%。如果 T 不包含任何非修改检测的测试，则所有回归测试选择的准确性都是 100%。

回归测试的准确性度量是有用的，因为它衡量了 RTS 避免选择无法产生不同程序输出的测试的程度。与完备性一样，难以直接计算一个回归测试选择方法 RTS 的准确性。然而，依然可以通过准确性间接分析得出有用的结论。可以通过找到一个 RTS 选择了非修改检测的测试的案例来证明 RTS 是不精确的，也可以使用实验来比较相对准确性。如果能够展示 RTS 剔除了非修改发现测试的超集，那么就可以证明 RTS 是完全准确的。

直观上来说，完备性度量了回归测试的检测能力，而准确性度量了回归测试的执行效率。两者在实践中是相互矛盾的。通过空间和时间需求来衡量回归测试选择技术的效率。就时间效率而言，如果选择测试集 T' 的成本低于运行 $T-T'$ 中测试的成本，则测试选择技术比重新运行所有测试的技术更经济。空间效率主要取决于测试历史和程序分析信息技术必须存储的内容。因此，空间和时间效率都取决于技术选择的测试集的大小以及该技术的计算成本。

> **定义 9.8　回归测试效率**
>
> 一个回归测试选择方法的效率通过成本进行反向度量，RTS 的成本 = 测试选择成本 + $k*$ 测试执行成本，其中 k 是一次测试选择后重复执行该回归测试的次数。♣

回归测试生命周期大概分为两个阶段。初步阶段始于软件某个版本的发布。在这个阶段，开发者会改进和修正软件。当修正完毕时，开始回归测试的关键阶段。在这个阶段，回归测试是主要的活动；其时间受制于产品发布的截止日期，有时限制非常严格。在这个阶段，成本最小化对于回归测试非常重要。回归测试选择可以利用回归测试生命周期的不同阶段。例如，在关键阶段需要测试历史和程序分析信息，可以通过在初始阶段收集一部分信息来降低关键阶段的成本。在评估测试选择技术的效率时，区分在回归测试的初步阶段和关键阶段所产生的成本。

评估测试选择效率时还需要考虑其可自动化程度。人力成本昂贵，需要过多人工交互的技术是不切实际的。人工与机器的相对成本可能会产生这样的情况：即使测试选择所需的时间比重新测试所有方法更长，测试选择也更可取。例如，假设需要两个小时的测试分析时间来确定可以节省一个小时的测试执行时间。如果测试分析是完全自动化的，而测试执行需要大量人工交互，并且可以承受测试分析时间，那么回归测试选择更可取。

技术的通用性指的是技术在不同应用场景、不同行业或不同需求下能够被广泛使用的程度。评估一项技术的通用性一般可以从适应性、兼容性和可扩展性等方面进行综合考虑。具体到回归测试的通用性，可以采用以下评估方法。

> **定义 9.9　回归测试通用性**
>
> 一个回归测试选择方法的通用性可以通过依赖性进行反向度量，RTS 的依赖性包括工程环境依赖、工具依赖、人员依赖。♣

回归测试选择技术常常依赖各种工程环境。例如，回归测试可能依赖于测试管理系统、版本控制系统、缺陷跟踪系统和持续集成平台，也会在一定程度上依赖于外部的硬件、软件和网络配置的测试环境。一般来说，回归测试选择技术尽可能要脱离上述工程环境依赖。回归测试选择技术还不可避免地依赖需求分析工具、程序分析工具和自动化测试工具。例如，一种需要按函数收集跟踪的方法比需要按语句收集覆盖的方法更加通用。因此在实践中，回归测试通常在子系统或程序的函数间级别上执行。那么依赖于特定的程序分析工具的测试方法比不依赖此类工具的技术而言会受到更多限制。例如，需要收集测试跟踪信息比不需要此类信息的测试方法更加受限。尽可能选择通用的工具链以适用不同待测软件应用，是回归测试选择需要考虑的问题。任何一项技术的通用性都极大受限于人员的水平。尽可能选择市场上具备广泛认可度和容易获取的技术和工具。这里我们特别推荐使用开源社区。在开源社区，选择易于新用户上手和学习曲线较缓的技术和工具，并要考虑该工具是否有丰富的学习资源和社区支持。

9.1.3 回归测试优先级

完整执行回归测试集可能会非常昂贵，因此测试工程师可能会根据某种衡量标准对回归测试进行优先级排序，使更重要的测试先于其他测试执行。测试优先排序的一个潜在目标是增加测试集的故障检测率，即测试过程中测试集快速检测到错误的能力。提高故障检测率可以更早地为被测试系统提供反馈，使得早期调试成为可能，并增加在测试过程提前终止时那些在可用测试时间内具有最大错误检测能力的测试被执行的可能性。

PT 表示 T 的所有可能的优先级排序，f 是一个函数，对于任何这样的排序，可以得到该排序的目标度量值。测试优先级（或简称测试优先级）问题定义如下。

> **定义 9.10　测试优先级**
>
> 给定一个测试集 T，T 的排序集合为 PT，函数 f 将 PT 的每个元素映射到实数。寻找一个 T 的排序 $pt \in PT$，$\forall pt' \in PT : f(pt) \geq f(pt')$。 ♣

测试优先级也可用于软件的初始测试。这两种应用之间的一个重要区别是：在用于回归测试时，优先级技术可以利用先前的回归测试集运行的信息，为随后的测试运行优先级排序；而在用于初始测试时，这样的信息是不可用的。

在常规测试优先级中，给定程序 P 和测试集 T，测试优先级考虑 T 中的测试顺序，以找到在后续修改的 P 版本序列中有用的顺序。因此，常规测试优先级可以在发布程序的某个版本后，在非高峰时段进行，并且进行优先级排序的成本可以分摊到随后的版本发布中。期望结果是，得到的测试优先级在平均情况下比原始顺序更成功地实现优先级的目标。

在特定版本的测试优先级中，给定程序 P 和测试集 T，优先级考虑 T 中的测试顺序，以找到在特定版本 P' 上有用的顺序。特定版本的优先级排序在对 P 进行一系列更改后，以及在回归测试 P' 之前进行。由于这种优先级排序是在 P' 可用之后进行的，必须注意防止优先级排序的成本过高，以至于过度延迟了回归测试。相比于常规测试优先级生成的测试顺序，这种方法在特定版本 P' 上实现优先级目标时可能更有效，但在随后的版本发布中可能平均效果较差。

为了量化测试优先级的缺陷检测率，引入了一个度量 APFD，用于衡量测试顺序检测到的缺陷百分比的加权平均值。APFD 值的范围为 0～100，较高的数值意味着较高的缺陷检测率。设 T 为一个包含 n 个测试的测试集，F 是由 T 揭示的 RTS 个缺陷的集合。设 TF_i 为在排序 pt 中首先揭示缺陷 i 的测试。对于测试顺序 pt，其 APFD 由以下方程给出：

$$APFD = 1 - \frac{TF_1 + TF_2 + \cdots + TF_m}{nm} + \frac{1}{2n} \qquad (9.1)$$

下面用一个例子来说明 APFD。考虑一个具有 10 个测试 A～J 的集合，待测程序包含 8 个缺陷，检测对应情况如表 9.2 所示。考虑两种测试优先级，排序 pt1（A-B-C-D-E-F-G-H-I-J）和排序 pt2(I-J-E-B-C-D-F-G-H-A)。图 9.3 显示了两种排序下检测到的缺陷的百分比。对于这两个顺序，缺陷检测的比例有所不同。图中矩形（虚线框）的面积表示在相应的测试集比例下检测到的缺陷的加权百分比。连接矩形顶点的实线插值表示检测缺陷的百分比增益。因此曲线下的面积表示测试优先级在整个生命周期内检测缺陷的加权平均百分比。

表 9.2　APFD 计算示例

测试	缺陷							
	1	2	3	4	5	6	7	8
A								
B	•	•						
C	•	•	•					
D		•						
E	•							•
F								
G		•						
H				•				
I	•	•	•	•	•			
J					•	•	•	

在测试优先级 pt1 中（图 9.3 左），执行第一个测试 A 未检测到任何缺陷，但在执行测试 B 后，8 个缺陷中有 2 个被检测到。因此，在使用了测试优先级 pt1 的 0.2 部分之后，已经检测到了 25% 的缺陷。在执行测试 C 后，又检测到一个缺陷。因此，在使用了测试优先级的 0.3 部分之后，已经检测到了 37.5% 的缺陷。相比之下，测试优先级 pt2（图 9.3 右）能够更快速地检测缺陷。测试前 0.1 部分就检测到了 62.5% 的缺陷，前 0.3 部分则检测到了

100%的缺陷。事实上，pt2是测试集的最优顺序，能够最早地检测到最多的缺陷。这两个测试顺序的结果 APFD 分别为 43.75% 和 90.0%。

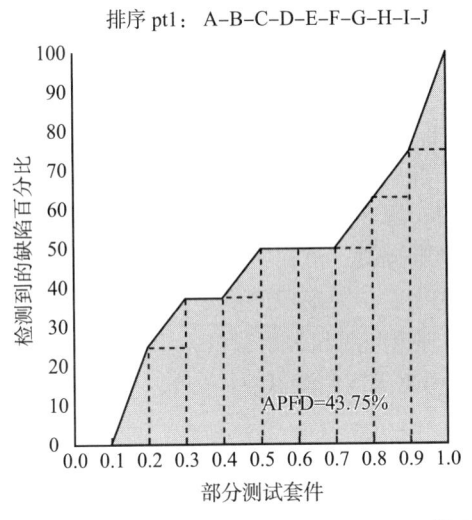

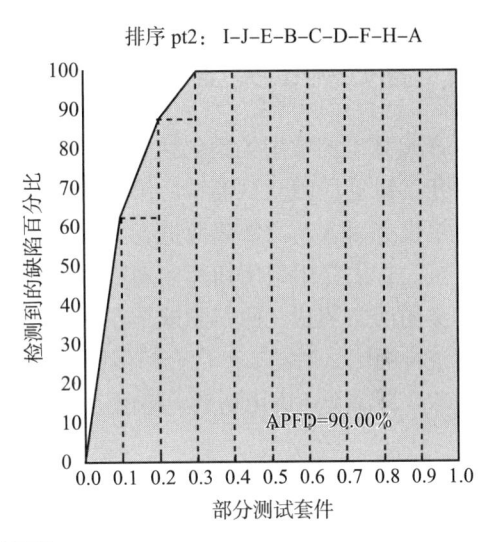

图 9.3 APFD

测试优先级排序是提高回归测试成本效益的关键技术之一。根据特定的标准重新排列执行的测试，使具有较高优先级的测试较早执行。测试优先级排序的目的是增加测试在特定顺序下更可能满足某些目标的概率。测试优先级有许多可能的目标，最重要的目标是增加在测试过程中尽早发现缺陷的可能性。当然，实践中缺陷不能被预先知道，因此常用覆盖准则作为目标。

- **总语句覆盖优先级**：在已知测试的语句覆盖情况后，可以按照覆盖的语句总数对测试进行优先级排序，以达到覆盖率最高的测试为先。如果多个测试覆盖相同数量的语句，则随机。给定一个包含 RTS 个测试和 n 个语句的测试集，总语句覆盖优先级排序的时间复杂度为 $O(mn+m \log m)$。通常情况下，n 大于 RTS，因此这等价于 $O(mn)$。
- **额外语句覆盖优先级**：依赖于有关测试的覆盖情况的反馈信息，以便重点关注尚未覆盖的语句。该技术贪婪地选择一个能够提供最大语句覆盖的测试，然后调整有关后续测试的覆盖数据，以引导它们关注尚未覆盖的语句，然后进行迭代，直到所有语句都被覆盖。对于包含 RTS 个测试和 n 个语句的测试集和程序，额外语句覆盖优先级排序的成本为 $O(m^2n)$，比总语句覆盖优先级排序多出一个因子 RTS。

上述测试优先级排序技术代表了一系列不同方法，其中一个方面是粒度，以功能级和语句级来考虑。粒度不仅会影响计算和存储的相对成本，它还可能会影响这些技术的相对有效性。总语句覆盖优先级和额外语句覆盖优先级可以扩展为总分支覆盖优先级和额外分支覆盖优先级，以及总函数调用优先级和额外函数调用优先级。虽然语句覆盖看起来比函数调用更加细致,但在工程实践中的性价比未必高。从经验来看,额外语句覆盖优先级一般比总要好,但计算成本相对较高。不同测试优先级在实用性方面也有所不同。

9.2 回归测试类型

回归测试的常用类型包括整体回归、局部回归、增量回归、分层回归等。本节从更宽泛的角度讨论回归测试类型。第一种是传统意义的回归测试,是指软件发生变更后,为确保变更没有引入新的缺陷而进行的测试活动。此时,应该对软件变更内容进行针对性的回归测试。首先介绍采用切片实现程序代码的变更影响分析,进而实现回归测试。另外一种是广义的回归测试,回归测试是在软件环境发生变化后,为确保环境变化没有引入新的缺陷而进行的测试活动。然后介绍回归测试集约简的理论问题和常用策略,如聚类回归测试。最后综合考虑上述应用场景,提出了基于切片过滤的聚类回归测试。

9.2.1 切片回归测试

尽管软件在开发过程中可能已经经过完整测试并满足了指定测试准则,但在维护过程中,程序的更改要求对软件的部分模块进行重新测试。回归测试是验证软件修改部分的过程,并确保在先前测试过的代码中不引入新的错误。除了测试修改后的代码之外,回归测试还必须重新测试受到更改影响的程序部分。选择性回归测试的方法尝试识别并重新测试仅受到更改影响的程序部分。选择性回归测试中存在两个重要问题:识别必须重新运行的现有测试,因为它们可能在更改后表现出不同的行为;识别必须重新测试以满足某种覆盖准则的程序组件。切片技术在软件回归测试中是一种将程序划分为更小、更易于管理的部分的方法,以便在修改代码后快速而有效地进行测试。

切片回归测试的基本步骤如下。

1)首先在代码库中确定最近发生变更的部分,这些变更可能是由于新功能添加、缺陷修复或性能优化等引起的。

2)分析变更点可能影响的代码区域,这通常涉及代码的控制流和数据流。

3)使用切片技术,根据变更点创建代码的子集。切片可以基于控制流(如函数调用链)、数据流(如变量使用)或其他逻辑。

4)从现有的测试集合中选择那些覆盖了切片的测试。如果现有测试不足以覆盖切片,则需要编写新的测试。

5)运行所选的测试,确保变更没有引入新的缺陷。分析测试结果,确定是否有缺陷被引入。根据测试结果和代码变更的历史数据,调整切片策略以提高测试效率和覆盖率。

实践中通常利用程序中的数据流来识别更改后需要重新测试的组件,实现回归测试选择技术。在数据流测试中,变量赋值通过执行从赋值(即定义 def)到使用变量值的点(即使用 use)的子路径的测试来进行验证。传统的数据流分析技术用于计算定义 - 使用

(def-use)关联,并使用测试数据充分性准则来选择特定的定义-使用关联进行测试,然后生成一些导致通过这些选定的定义-使用关联执行的测试。数据流测试的回归测试选择技术首先识别受到更改影响的定义-使用关联,然后选择满足这些受影响的定义-使用关联的测试。

传统的基于控制流图表示的数据流分析技术用于计算定义-使用关联。在控制流图中,每个节点对应一个语句,每个边表示语句之间的控制流。变量的定义和使用附加在控制流图的节点上,数据流分析借助这些定义和使用来计算定义-使用关联。使用被分类为计算使用(c-use)和谓词使用(p-use)。当在计算语句中使用变量时发生 c-use;当在条件语句中使用变量时发生 p-use。定义-使用关联由三元组 (s,u,v) 表示,其中变量 v 在语句 s 中被定义,并在语句或边 u 中被使用。

在图 9.4 中,定义显示为赋值语句左侧的变量,使用显示为赋值语句右侧的变量或谓词中的变量。图中节点 7 包含节点 4 中变量 X 的 c-use,三元组 $(4,7,X)$ 表示这个定义-使用关联,节点 7 还包含节点 6 中变量 X 的 c-use,三元组 $(6,7,X)$ 表示这个定义-使用关联。图 9.4 中,节点 5 包含对节点 2 和节点 3 中变量 A 的 p-use,因此在离开条件节点 5 的每条边上都有定义-使用关联,三元组 $(2,(5,6),A)$、$(2,(5,7),A)$、$(3,(5,6),A)$ 和 $(3,(5,7),A)$ 表示这些定义-使用关联。测试数据充分性准则用于选择特定的 def-use 关联进行测试。其中一个准则 all-du-paths,要求对每个变量的定义在每个无循环子路径上进行测试,直到每个可达的使用。另一个准则 all-uses 要求对每个变量的定义在至少一个子路径上进行测试,直到每个使用。其他准则,如 all-defs,则要求测试较少的 def-use 关联。

定义-c-use关联
$(4, 7, X)$
$(6, 7, X)$

定义-p-use关联
$(2,(5, 6), A)$
$(2,(5, 7), A)$
$(3,(5, 6), A)$
$(3,(5, 7), A)$

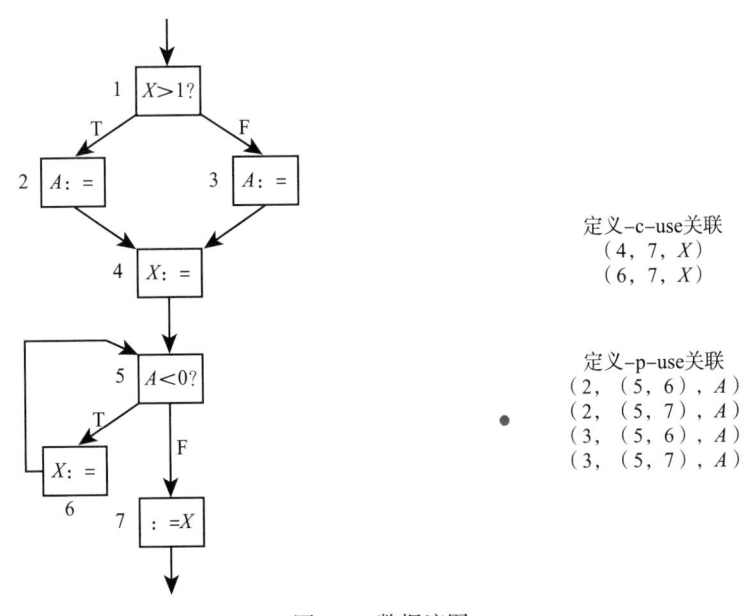

图 9.4 数据流图

切片算法可以采用向后和向前遍历，识别受程序编辑影响的定义和使用。这两种算法用程序的控制流图来表示，其中每个节点表示一个单独的语句。这些算法计算数据流信息以识别受影响的定义 - 使用关联，但不需要过去的数据流信息。这些切片算法仅检查控制流图的相关部分以计算所需的数据流信息。该方法允许计算相关切片，而无须穷尽地计算程序的定义 - 使用信息。

向后遍历算法识别包含变量定义的语句，这些语句可以到达程序点。图9.5给出了一个包含一些定义和使用的程序段。假设目标是计算到达语句7的变量X的定义语句集合。遍历从控制流图中语句7之前的点开始，回溯边(5,7)和(4,5)可以找到包含X定义的语句4。由于没有其他的X定义可以通过语句4的路径到达语句7，搜索X的定义在语句4处停止。由于从语句5有两条向后路径，算法还会回溯边(6,5)并找到包含X定义的语句6。向后遍历算法可以找到包含变量X的定义的语句，这些语句可以到达程序中的某个点，而无须为整个程序进行数据流分析。该技术借助到达语句的定义以及语句中的使用来形成定义 - 使用关联。值得注意的是，如果在某条路径上考虑的变量未定义，则搜索将在到达控制流图的起始节点时终止。

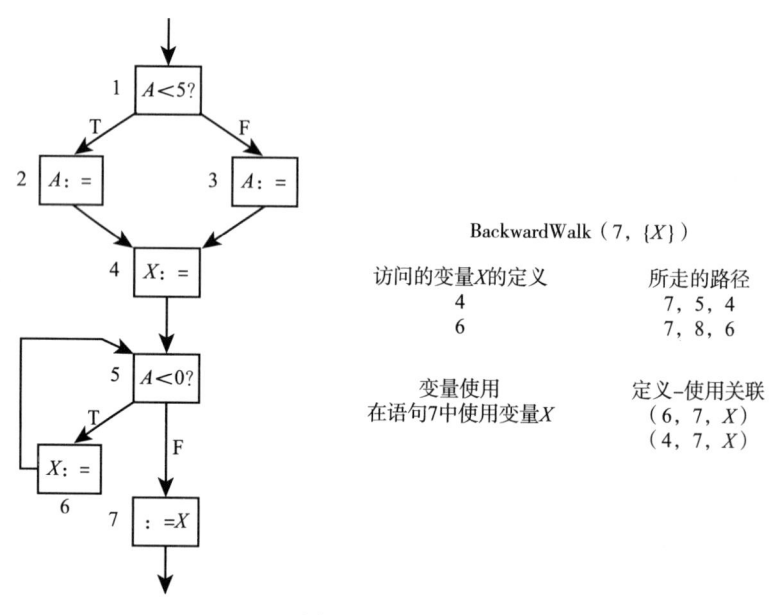

图 9.5　后向切片

前向遍历算法识别了直接或间接受到程序中变量值变化或谓词变化影响的变量使用。算法返回的 def-use 关联以三元组（s,u,v）表示，表示在语句s处受到变化影响的变量v的值被语句u使用。如果三元组表示已更改定义的使用，则该 def-use 关联受到直接影响。def-use 关联以两种方式受到间接影响：该三元组在更改定义的传递闭包中，或者该三元组在更改或受影响谓词的控制依赖上。

考虑图 9.6 中的程序段。如果从语句 2 开始对变量 Y 进行前向行走，将找到语句 4 中对 Y 的使用。因此，计算出受到直接影响的 def-use 关联（2,4,Y）。此外，由于变量 J 的 def-use 关联（4,10,J）在语句 2 中 Y 的定义的传递闭包中，因此该 def-use 关联受到间接影响。如果从语句 1 开始对变量 X 进行前向行走，则可以找到语句 3、6 和 9 中对 X 的使用，并计算出直接受影响的 def-use 关联（1,3,X）、（1,6,X）和（1,9,X）。此外，由于语句 3 中受到影响的谓词，任何以语句 3 为控制依赖的 def-use 关联都会受到间接影响。因此，变量 Z 的 def-use 关联（7,8,Z）和（7,10,Z）被确定为受到间接影响。

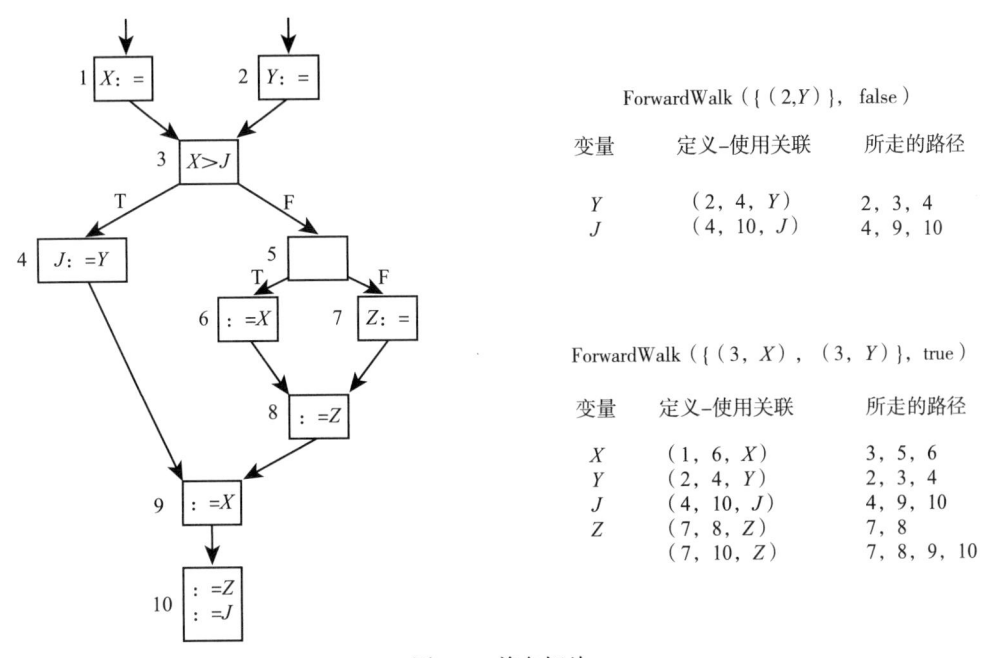

ForwardWalk（{（2,Y）}，false）

变量	定义-使用关联	所走的路径
Y	（2, 4, Y）	2, 3, 4
J	（4, 10, J）	4, 9, 10

ForwardWalk（{（3, X），（3, Y）}，true）

变量	定义-使用关联	所走的路径
X	（1, 6, X）	3, 5, 6
Y	（2, 4, Y）	2, 3, 4
J	（4, 10, J）	4, 9, 10
Z	（7, 8, Z）	7, 8
	（7, 10, Z）	7, 8, 9, 10

图 9.6　前向切片

切片分析在回归测试中的应用旨在通过识别和测试受代码变更影响的切片段来提高测试的效率和准确性。利用切片技术精确地识别出代码变更的影响范围，只对受影响的代码片段进行回归测试。确保切片的精度是一个挑战，因为错误的切片可能会导致重要的测试场景被遗漏。在复杂的软件系统中，理解代码间的依赖关系并准确地计算出切片是一个技术难题。代码的动态行为（如多线程、异步操作）可能会影响切片的准确性。在多组件、多层次的系统中，环境配置和数据的准备可能会影响切片测试的实施。在实践中，可能需要结合多种技术和方法，以及持续的优化和改进，才能充分发挥切片回归测试的作用。

9.2.2　回归测试集约简

在软件平台和环境发生变化时，全量运行所有测试可能成本过高，此时进行测试集约简（TSR）是必要的。测试集约简是指在不牺牲测试覆盖率和缺陷检测能力的前提下尽可能减少测试数量。TSR 能够减少执行时间，较少的测试意味着测试执行所需的时间更短，可以更快地完成测试周期。TSR 也能够降低维护成本，测试的维护工作（如更新、调试）在测试数量减少后变得更加高效。TSR 问题可以形式化描述如下。

> **定义 9.11　测试集约简**
>
> 给定测试集 $T=\{t_1,\cdots,t_m\}$ 和对应的测试需求 $TR=\{r_1,\cdots,r_m\}$，选择一个测试子集 $T'\subseteq T$ 满足 TR。♣

在软件测试过程中，测试需求首先需要从软件规范或实现中进行定义。然后，测试被设计为手动或自动满足这些需求。实际上，为特定需求设计的测试可能也能满足其他需求，即一个需求可能被多个测试满足。因此，构建的测试集可能存在冗余。构建的测试集的某些子集仍然可以满足相同的测试需求。由于冗余会增加执行和维护测试集的成本，因此生成一个满足所有测试需求的小型测试集具有很大的价值。

假设满足 R 的所有测试集的集合被表示为 $TS(R)$。T' 被称为 S 的约简测试集，如果 T' 是 T 的子集且 T' 能够满足 R，即 $T'\subseteq T$ 且 $T'\in TS(R)$。如果对于任何约简测试集 T''，$|T'|\leq|T''|$，则约简测试集 T' 被称为极小测试集。极小测试集可能不是唯一的，并且它们具有相同的大小。测试集约简问题是为给定的测试集找到一个极小测试集，这等价于最小集覆盖问题，这是一个众所周知的 NP-完全问题。

我们可以从需求视角看测试集约简问题。给定一个测试集 T 和两个测试需求 $r,r'\in\mathcal{P}(T)$，如果 $r\cap r'\neq\varnothing$，则 r 和 r' 是相交的，记为 $r\bowtie r'$。r 被 r' 包含，如果 $r\subseteq r'$，记为 $r\preceq r'$。r 被 R 中的其他 r' 某个包含，那么 r 被称为 1-1 冗余。给定两个测试需求集合 $R,R'\subseteq\mathcal{P}(T)$，如果 $TS(R')\subseteq TS(R)$，则 R' 是 R 的合并需求集。使用 $R=\{r_1,\cdots,r_m\}$ 来表示在测试过程中必须满足的测试需求集合。如果至少存在一个测试满足测试需求，则称测试需求是可行的。这里默认每个测试需求都是可行的。用 $\mathrm{Req}(t)$ 表示 t 满足的所有测试需求的集合，用 $\mathrm{Test}(r)$ 表示满足 r 的所有测试的集合。如果对于 R 中的每个测试需求 r，T 中至少存在一个测试满足 r，则测试集 T 满足 R。如果 T' 是 T 的一个子集，并且 T' 能够满足 R，则称 T' 是 T 的一个代表性集合。如果对于 T 中的另一个 T'，$\mathrm{Req}(t)\subseteq\mathrm{Req}(T')$，则测试 t 被称为对 T 的 1-1 冗余。$T-\{t\}$ 是一个 1-1 冗余测试 t 的代表集，这被称为 1-1 减少策略。如果存在 R 中的 r 使得 $\mathrm{Test}(r)=\{t\}$，则测试 t 被称为对 R 是必要的。一个必要的测试 t 必须在每个代表集中。因此，在工程实践中，深入分析和梳理测试需求是进行有效的测试集约简的基础。

测试集约简的目标是找到一个最小的代表子集。工程实践中，最小测试集是理想化的，前面已经产生这是一个 NP-完全的最小覆盖集问题。我们知道，最小覆盖集问题可以转化为一个整数线性规划（ILP）问题，然后采用一些现成的 ILP 工具来生成最小测试集。然而，ILP 工具并不适用于大规模的测试集，因为它可能需要指数级的时间。减少测试集的一个实用方法是开发启发式策略，但无法保证得到最小的测试集。在数学中，ILP 问题涉及将线性目标函数优化化，同时满足整数变量的不等式约束。给定一个可满足关系 $S(T,R)$，测试集简化问题可以转化为一个 ILP（实际上是 0-1-ILP）问题，形式如下：

$$\text{Min}\left(\sum_{i}^{m} u_i\right) : u_i \in \{0,1\} \tag{9.2}$$
$$\text{subject to } [T \times R] \times U^{\text{T}} \geqslant 1$$

$T \times R$ 是一个关于测试集 T 和需求集 R 的 $m \times n$ 的关系矩阵，其中 1 表示 t_i 满足 r_j，否则 $s_{i,j}=0$。U 是一个 m 维的 0-1 向量 $(u_1, \cdots, u_m)$，$u_i=1$ 表示 t_i 被选择到约简的测试子集，$u_i=0$ 表示没有选择。选择最少的 $\sum_{i}^{m} u_i$，使得每个 r_j 至少都被满足一次，即 $[T \times R] \times U^{\text{T}} \geqslant 1$。

一个朴素的 ILP 方法是枚举所有可能的解，然而这只适用于非常小的问题。ILP 的常用方法是隐式枚举技术。"隐式"意味着在枚举过程中，许多解都会被跳过，因为它们已知不是最优解。解决 ILP 问题的常用隐式枚举技术之一是分支定界算法。0-1-ILP 的分支策略是选择一个变量 u_i，并将当前问题替换为两个子问题，这两个子问题是当前问题的副本，其中一个将变量 u_i 置为 0，另一个将变量 u_i 置为 1。由于变量 u_i 在最优解中只能取值 0 或 1，这种分支方案确保了原始问题的最优解将是两个子问题中的一个的最优解。界定操作是一个返回当前子问题最优解的界限的函数。可以舍弃一些界限比原始问题当前最佳已知解的值更差的子问题。用于解决 ILP 问题的分支定界算法在最坏情况下可能会创建指数级的子问题，因为它为每个变量创建两个子问题。退化 ILP（DILP）的基本思想是单分支策略，即仅选择每个变量的一个最可能的子问题。因此，DILP 对于 n 个变量最多创建 n 个子问题。

给定一个满足关系矩阵 S，ILP 问题的线性规划松弛形式为 $\text{Min}\left(\sum_{j}^{n} x_j\right)$，满足约束条件 $[T \times R] \times U^{\text{T}} \geqslant 1$，其中 $u_i \in [0,1]$。线性规划松弛可以通过一些算法（例如单纯形算法）轻松求解。一些线性规划算法可以输出一个非整数可行解，这个非整数解不是原始 ILP 问题的解。然而，这个值可以被视为 ILP 问题最优解的可能性。例如，0.9 和 0.3 表示在 ILP 问题的最优解中，我们更愿意赋值前者为 1 而不是后者。0-1-ILP 的单分支策略是选择一个接近 1 的变量 u_i，并将当前问题替换为一个受限问题，即将变量 u_i 固定为 1 的当前问题的副本。单分支策略的一个挑战是确定应该首先固定哪个变量。一个自然的选择是将具有较高值的 u_i 固定为 1。

回顾软件行为多样性的基本思想。接下来介绍聚类回归测试的基本思路，这是一种通过将测试用例进行聚类分析来优化回归测试的策略。这种方法的核心思想是利用软件行为特征来度量测试用例之间的相似性，并基于此相似性将测试用例分成不同的集群。然后，通过选择性测试每个集群中的代表性测试用例，可以有效减少测试工作量，同时保证测试覆盖率。在聚类回归测试中，软件行为抽样策略通常表示为一个三元组 $<F,D,C>$，其中 F、D 和 C 分别代表特征函数、距离函数和聚类方法。

特征函数 F 从程序中提取故障或覆盖等特征。提取特征后，距离函数 D 根据相应特征之间的差异计算故障之间的成对距离。不同的特征函数往往需要不同的距离函数来度量。聚类方法根据计算的邻近矩阵对故障进行划分。目前存在许多聚类算法，如 K-Means 聚类、层次聚类等。尽管没有一种聚类技术可以普遍适用于揭示软件行为的各种结构，但通过选择合适的特征函数和距离函数，可以产生良好的软件特征相似度。聚类回归测试的步骤如下。

1）特征提取：使用特征函数 F 从测试用例的执行中提取行为特征。
2）距离计算：使用距离函数 D 计算每对测试用例之间的距离，生成相似矩阵。
3）聚类分析：使用聚类方法 C 对测试用例进行聚类，将相似的测试用例分组。
4）测试抽样：从每个集群中选择代表性测试执行，验证待测软件是否存在缺陷。

9.2.3　切片聚类回归测试

聚类测试选择（Clustering Test Selection，CTS）将具有相似行为的测试分组到同一个类簇中，使用某种采样策略来选择原始测试获得测试子集。CTS 可以对程序执行的许多属性进行分析，以表征测试的行为。这些属性包括语句、块、函数、数据流、事件序列等。CTS 的大多数现有工作都使用简单的执行剖面、函数方法调用剖面进行聚类分析。在某些情况下，函数方法调用剖面可能难以捕获测试的详细行为。另外，大型软件可能包含数万甚至数百万个语句。如果使用详细的执行剖面（例如语句覆盖），则产生的高维数据让聚类分析难以实现。

本节介绍一种常见的程序分析技术——切片，其主要用途在于去除与修改无关的软件部分，这一操作称为切片过滤。这种方法可以减少 CTS 中执行剖面的维度，以进行有效的类簇分析。切片过滤为 CTS 提供了更大的潜在可扩展性来处理大型软件。切片可以删除与修改无关的代码，使得 CTS 可以突出显示受修改影响的软件部分。这将产生更好的聚类分析结果以及回归测试选择效果。

在回归测试选择中存在一个假设：对于每个测试 $t \in T$，$P(t)$ 都是正确的。因此，当且仅当 $P(t) \neq P'(t)$ 时，t 称为故障揭示的测试。用 T_F 来表示 T 中所有故障揭示测试的集合，用 T_M 来表示 T 中所有修改遍历测试的集合。不难看出 $T_F \subseteq T_M \subseteq T$，即每个故障揭示测试是一个修改遍历测试，但修改遍历测试不一定是故障揭示测试。如果测试选择技术可以选择所有故障揭示测试，则称它是安全的回归测试选择，即可以选择子集 $T_F \subseteq T'$。很明显 T_M 是安全的，因为 $T_F \subseteq T_M$。安全回归测试选择技术构建了程序 P 及其修改版本 P' 的控制流程图，并使用这些图形从 T 中选择 T_M。在某些情况下，T_M 远大于 T_F，T_M 中有许多冗余测试。在某些情况下，在时间限制内运行 T_M 中的所有测试仍然不可行。

回归测试选择的主要挑战是如何选择近似于 T_M 的 T'。CTS 是一种常用的策略。请注意，由于聚类分析的不确定性和采样策略的随机性，CTS 并不是安全的。这种不安全意味着方法可能会错过 T_F 中的一些故障揭示测试。但是，在资源有限的测试场景中，运行安全回归测试选择技术选择的所有测试是不切实际的。而且在许多情况下，所有故障揭示测试的适当子集足以检测和调试故障。对于大型复杂软件，采用安全的回归测试选择往往成本过高，CTS 是测试资源有限情况下的妥协方案。

CTS 引入了一种聚类算法，将 T 分成若干组。CTS 背后的基本思想是类似的测试可以通过某些特定的行为特征分组到同一个类簇中，然后从每个类簇中抽取一些测试，形成回归测试集 T'。CTS 包含以下步骤。

1) 运行 T：在程序 P 上执行 T 中的所有测试，收集测试的执行剖面以用于后续步骤。在该步骤中，可以为每个测试生成许多类型的配置文件，例如函数方法调用剖面、语句/块覆盖配置文件等。

2) 过滤：执行剖面包含在运行期间执行的一组实体（语句或块等）。对于大型软件，特征 $|C_i|$ 的维度可能很大，使得它在实际中不能被处理。因此，每个要素 C_i 将被过滤为一个小子集，以提高下一步中聚类分析的性能。这里，使用切片来过滤每个测试的特征。

3) 聚类分析：聚类分析的输入是在步骤 2 中过滤的特征。应在聚类之前计算每对特征的距离。选择聚类算法将 T 中的测试分组到一些聚类中。聚类技术将具有类似执行剖面的测试放入同一个类簇中。

4) 抽样：这里采用一种称为自适应抽样的有效抽样策略。它首先从每个类簇中随机选择一些测试，然后执行这些测试以验证它们是通过还是失效。如果测试失效，那么同一类簇中的所有其他测试将被选入 T'。

对于 T 中的每个测试 t_i，存在相应的特征 C_i，其中 $C_i = \{c_{i1}, c_{i2}, \cdots, c_{im}\}$。$c_{ij}$ 为 1 或 0 表示它是否由 t_i 执行，当然 c_{ij} 也可以拓展为执行次数。聚类分析的效率和有效性在很大程度上取决于特征的大小和质量。我们首先尝试使用语句覆盖来构建测试的执行剖面，即 C_i 中的实体 c_{ij} 表示语句。大型软件中存在大量实体，可以通过删除一些无用的实体来提高 CTS 的效率和有效性。

切片旨在删除程序中那些对编程人员所关注方面没有影响的部分。这里使用简单的静态切片来过滤测试的特征。对于语句 s 和一组变量 $\{v\}$，程序 P 的切片相对于切片标准 $<s, \{v\}>$ 仅包括捕获 v 计算所需的 P 语句。换句话说，切片包括那些直接或间接依赖于语句 s 中 $\{v\}$ 中变量值的语句。应用中可以构造两种形式的切片：后向切片和前向切片。后向切片包含程序的语句，这些语句可能对切片标准产生一些影响。前向切片包含受切片标准影响的程序语句。为了确定修改的影响，使用后向切片和前向切片的并集作为最终切片，即所有语句的子集。

在 P' 中考虑了 3 种不同的变化：定义变化、使用变化和控制变化。非正式地，定义变化是赋值语句左侧的更改；使用变化是语句右侧的变更。给出 P 中的语句 $x=z$ 在 P' 中变为 $y=z$，使用以下 3 个切片的并集：$<s_i, \{x\}>$ 的前向切片、$<s_i, \{y\}>$ 的前向切片以及 $<s_i, \{z\}>$ 的后向切片。在使用变化的情况下，如果 P 中的一个语句 s_i，$x=z$，在 P' 中改变为 $x=y$，然后 $<s_i, \{x\}>$ 的前向切片和 $<s_i, \{z\}>$ 的后向切片的并集被使用了。如果变化影响原始控制流，则该变化是控制变化。控制变化需要特殊处理，用以下 3 个步骤计算控制变化的切片。

1）计算改变的语句的后向切片。

2）计算所有依赖于已更改语句的控件并计算相应的前向切片。

3）如果未包含在步骤 2 中，将添加修改后的语句。

表 9.3 构造了一个简单的程序来说明进行切片过滤的必要性。假设语句 s_5 "while(a>=0)" 更改为 "while（a>0）"。具有切片标准 $<s_5, a>$ 的切片 PS 是一套陈述 $S=\{s_1, s_2, s_3, s_5, s_6, s_7, s_8\}$。给出三个测试 $t_1=(1,6)$、$t_2=(2,0)$、$t_3=(7,6)$，测试的执行剖面（此处的语句覆盖配置文件）如表 9.3 所示。t_1 和 t_3 类似，因为它们在执行剖面中共享许多语句。t_2 与 t_1 和 t_3 都不同，因为它的执行轨迹和 t_1、t_3 完全不同。因此，在聚类分析中，t_1 和 t_3 比 t_2 和 t_3 更相似。但是，如果专注于切片，而不是程序中的所有语句，那么结果就完全不同了。计算切片 PS 和每个特征 C_i 的交集，如表中实心黑点所示，通过过滤，t_2 和 t_3 的特征实际上是相同的，并且 t_2 和 t_3 之间的差异被放大，因为那些与语句 s_5 无关的语句被滤除。由于 PS 是程序中关于修改的语句的子集，所以例外的是可以减少特征的维数，并且仍然保留受影响的部分。

表 9.3 测试的执行剖面

编号	语句	切片	t_1(1,6)	t_2(2,0)	t_3(7,6)
	void f(int m, int n){				
1	int a=0,b=0,c=0,d=0	★	•	•	•
2	if (m<n)	★	•	•	•
3	a=1;	★	•		
	else				
4	b=1;			○	○
5	while (a>0){/*(a>=0)*/	★	•	•	•
6	c=c+a;	★	•		
7	a=a-1; }	★	•		
8	printf("% s",c)	★	•	•	•
9	if (n>0){		○	○	○
10	b=n-5;		○		○
11	while(b>0){		○		○
12	d=d+b;		○		○
13	b=b-1;}		○		○
14	printf("% s",d) ;}		○		○
	}				

切片可以被视为修改影响的表示。因此，一个自然的想法是使用切片来过滤测试的执行剖面，使得特征变得更紧凑并且它们与修改有关。为了过滤掉与修改有关的未受影响的语句，使用特征 C_i 和切片的交集。静态切片和执行剖面的这种交集可以被视为轻量级动态切片。动态切片比静态切片更精确，但动态切片在计算方面通常比静态切片更复杂和耗时。在回归测试期间收集执行剖面，例如覆盖的语句。通过低成本的静态切片辅助，可以轻松计算受修改影响的软件部分。这里将通过切片过滤描述 CTS 技术的详细实现，包括执行程序、安全回归、切片过滤、聚类分析和测试抽样。

执行程序：在程序 P 上执行原始测试集 T，使用 gcov 收集覆盖信息，然后存储该覆盖信息以分别形成覆盖矩阵 M。CTS 技术通过切片过滤在原始矩阵或结果矩阵上进行，将语句中的映射信息存储到块中以供进一步分析。为简单起见，主要讨论以语句覆盖的实现，其他覆盖的实现也是类似的。

安全回归：覆盖矩阵的大小影响性能，但覆盖矩阵的质量影响有效性。这里分三步实现了整个切片过滤过程：过滤预处理、切片过滤和过滤后处理。$T_F \subseteq T_M$，这是一个没有修改的测试，是遍历覆盖的但不一定是一个故障揭示的。可以安全地删除其他测试，这就是所谓的安全回归测试选择。在大多数情况下，有许多使用这种安全选择技术的冗余测试，尽管它包含所有故障揭示测试。可以使用工具 DejaVu 来选择修改遍历测试作为过滤的预处理。在这一步中，通过安全回归选择得到了一个新的矩阵 M_1，只保留修改遍历测试及其在 M 中的功能。

切片过滤：切片过滤使用切片进行两种类型的过滤：列过滤和行过滤。给定 P' 中的修改语句，为每个语句设置相应的切片标准，分别计算前向切片和后向切片。然后，前向切片和后向切片的并集形成了切片 PS。矩阵 M_1 在列中被 PS 过滤。也就是说，如果相应的语句不在 PS 中，则从矩阵 M_1 中删除一些列。然后得到了一个新的矩阵 M_2，用 PS 进行列过滤。将对 M_2 进行进一步的行过滤。切片 PS 和特征 C_1 之间的公共部分在某种意义上表示 t_i 的故障检测能力。

设置一个阈值，称为过滤率 FR，以确定过滤操作。如果切片 S 和执行轮廓 C_i 的交点较低，则 t_i 与修改相关性较低。如果 $|S \cap C_i|/|S| < FR$，则 C_i 将从矩阵中滤除。进行简单的列过滤，以进一步压缩矩阵。观察到一些语句是由所有测试执行的（例如表中的语句 s_1），并且某些语句没有被任何测试执行。在某种意义上，使用诸如特征元素之类的语句无法区分测试之间的行为。因此，这些陈述从矩阵中滤除。也就是说，如果列中的数字全部为 1 或全部为 0，则将从矩阵中删除此列。最后，得到了一个新的矩阵 M'，它来自 M_3 的列过滤。

聚类分析：在聚类分析阶段，测试 t_i 表示为特征 C_i'。采用某种距离函数（如欧几里得距离）计算每对特征 C_i' 和 C_j' 的距离。再采用聚类算法（如 K-Means）完成聚类。读者可以尝试使用一种广泛使用的机器学习工具 Weka 来实现聚类分析。

测试抽样：这里采用了一种简单有效的抽样策略，称为自适应抽样。首先，它从每个集群中随机选择一些测试。然后，执行这些测试用例以验证它们是否通过。如果一个测试失败，那么同一类簇中的所有其他测试将被选中。持续迭代，最终在有限测试资源下完成对应的回归测试抽样。

9.3 聚类回归测试

聚类抽样回归测试能够满足大型复杂软件的回归测试需求。聚类抽样回归测试中的特征抽取非常重要，然而，由于软件结构和系统环境的复杂性，没有一种特征抽取方法能够满足所有的回归测试需求。而特征抽取的改变往往涉及程序插桩和系统埋点等工程问题。因此，聚类抽样回归测试的后期处理可能更为方便和快捷。本节首先介绍一种应用于回归测试的动态聚类抽样策略，它将软件调试中的故障定位思路结合到聚类抽样中，根据对测试的结果分析再动态决定下一轮的抽样策略。然后将风险高的代码赋予更高的权重，重新实现更加精准的聚类，从而提高回归测试效率。最后介绍一种人机交互思路，将测试专家的知识采用半监督方法融合到聚类抽样的软件行为建模中。

9.3.1 动态聚类抽样测试

考虑这样一个应用场景，用自动化工具生成测试数据并执行程序的成本较低，但需要人工审查测试结果，成本高昂。本节介绍一种动态聚类抽样策略——ESBS，它从每个测试类簇中反复选择测试。在每个迭代过程中，ESBS 都会选择具有最大可疑性的测试并对其进行审查。测试的可疑性采用同一聚类中选择的先前通过和失效的测试的执行频谱信息来计算。

聚类回归测试通常假设相同 Bug 引起的失效具有相似的行为。聚类过滤技术首先将具有类似执行剖面的测试分组到同一类中，然后从每个类簇中选择样本。在理想情况下，如果存在 m 个 Bug，则将失效测试分为 m 个类簇。每个类簇都包含了由相同 Bug 引起的测试。因此，要找到这些 Bug，只需要随机从每个类簇中选择一个测试。但是在大多数情况下，聚类的结果并不完美。聚类后的类簇通常会混合各类测试。另外，开发者很难仅通过一个失效测试来定位 Bug。由同一个 Bug 引起的多个失效测试，对于调试和维护也是很有用的。因此，在资源允许的前提下，尽可能多的失效测试发现总是有益的。

为了增强抽样强度，可以从每个类簇随机选择 n 个测试。这意味着通过选择更多的测试来发现更多的失效。这个抽样策略是完全随机的，没有任何信息引导。一种改进的技术是自适应测试抽样，它首先从每个类簇中随机选择一个测试。然后，审查测试输出，并根据审查结果（通过或失效）指导下一步的选择。如果一个测试失效，则加强抽样同一类簇中的测试。直观上，自适应抽样策略比每个类簇 n 个抽样策略更有效。自适应抽样策略的有效性很大程度上取决于每个类簇中选定测试的审查结果。对于某个类簇，如果选择的测试是失效的，则即使该类簇中的大多数通过了，也会选择该类簇中的其余测试。如果选择的测试是通过的，则即使该类簇中的大多数测试都是失效的，也将抛弃该类簇中的其余测试。

这将大大降低缺陷检测率。

"软件调试"章节中的执行频谱信息广泛用于故障定位。本节将故障定位的思想引入回归测试选择中。ESBS 的基本思路是执行所有测试以获取其执行剖面，为每个测试生成执行剖面。聚类分析的输入是执行剖面。聚类技术将具有类似执行剖面的测试放入同一类簇中。ESBS 是一种动态抽样方法，基于同一类簇中先前选择的测试的执行频谱信息来选择每个测试。ESBS 主要包含以下 5 个步骤。

1）测试选择：从可疑程度最高的类簇中选择一个可疑测试 t_i。如果类簇中有多个测试具有最高的可疑性，则将应用随机选择来决定要选择哪一个。

2）结果检查：将测试 t_i 分配给测试人员以进行结果检查。通过或失效的测试 t_i 的执行范围将影响可疑语句的集合，并进一步影响可疑测试的集合。

3）语句度量：根据 t_i 的执行范围重新计算每个语句的置信度。如果 t_i 被传递，则它执行的语句的置信度将增加；否则，这些语句的置信度将降低。

4）语句标识：语句基于其置信度值被确定为正确或可疑。将给出一个参数 CT 作为阈值。如果其置信度值小于 CT，则该语句可疑。如果其置信度值等于或大于 CT，则该语句是正确的。

5）测试度量：排除了类簇中其余测试的可疑性。一个测试的可疑程度等于它执行的可疑语句的数量。如果测试的可疑程度大于 0，则它是可疑的。

这 5 个步骤循环，一直到类簇中没有可疑测试为止。这意味着通过先前选择的测试的执行范围，可以将其余测试执行的语句识别为正确的语句。下面通过一个示例来说明 ESBS 的工作方式。如表 9.4 所示，我们需要从第 1 列中包含的 6 个测试的类簇中进行抽样。它们执行的语句在第 2 列中，它们的执行结果（通过或失效）在第 3 列中。该 Bug 在 s_2 中，由一个通过的测试（t_2）和两个失效的测试（t_3 和 t_4）执行。

表 9.4 ESBS 示例 1

测试	执行代码	通过或失效
t_1	s_1, s_4, s_6	通过
t_2	s_1, s_2, s_4, s_5, s_6	通过
t_3	s_2, s_3	失效
t_4	s_2, s_5	失效
t_5	s_1, s_3, s_4	通过
t_6	s_1, s_6	通过

表 9.5 介绍了 ESBS 的 5 个步骤。在此示例中，我们将 CT 设置为 1，这意味着语句如果置信度大于等于 1，则表示"可疑"。表 9.5 中 ESBS 的抽样过程说明如下。

1）最初，所有语句的置信度都初始化为 0。由于 CT 为 1，因此所有语句都是可疑的。

首先选择 t_2 是因为它会执行最大程度的可疑语句，因此具有最高的可疑性。由于检查 t_2 通过，因此 s_1、s_2、s_4、s_5 和 s_6 的置信度增加到 1。现在，只有 s_3 是可疑程度小于 CT 的可疑陈述。

2）执行 s_3 的测试是 t_3 和 t_5。因此，t_3 和 t_5 具有相同的可疑性 1。我们从中随机选择一个，假设选择了 t_3，由于 t_3 失效，因此 s_2 和 s_3 的置信度降低 1。现在，语句 s_2 和 s_3 可疑。

3）在其余测试中，t_4 和 t_5 各自执行可疑语句，因此具有相同的可疑性 1。假设 t_4 是随机选择的，当 t_4 失效时，s_2 和 s_5 的置信度减 1。因此，存在三个可疑语句 s_2、s_3 和 s_5。

4）剩下的测试是 t_1、t_5 和 t_6。仅 t_5 执行可疑语句 s_3，因此，选择 t_5，因为它是唯一可疑的测试。随着 t_5 的通过，s_1、s_3 和 s_4 的置信度增加了 1。现在，可疑语句仍然是 s_2、s_3 和 s_5。

5）剩下的测试是 t_1 和 t_6。由于它们都不执行可疑语句 s_2、s_3 和 s_5，因此它们不是可疑测试。抽样过程停止，因为类簇中没有可疑的测试。最后，输出可疑语句（s_2，s_3，s_5）及其置信度值，以帮助开发者查找 Bug，并将相同的抽样过程应用于另一个类簇。

表 9.5　ESBS 示例 2

次序	测试	结果	语句置信度 (CT=1)						可疑语句	剩余测试	可疑测试
			s_1	s_2	s_3	s_4	s_5	s_6			
			0	0	0	0	0	0	s_1,s_2,s_3 s_4,s_5,s_6	t_1,t_2,t_3 t_4,t_5,t_6	$t_1(3),t_2(5),t_3(2),$ $t_4(2),t_5(3),t_6(2)$
1	t_2	通过	1	1	0	1	1	1	s_3	t_1,t_3,t_4,t_5,t_6	$t_3(1),t_5(1)$
2	t_3	失效	1	0	−1	1	1	1	s_2,s_3	t_1,t_4,t_5,t_6	$t_4(1),t_5(1)$
3	t_4	失效	1	−1	−1	1	0	1	s_2,s_3,s_5	t_1,t_5,t_6	$t_5(1)$
4	t_5	通过	2	−1	0	2	0	1	s_2,s_3,s_5	t_1,t_6	—

9.3.2　加权聚类抽样测试

回顾一下回归测试聚类抽样的两个重要步骤：聚类和抽样。大多数策略关注如何优化抽样，忽略了另一个关键因素：如何进行更好的聚类。无论是自适应随机抽样还是动态抽样策略 EBSE，都是在不改变聚类结果的前提下设计各类抽样方法，以期提高回归测试效率。然而，不准确的聚类将显著降低这些策略的有效性。为了解决该问题，本节介绍一种基于加权属性的回归测试聚类抽样策略——WAS。WAS 提出了多次迭代的聚类。在类簇的第一次迭代之后，WAS 使用了来自 ESBS 的类似抽样方法来选择一些用于输出验证的测试。然后，根据执行剖面和所选测试的成功或失效，借助软件故障定位技术来计算每个语句有缺陷的可能性。接着，这些值被用来校准每个测试的初始执行剖面，从而为下一次类簇的迭代创建一个加权执行剖面。由于一些导致失效的语句具有更高的优先级，失效执行可以更准确地聚集在一起。用户可以继续该过程，直到选定的测试达到一个预定义的值。

WAS 通过引入加权执行剖面提出了一种新的策略，应用软件故障定位技术将权重分配给执行剖面。类簇化即将一组实例划分为包含相似实例的类簇。同一类簇中的实例彼此相似，与其他类簇中的实例不同。基于聚类抽样的策略使用聚类技术根据它们的语义行为对执行剖面进行分组。测试是由它们的执行剖面类簇化的，每一个都是使用聚类算法时的一个实例。现有的研究表明，执行概要可以作为执行行为的一种表示。超过一半的失效测试的邻近测试也失效了，并且失效的执行有不同寻常的属性，这些属性可能反映在执行剖面中。失效执行可能有类似的情况。因此，可以使用聚类算法将这些执行剖面组合在一起。

缺陷定位的目的是识别软件系统中 Bug 的位置。这个过程使用不同的技术来计算软件中每个组件有缺陷的可能性的值。所有的组件都按照可能性的值降序排列，这样最可能的部分就会被优先排列。基于执行频谱的故障定位包含关于在执行程序时所覆盖的元素的信息。采用 $N_{US(s)}$、$N_{UF(s)}$、$N_{CS(s)}$ 和 $N_{CF(s)}$ 表示语句 s 的四个属性。$N_{US(s)}$ 表示未覆盖的成功测试的数量，$N_{UF(s)}$ 表示未覆盖的失效测试的数量，$N_{CS(s)}$ 表示成功的测试的数量，$N_{CF(s)}$ 表示覆盖的失效测试的数量。这四个属性用于计算语句包含缺陷的可能值。在缺陷定位中，对于一个语句来说，这两个集合是失效的测试的集合和覆盖的所有测试的集合。例如，Tarantula 缺陷定位技术根据公式 $N_{CF}/N_F/N_{CF}/N_F+N_{CS}/N_S$ 为每个语句分配一个缺陷的可能值。

WAS 流程示意图如图 9.7 所示。第一步是执行所有的测试，并且收集它们的执行剖面。测试被归类为失效或成功的测试，这取决于测试的真实输出和期望输出是否相同。如果一个测试的输出与它的预期输出相同，它就是成功的，否则，测试是失效的。第二步采用 K-Means 在它们的执行剖面的相似性的基础上将测试分组到聚类。在应用 K-Means 之前，对于 N_t 个测试将聚类的数目设置为 $\sqrt{N_t/2}$，然后对每个聚类随机选择一个测试作为初始聚类中心，从步骤 2 的结果中随机选择一个聚类。选择的聚类不能用于进一步的迭代。对于每个语句，为每个测试 t，给定 $X(s)$ 和 $Y(s)$，并计算它的 s 和 $Z(t)$。$Z(t)>0$ 的测试包含在 $ST^{(k)}$ 集合中。如果 $ST^{(k)}$ 为空，则进程返回到步骤 3。否则，从 $ST^{(k)}$ 中选择具有最高 $Z(t)$ 的测试，并标记为 $th^{(k)}$。如果多个测试具有相同的最高 $Z(t)$，则只随机选择一个测试。检查 $th(k)$ 以确定它成功或失效，然后将测试放置在 $NT^{(q)}$ 中。如果 $NT^{(q)}$ 的大小大于或等于测试的 10%，则将 $NT^{(q)}$ 中的测试组合为 NT。然后将 $NT^{(q)}$ 重置为空集合，该过程继续到步骤 5。如果 $NT^{(q)}$ 的大小小于测试的 10%，则重复步骤 4。使用 NT 中的测试，对其使用故障定位技术计算每个语句包含缺陷的可疑值 $susp(s)$。对于测试 t，如果 $e_i \neq 0$，则用 $susp(s_i)$ 代替 e_i 来加权执行剖面 t：$<e_1,e_2,\cdots,e_n>$。利用加权执行剖面返回到步骤 2 继续过程。

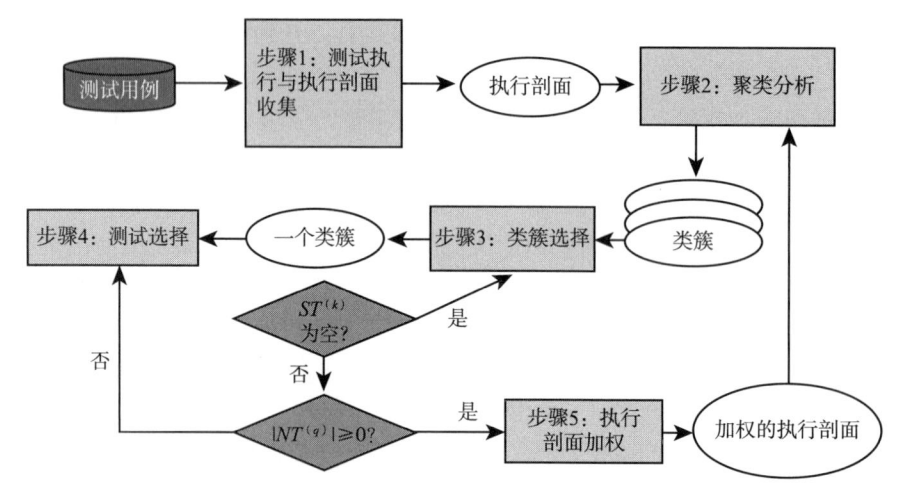

图 9.7 WAS 流程示意图

下面用一个示例来说明 WAS 的整体工作过程。该示例使用包含 10 个语句（$s_1 \sim s_{10}$）的程序，在 s_3 中引入了一个 Bug，执行 30 个测试（$t_1 \sim t_{30}$），并记录每个测试的执行剖面（这里是语句覆盖）。表 9.6 显示了初始的执行剖面。例如，用 s_1 标记的行显示了语句 s_1 相对于每个测试是如何覆盖的，表中值为 1 意味着 s_1 由相应的测试覆盖，值为 0 表示 s_1 不被相应的测试覆盖。在最后一行中，结果 P 指示成功的测试，结果 F 指示失效的测试。

表 9.6 WAS 示例 1

语句	测试执行																														
	t_1	t_2	t_3	t_4	t_5	t_6	t_7	t_8	t_9	t_{10}	t_{11}	t_{12}	t_{13}	t_{14}	t_{15}	t_{16}	t_{17}	t_{18}	t_{19}	t_{20}	t_{21}	t_{22}	t_{23}	t_{24}	t_{25}	t_{26}	t_{27}	t_{28}	t_{29}	t_{30}
s_1	1	1	1	1	1	0	0	1	1	1	1	1	1	1	1	1	1	1	1	1	1	1	1	1	1	1	1	1	1	1
s_2	1	1	1	1	1	0	0	1	1	1	1	1	1	1	1	1	1	1	1	1	1	1	1	1	1	1	1	0	0	0
s_3	0	0	1	0	1	0	1	1	0	1	0	0	0	0	0	0	0	0	1	0	0	0	0	0	0	1	0	1	1	1
s_4	0	0	0	0	0	0	0	0	1	1	1	1	1	1	1	1	1	1	1	1	1	1	1	1	1	1	1	0	0	0
s_5	1	1	1	1	1	1	1	1	1	0	1	1	1	1	1	0	0	0	0	0	0	0	0	0	0	0	0	0	1	0
s_6	1	1	0	1	1	1	1	1	1	1	0	1	1	0	0	1	1	0	1	0	1	0	1	0	1	0	1	0	0	1
s_7	1	1	1	1	0	0	0	1	1	1	1	1	1	1	1	1	1	1	1	1	1	1	1	1	1	1	1	0	1	1
s_8	0	1	1	1	0	1	1	1	1	1	0	1	1	1	1	1	1	1	1	1	1	1	1	1	1	1	0	1	1	1
s_9	1	1	1	1	1	0	0	1	1	1	1	1	1	1	1	1	1	1	1	1	1	1	1	1	1	1	1	1	1	1
s_{10}	1	1	1	1	1	0	0	0	0	0	0	0	0	0	0	0	0	0	0	0	0	0	0	0	0	0	0	1	1	1
	P	P	P	P	P	F	F	P	P	P	P	P	P	P	P	P	P	P	P	P	P	P	P	P	P	P	P	F	F	F

在测试执行和执行剖面收集之后，完成聚类分析（步骤 2）。根据它们的执行剖面的相

似性，将 30 个测试聚类为三个：类簇 1、类簇 2 和类簇 3。表 9.7 中的聚类结果表明，在类簇 1 中包含了 11 个成功的测试以及两个失效的测试 t_7 和 t_8，在类簇 2 中包含了 7 个成功的测试和 0 个失效的测试，类簇 3 中包含了 6 个成功的测试和 3 个失效的测试（t_{28}、t_{29} 和 t_{30}）。

表 9.7　聚类结果

类簇 1	t_7	t_8	t_9	t_{10}	t_{11}	t_{12}	t_{13}	t_{15}	t_{16}	t_{17}	t_{21}	t_{23}	t_{25}
类簇 2	t_{14}	t_{18}	t_{19}	t_{20}	t_{22}	t_{24}	t_{26}						
类簇 3	t_1	t_2	t_3	t_4	t_5	t_6	t_{28}	t_{29}	t_{30}				

类簇 1 被随机选择（步骤 3）。如表 9.8 所示，测试选择（步骤 4）开始于计算 $X(s)$ 和 $Y(s)$。$Z(t)$ 是计数的，生成 $ST^{(0)}$。测试 t_{11}、t_{13} 和 t_{16} 具有最高的 $Z(t)$ 值，为 7。然后随机选择 t_{11} 进行输出检查，并发现执行成功。在 $NT^{(0)}$ 中加入 t_{11} 后，$NT^{(0)}$ 的大小为 1。由于 $NT^{(0)}$ 的大小小于测试的 10%（30×10%=3），重复测试选择，并且基于更新的 $X(s)$、$Y(s)$ 和 $Z(t)$ 产生 $ST^{(1)}$。在 $ST^{(1)}$ 中，三个测试 t_7、t_8 和 t_{10} 具有最高的 $Z(t)$ 值，为 1。然后随机选择 t_7 并检查出执行失效。当 $NT^{(0)}$ 的大小为 2 时，重新进行测试选择。一个测试 t_8 具有最高的 $Z(t)$ 值，为 4，接着 t_8 被选中并检查出执行失效。此时，由于 $NT^{(0)}$ 的大小等于测试的 10%，所以继续执行剖面加权（步骤 5），并且 $NT^{(0)}$ 中的测试被添加到 NT。使用 NT、t_7、t_8 和 t_{11} 中的测试，根据 Jaccard 故障定位技术计算每个语句包含缺陷的可疑值。结果如表 9.9 所示。

表 9.8　WAS 示例 2

| $NT^{(0)}$ | \multicolumn{10}{c|}{$X(s)$} | $Y(s)=0$ | $Z(t)>0$ | $ST^{(k)}$ |
	s_1	s_2	s_3	s_4	s_5	s_6	s_7	s_8	s_9	s_{10}			
—	0	0	0	0	0	0	0	0	0	0	s_1,s_2,s_3,s_4 s_5,s_6,s_7,s_8 s_9,s_{10}	$Z(t_6)=4, Z(t_7)=4, Z(t_8)=6,$ $Z(t_9)=7, Z(t_{10})=7, Z(t_{11})=6,$ $Z(t_{12})=7, Z(t_{14})=6, Z(t_{15})=7,$ $Z(t_{16})=6, Z(t_{20})=6,$ $Z(t_{22})=6, Z(t_{24})=6, Z(t_{26})=4$	$ST^{(0)}=\{t_6,t_7,t_8,t_9,$ $t_{10},t_{11},t_{12},t_{14},t_{15},$ $t_{16},t_{20},t_{22},t_{24},t_{26}\}$
t_{10}	1	1	0	1	1	1	1	1	0	0	s_3,s_9,s_{10}	$Z(t_6)=1, Z(t_7)=1, Z(t_9)=1$	$ST^{(1)}=\{t_6,t_7,t_9\}$
t_6,t_{10}	1	1	-1	1	1	0	0	1	0	0	S_3,S_5,S_6,S_8 S_9,S_{10}	$Z(t_7)=4, Z(t_8)=3, Z(t_9)=3,$ $Z(t_{11})=2, Z(t_{12})=3, Z(t_{14})=3,$ $Z(t_{15})=3, Z(t_{16})=2, Z(t_{20})=2,$ $Z(t_{22})=2, Z(t_{24})=2, Z(t_{26})=1$	$ST^{(2)}=\{t_7,t_8,t_9,t_{11},$ $t_{12},t_{14},t_{15},t_{16},t_{20},$ $t_{22},t_{24},t_{26}\}$
t_6,t_7,t_{10}	1	1	-2	1	-1	-1	1	-1	0	0	S_3,S_5,S_6,S_8 S_9,S_{10}	$Z(t_8)=3, Z(t_9)=3, Z(t_{11})=2,$ $Z(t_{12})=3, Z(t_{14})=3, Z(t_{15})=3,$ $Z(t_{16})=2, Z(t_{20})=2, Z(t_{22})=2,$ $Z(t_{24})=2, Z(t_{26})=1$	$ST^{(3)}=\{t_8,t_9,t_{11},$ $t_{12},t_{14},t_{15},t_{16},t_{20},$ $t_{22},t_{24},t_{26}\}$

表 9.9 每个语句包含缺陷的可疑值

	N_{CF}	N_{CS}	N_{UF}	N_{US}	可疑值
s_1	0	1	2	0	0
s_2	0	1	2	0	0
s_3	2	0	0	1	1
s_4	0	1	2	0	0
s_5	2	1	0	0	0.6
s_6	2	1	0	0	0.6
s_7	0	1	2	0	0
s_8	2	1	0	0	0.6
s_9	0	0	2	1	0
s_{10}	0	0	2	1	0

在执行剖面加权（步骤 5）中，可疑值用于加权初始执行剖面，如表 9.10 所示。然后该过程返回到聚类分析（步骤 2）。从加权执行剖面形成新的聚类，如表 9.11 所示。在新的聚类 3 中，t_{28}、t_{29} 和 t_{30} 失效，t_9 成功。与表 9.7 中的原始聚类 3 相比，执行失效的测试的百分比从 33.3%（3/9）增加到 75%（3/4）。因此，在新的聚类中识别更多执行失效的测试将变得更加容易，需要审查更少的测试结果。

表 9.10 加权初始执行剖面

语句	t_1	t_2	t_3	t_4	t_5	t_6	t_7	t_8	t_9	t_{10}	t_{11}	t_{12}	t_{13}	t_{14}	t_{15}	t_{16}	t_{17}	t_{18}	t_{19}	t_{20}	t_{21}	t_{22}	t_{23}	t_{24}	t_{25}	t_{26}	t_{27}	t_{28}	t_{29}	t_{30}
s_1	0	0	0	0	0	0	0	0	0	0	0	0	0	0	0	0	0	0	0	0	0	0	0	0	0	0	0	0	0	0
s_2	0	0	0	0	0	0	0	0	0	0	0	0	0	0	0	0	0	0	0	0	0	0	0	0	0	0	0	0	0	0
s_3	0	0	0	0	1	0	1	1	0	1	0	0	0	0	0	0	0	1	0	0	0	0	0	1	0	1	1
s_4	0	0	0	0	0	0	0	0	0	0	0	0	0	0	0	0	0	0	0	0	0	0	0	0	0	0	0	0	0	0
s_5	.6	.6	.6	.6	.6	.6	.6	.6	0	.6	.6	.6	.6	.6	0	0	0	0	0	0	0	0	0	0	0	0	0	0	.6	0
s_6	.6	.6	0	.6	.6	.6	.6	.6	0	.6	0	.6	.6	0	.6	.6	0	0	.6	0	.6	0	.6	0	.6	0	.6	0	0	.6
s_7	0	0	0	0	0	0	0	0	0	0	0	0	0	0	0	0	0	0	0	0	0	0	0	0	0	0	0	0	0	0
s_8	0	.6	0	.6	.6	.6	.6	.6	0	.6	.6	.6	.6	.6	.6	.6	.6	.6	.6	.6	.6	.6	.6	.6	.6	.6	0	.6	.6	.6
s_9	0	0	0	0	0	0	0	0	0	0	0	0	0	0	0	0	0	0	0	0	0	0	0	0	0	0	0	0	0	0
s_{10}	0	0	0	0	0	0	0	0	0	0	0	0	0	0	0	0	0	0	0	0	0	0	0	0	0	0	0	0	0	0
	P	P	P	P	P	F	P	P	F	P	P	P	P	P	P	P	P	P	P	P	P	P	P	P	P	P	P	F	F	F

表 9.11 新的聚类

类簇 1	t_0	t_1	t_3	t_4	t_5	t_6	t_7	t_8	t_9	t_{10}	t_{11}	t_{12}
类簇 2	t_2	t_{14}	t_{18}	t_{19}	t_{20}	t_{22}	t_{24}	t_{26}	t_{15}	t_{16}		
类簇 3	t_8	t_{27}	t_{28}	t_{29}								

为了提高传统的基于聚类的测试选择的效果，本节提出了一种新的基于属性加权测试约减技术，目的是使用户能够更专注于验证更可能失效的测试的输出。测试聚类是基于被可疑值（可能有失效的可能性）加权的执行剖面，这里使用不同的基于频谱的软件故障定位技术计算可疑值。WAS 在如下情况下有较高的优势：没有测试预言以使得测试能自动化地进行测试。WAS 使得不需要花费过多的额外资源以手动检查每一个测试执行的结果，WAS 使得只需要验证少数测试的执行情况。因为那些没被选择的测试失效的可能性极低，所以完全可以放心地忽略哪些没有被选择的测试。

9.3.3 半监督聚类抽样测试

前面介绍的方法都是无监督聚类。聚类是无监督学习，使用未标记的数据进行训练，并将数据分配到类簇中。作为无监督数据分析，聚类结果取决于输入参数，比如聚类数量或者数据种子。已标记数据对于学习结果很有用，但是，标记数据通常是有限的并且成本较高，因为标记信息通常需要专业知识。在一些应用中，可以预先从部分结果或一些证据中提取标记信息，同时使用标记数据和未标记数据的聚类方法，这被称为半监督聚类。本节介绍如何采用半监督聚类将测试专家知识融入聚类抽样测试中。

本节介绍如何通过半监督聚类方法 SSKM 来提高聚类测试选择的效果。SSKM 使用少量的监督信息成对约束：Must-link 和 Cannot-link。这些成对的约束由以前的测试执行结果或者领域经验派生而来。SSKM 使用成对约束来辅助无监督学习，约束可以自动或者人工生成。首先将随机选择并执行一小部分测试，审查测试结果，获得通过或失效信息，构造一些成对约束 Must-link 和 Cannot-link。在上述约束的基础上，将原始的距离空间转换为新的距离空间，以期获得更好的聚类效果。

在回归测试中，测试结果和执行剖面可以被记录下来。本节采用简单的函数调用剖面，当然 SSKM 适合用于其他执行剖面记录方法。函数调用剖面表示为一个二进制向量，其中每个位记录测试是否调用了该函数。如果调用则为 1，否则为 0。我们可以度量每对测试的距离。这里采用最简单的欧氏距离。如果两个测试的执行剖面记录为 $t:<f_1,f_2,\cdots,f_n>$ 和 $t:<f_1,f_2,\cdots,f_n>$，n 为待测程序函数数量，那么距离为 $D(x,x')=\sqrt{\sum_{i=1}^{n}(f_i-f_i')^2}$

本节使用 SSKM 来改进传统 K-Means 的聚类结果。K-Means 聚类是最简单和最常用的无监督学习方法之一，它自动将数据分成 k 个类簇来最小化实例的距离和。

$$J_{\text{K-Means}} = \sum_{j=1}^{k} \sum_{x_i \in C_j} \| x_i - \mu_j \|^2 \qquad (9.3)$$

在上面的公式中，x_i 是类簇 C_j 中的一个实例，μ_j 是类簇 C_j 中的实例的均值，K-Means 从簇中随机选择 k 个实例代表初始聚类质心。然后，在将新实例分配到类簇中之后，它会迭代地对其进行精炼。K-Means 聚类的迭代过程旨在相同的类簇中（内部实例）获得最大的相似性，不同的类簇之间（外部实例）有最大的相异性。当实例到类簇的分配没有进一步变化时，该算法就是收敛的。K-Means 算法对所选的 k 个初始聚类质心敏感，它有时可能陷入局部最优。

测试聚类的目标是将检测到相同 Bug 的测试聚集到同一个类簇中。但是，聚类结果可能不那么令人满意，因为用例执行剖面未必能准确捕获软件行为。也就是说，检测到相同 Bug 的测试可能被聚集到不同的类簇中，不相关的测试也可能被分配到一个类簇中。为了改善聚类结果，引入半监督 K-Means 方法 SSKM。基本原理是在含有标签数据和未标签数据的样本集合中，通过训练一个支持向量机分类器来找到一个最佳决策边界，使得边界两侧的分类间隔最大，从而提高分类的准确性。SSKM 结合了支持向量机和核聚类的技术。SSKM 的基本原理是在含有标签数据和未标签数据的样本集合中，通过训练一个支持向量机分类器来找到一个最佳决策边界，将数据分为多个类别。同时，利用核聚类方法对未标签数据进行聚类，从而提高分类的准确性。

在半监督聚类过程中，成对约束用于表示实例之间的关系。成对约束比其他标记信息更加简单、易用，并且有时可以自动生成。Must-link 约束定义了实例上的传递二元关系。比如，如果 A 和 B 是 Must-link，同时，B 和 C 是 Must-link，那么 A 和 C 也是 Must-link。但 Cannot-link 是非传递的，在 Must-link 的辅助下，可以扩展 Cannot-link 约束。比如，A 和 B 是 Cannot-link，同时 B 和 C 是 Cannot-link，则 A 和 C 的关系不确定。如果 A 和 B 是 Cannot-link，B 和 C 是 Must-link，则可以推断 A 和 C 是 Cannot-link。因为可以通过传递属性推导出更多隐藏约束。

给定一个测试集 $T=\{t_1, t_2, \cdots, t_n\}$，其中每个测试 t_i 都由函数执行剖面的特征向量表示，Must-link 约束集和 Cannot-link 约束集分别用 $\mathbb{M}$ 和 $\mathbb{C}$ 表示。利用有限的成对约束信息，SSKM 生成一个用于变换的权重矩阵 $\omega = \{\omega_1, \omega_2, \cdots, \omega_n\}$。$\omega$ 可以在更合适的距离空间中将原始数据变换为低维数据 $T' = \{t_1', t_2', \cdots, t_m'\}$，$t_i' = \omega^T t_i$ 并且可以保留原始数据的结构。对于大型软件来说，维度可能很高，所以聚类的性能可能会很差。在变换后，一些无用函数调用将被过滤掉，维度也会随之减少。新的数据空间中的数据实例比以前的更加适合聚类。我们可以用现有的机器学习算法来产生变换矩阵 ω。为了达到这个目标，建立目标函数 $J(\omega)$ 来获得最大值，这里要求 ω 正定，即 $\omega^T \omega = 1$。

$$J(\omega) = \frac{1}{2n^2} \sum_{i,j} (\omega^T t_i - \omega^T t_j)^2 + \frac{\alpha}{2n_C} \sum_{(t_i, t_j) \in C} (\omega^T t_i - \omega^T t_j)^2 - \frac{\beta}{2n_M} \sum_{(t_i, t_j) \in M} (\omega^T t_i - \omega^T x_j)^2 \qquad (9.4)$$

该目标函数可以分成三个部分。第一部分表示所有实例的平均平方距离。如果约束很少，SSDR 仍会有可接受的效果。第二部分和第三部分是成对约束所涉及的实例的平均平方距离。为了获取最大值，目标函数扩展了 Cannot-link 约束所涉及的实例的平均平方距离，并且减去了 Must-link 约束所涉及的实例的平均平方距离。该等式添加了两个参数 α 和 β，以平衡约束的影响。如果 α 和 β 设置为较大值，则约束将主导结果。为了平衡两个约束的重要性，可以使用三个不同的 α 和 β 值对，两个值的比例为 1:1 意味着必须均衡处理 Must-link 和 Cannot-link 约束，两个值的比例为 1:100 意味着更加关注 Must-link 约束，两个值的比例为 100:1 意味着更加关注 Cannot-link 约束。

本节举一个简单的例子来说明 SSKM 在测试聚类抽样中的工作原理。为了更加简洁的描述示例，选择了 6 个测试 $t_1 \sim t_6$。每个测试的函数执行剖面信息如表 9.12 所示。假设，测试结果生成了四对约束，两个 Must-link (t_3, t_4) 和 (t_5, t_6)，两个 Cannot-link (t_1, t_2) 和 (t_4, t_5)。通过 SSKM 以合理的方式导出这些约束进行聚类是非常重要的，这个留给读者自行练习。

表 9.12 SSKM 示例：测试与执行剖面

测试	函数调用信息
t_1	1 1 0 1 1 0 1 1 1 1 1 1 1 0 1 0 1
t_2	1 1 1 1 1 1 1 1 1 1 1 1 1 1 1 1 1
t_3	0 1 1 1 1 1 1 1 1 1 1 1 1 1 1 1 1
t_4	1 1 1 1 1 1 1 1 1 1 1 1 1 1 1 1 1
t_5	0 1 0 1 1 1 1 1 1 1 1 1 1 0 1 0 1
t_6	0 1 0 0 1 0 0 0 1 1 1 1 1 1 0 0 1 1

接下来使用欧氏距离，$D(x_1, x_2) = D(x_3, x_4) = 4$，$D(x_5, x_6) = 6$，这意味着测试对 x_5 和 x_6 有比其他测试对更高的概率分离。但是基于之前的测试结果，x_3 和 x_4 以及 x_5 和 x_6 是 Must-link。x_1 和 x_2 以及 x_4 和 x_5 是 Cannot-link。这样的距离空间似乎不太适用于 K-Means 直接获取期待的聚类结果。因此应该产生对一些成对约束更合适的距离空间。使用 SSDR 算法直接生成权重向量转换矩阵 ω，如表 9.13 所示。

表 9.13 SSKM 示例：转换矩阵

转换矩阵 ω				
0.0275	−1.0000	0.1999	−0.2702	0.0232
−0.0010	−0.0016	0.0015	−0.0001	−0.0896
−0.8432	−0.0377	0.4270	0.5201	0.1791
−0.0060	−0.0088	0.0069	0.1169	−0.2316
−0.0112	−0.0132	0.0194	0.0353	−0.9854
−0.7132	0.2414	0.3974	−1.0000	−0.0582

(续)

转换矩阵 ω				
−0.0081	−0.0091	0.0146	0.0668	−0.4543
−0.0082	−0.0094	0.0146	0.0661	−0.4613
−0.0009	−0.0013	0.0013	0.0003	−0.0749
−0.0009	−0.0013	0.0013	0.0003	−0.0749
0.0000	0.0000	0.0000	0.0000	0.0000
−0.0010	−0.0016	0.0015	−0.0001	−0.0896
−0.0009	−0.0013	0.0013	0.0003	−0.0749
−0.0010	−0.0016	0.0015	−0.0001	−0.0896
−1.0000	−0.1365	−1.0000	−0.0603	−0.0210
−0.0062	−0.0087	0.0067	0.1176	−0.2204
−0.8432	−0.0364	0.4286	0.3854	−0.0650
−0.0113	−0.0126	0.0149	−0.0274	−1.0000

然后得到了一个新的数据集，如表 9.14 所示。约束中每个测试对之间的欧氏距离的平方如表 9.15 所示，包括原始距离和变换后的新距离。很明显，在转换后，Must-link 的距离小于不能连接的距离。它更有可能获得良好的聚类结果以及良好的测试选择结果。

表 9.14 SSKM 示例：新的测试向量

测试	新的测试向量数值				
y_1	−0.0286	−1.05940	0.2855	−1.2884	−4.8778
y_2	−3.4299	−1.0262	0.5371	−1.4332	−4.7485
y_3	−3.4566	−0.0262	0.3378	−1.1644	−4.9261
y_4	−3.4299	−1.0262	9.5371	−1.4332	−4.7485
y_5	−0.7666	0.1895	0.4824	−2.0195	−4.5652
y_6	−0.8728	−0.0741	0.4709	0.0394	−2.7098

表 9.15 SSKM 示例：新的约束距离

约束	原始距离	新距离	约束	原始距离	新距离
(x_5, x_6)	6	7.7625	(x_1, x_2)	4	11.6709
(x_3, x_4)	1	1.1442	(x_4, x_5)	4	8.9514

本节介绍了如何通过半监督的聚类方法 SSKM 来改进回归测试选择。利用从先前测试

结果得到的成对约束，原始数据被转换为新的距离空间。因此，SSKM 不适用于具有少量特征的应用。当前存在许多半监督的聚类方法，后续将对它们进行进一步研究，用于测试选择。如前所述，聚类结果依赖于高质量的约束。虽然我们对于 Must-link 和 Cannot-link 的不同定义有了一些观察和发现，但是这些成果在其他应用中尚显不足，因此未来工作的一个有趣的方向就是为不同的测试场景建立高质量的约束。

本章练习

1. 手工或自动完成三角形程序 Triangle 的单元测试，实现百分百代码覆盖，并阐述冗余测试，然后进行测试集约简和测试优先级计算与分析，完成项目报告。

2. 手工或自动完成日期程序 NextDay 的单元测试，实现百分百代码覆盖，并阐述冗余测试，然后进行测试集约简和测试优先级计算与分析，完成项目报告。

3. 手工或自动完成方差程序 MeanVar 的单元测试，实现百分百代码覆盖，并阐述冗余测试，然后进行测试集约简和测试优先级计算与分析，完成项目报告。

4. 编写一个计算斐波那契数列的 Python 代码。定义一个名为 fib 的函数，该函数计算斐波那契数列的第 n 项。程序接收用户输入的一个整数 n，并根据 n 的值输出相应的结果。完成单元测试百分百代码覆盖和冗余测试，然后进行测试集约简和测试优先级计算与分析，完成项目报告。

5. 编写一个计算三角形周长和面积的 Python 代码。输入三角形的三边 a，b，c。输出三角形的周长和面积。完成单元测试百分百代码覆盖和冗余测试，然后进行测试集约简和测试优先级计算与分析，完成项目报告。

6. 编写一个 Python 程序，输入一组数字，计算其四分之一分位数和四分之三分位数（禁用排序函数）。完成单元测试百分百代码覆盖和冗余测试，然后进行测试集约简和测试优先级计算与分析，完成项目报告。

7. 针对第 3 章的软件调试课后练习，对比分析基于频谱的缺陷定位与测试优先级 APFD 计算的关联与区别。

8. 针对第 3 章的软件调试课后练习，完成基于切片的回归测试计算和练习，完成项目报告。

9. 选择一个开源项目的局部程序，实施聚类抽样测试的多种策略，并进行比较分析，完成项目报告。

推荐阅读

嵌入式软件设计（第2版）

作者：康一梅（北京航空航天大学）　书号：978-7-111-70457-7　定价：69.00元

　　嵌入式软件是我国软件领域"十四五"需要重点发展的关键软件之一，在5G通信、自动驾驶、航空航天等领域有广泛应用。同时，嵌入式软件的开发需要更专业的软件设计，以满足实时性、稳定性、可靠性、扩展性、复用性等方面的要求。本书基于作者多年来从事嵌入式软件设计课程教学与工程研发的经验，力求系统展现当前主流嵌入式软件的分析建模和软件设计方法，培养读者的嵌入式软件设计能力。

嵌入式软件自动化测试

作者：黄松 洪宇 郑长友 朱卫星（陆军工程大学）　书号：978-7-111-71128-5　定价：69.00元

　　本书由浅入深地解析嵌入式软件自动化测试的特点、方法、流程和工具，通过理论打底、实践巩固、竞赛提升的递进式学习，使读者突破嵌入式软件自动化测试的能力瓶颈。

　　全书通过简化来自工业界的实践案例，使用Python语言进行测试脚本编写，使读者在实践中掌握自动化测试的基本原理，理解嵌入式软件测试仿真环境，打通读者嵌入式软件测试的软硬件知识鸿沟。